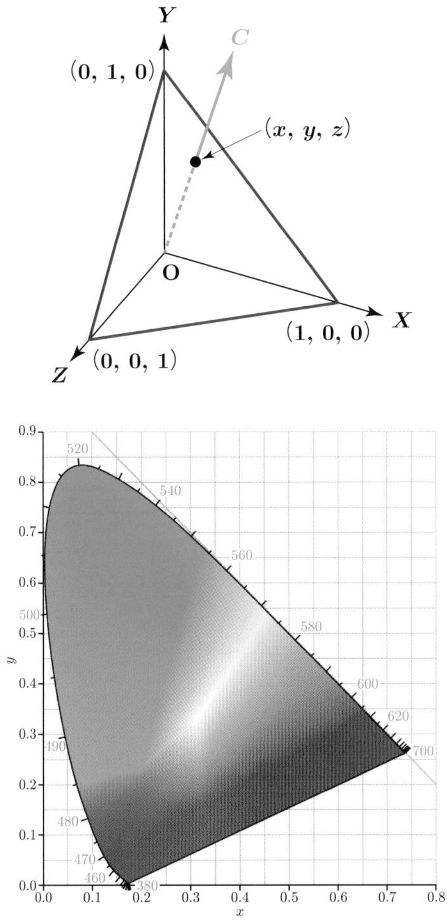

口絵 1（図 1.10） **XYZ** 値と色温度（本文 9 ページ）

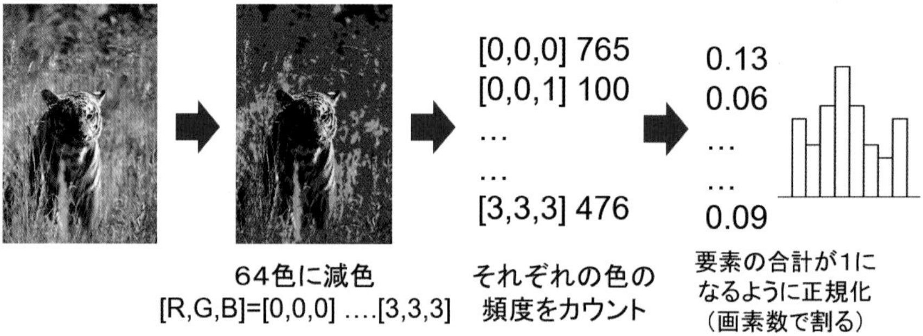

口絵2（図5.2） カラーヒストグラム（本文71ページ）

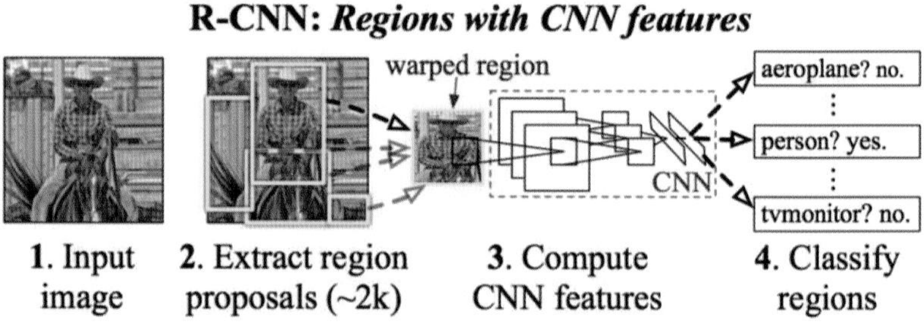

口絵3（図7.1） **RCNN** におけるスライディングウィンドウ [12]（本文124ページ）
（出典：Ross B. Girshick, J. Donahue, Trevor Darrell, and J. Mallk, Rich feature hierarchies for accurate object detection and semantic segmentation, IEEE Conference on Computer Vision and Pattern Recognition, pp. 580–587, 2014.）

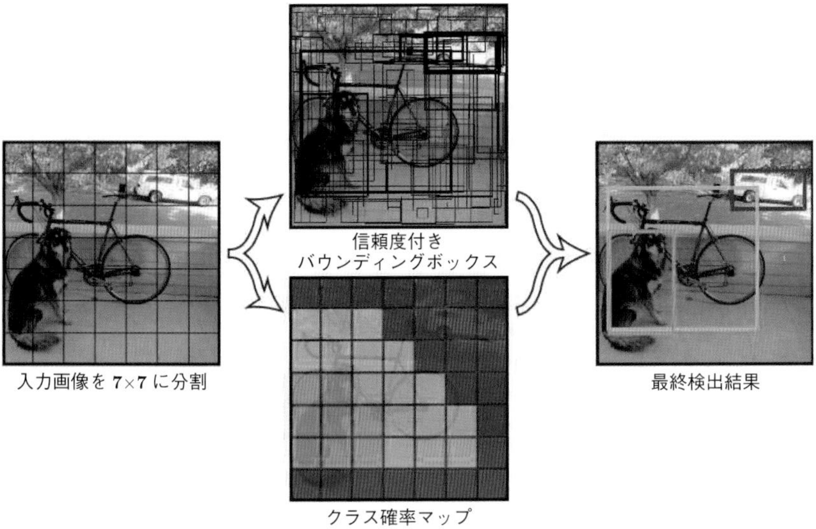

口絵 4（図 7.2） **YOLO における分割による信頼度の計算例**（本文 125 ページ）
（出典：Joseph Redmon, Santosh Divvala, Ross Girsick, Ali Farhadi, You Only Look Once: Unified, Real-Time Object Detection, CVPR2016. より改変）

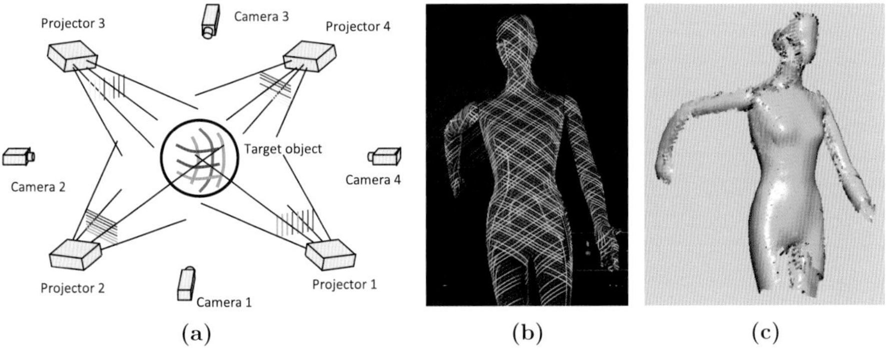

口絵 5（図 9.7） 全周計測システム [10]（本文 177 ページ）

(a)　入力画像 **1**

(b)　復元結果 **1**

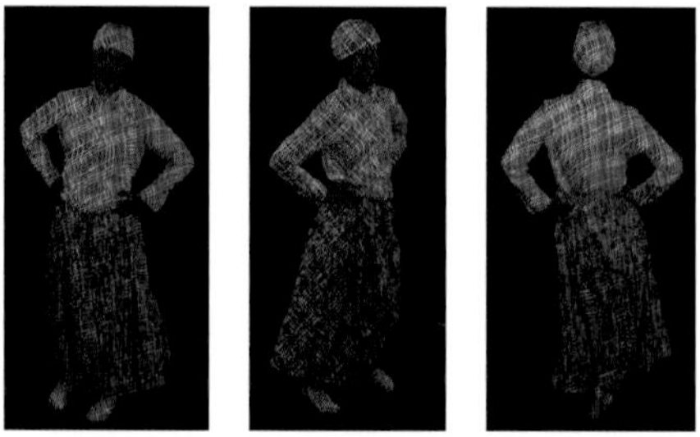

(c)　入力画像 **2**

(d)　復元結果 **2**

口絵 6（図 9.8）　動的シーンの全周形状計測（本文 177 ページ）

◎ 情報工学レクチャーテキスト ◎

QKC-11

レクチャー マルチメディア

基礎からわかる音・画像・映像の情報処理

川崎 洋・柳井啓司・佐川立昌・森山 剛・古川 亮 共著

数理工学社

編者のことば

人工知能，データサイエンスなど膨大なデータを基にした研究や技術開発が加速しています．それを支えるのは，データをどのように収集，処理，提示するかという情報工学の諸技術です．データの処理に関する技術はここ半世紀で飛躍的に進歩してきました．コンピュータがデータを記憶する容量は 100 万倍以上に，計算する速度も 100 万倍以上になりました．このような飛躍的な進歩は他の技術分野には見ることができません．半世紀前の大型コンピュータの性能は，今や手のひらサイズのスマートフォンよりも劣っているような状況です．

世の中の森羅万象は，様々なセンサーを通してデータになり，そして情報になります．また，情報が世の中にフィードバックされることにより，世の中が動いていきます．情報処理技術によって，世の中の状況を観測し，分析し，フィードバックすることによって世の中が動いていくという循環が，至る所で起こっています．現在，最新の情報処理技術は，介護，農業，金融，教育などにも応用され，社会のあらゆる所で活用されています．今後，社会の持続的な発展をはかるには情報処理技術のさらなる発展が不可欠です．そのためには情報処理技術の基礎である情報工学を学ぶことは不可欠であります．

このライブラリは情報工学の基礎を学ぶためのテキストとして編集されました．情報工学を学ぼうとする幅広い読者にわかりやすく説明する丁寧なテキストを目指し，標準的な大学生が独力で理解出来るように工夫されています．経験豊かな著者によって，情報工学の根幹となる「情報理論」，「アルゴリズム」，「コンピュータアーキテクチャ」，「情報ネットワーク」，「パターン認識」，「HCI」等がライブラリとして著されています．また，大学初年時に理系／文系を問わず情報工学の基礎を学ぶためのテキストを意識した「情報工学概論」という 1 冊も加えました．それ以外のテキストも情報工学を専門として学ばない学生にとっても，情報工学を自ら学ぶための参考書として活用できるものを目指しました．

まずは，このライブラリによってしっかりと基礎固めを行い，そこからより高度な情報関連分野の学びに繋げてほしいと思います．そして新しい社会を創造する礎を創ってくれることを期待しています．

2020 年 2 月　　谷口 倫一郎，福田 晃

まえがき

メディアとは，Medium（媒介物）の複数形である．計算機にとっては，人と機械を媒介するさまざまな情報伝達手段（コンテンツ）のことを意味する．初期の頃の人と機械の間のメディアは，主にテキストであった．しかし，徐々に音や画像が利用されるようになり，さらに映像へとメディアの種類も複数（マルチ）に増え，それらを総合的に組み合わせたコンテンツを実現するマルチメディア技術が発達してきた．その技術は，文字や音・画像や映像を組み合わせたコンテンツがインターネットで接続され，パソコン，スマートフォン，ヘッドマウントディスプレイなどを介して双方向的かつ複合的に利用される現在，情報伝達システムの基礎となっている．

このような情報伝達システムを利用するには，技術者はもちろんのこと，コンテンツ作成者も，音や画像や映像のいずれかだけではなく，各メディアの基本や知識を学び，それらを俯瞰《ふかん》しながら，総合的に開発や問題解決を行うことが求められる．しかしながら，マルチメディアを構成する技術要素は膨大であり，現在入手可能な教材には，それらの技術を俯瞰できるちょうどよいものが少ない．

そこで本書には，現代のマルチメディア時代に学ぶ読者が，マルチメディア技術を構成する主要な要素を学べるように，特に音，画像，映像を中心とした技術を集約した．また，本書の技術要素を実際に試しながら学べるようなコンテンツやサンプルプログラム，本書の補足事項などをインターネットで公開するという工夫も凝らしている．本書を読めば，マルチメディアコンテンツを作成するための基礎的な知識を効率よく学ぶことができる．さらに，本格的な作品作りやアルゴリズム開発の最初のステップとして通し読みすることも念頭に置きながら執筆した．本書により，楽しみながら，多くの読者がマルチメディアの基礎を学んで頂けることを期待する．

2022 年 3 月

著　者

目　　次

第 3 章

第 4 章

音声の認識・合成処理 50

第 5 章

画像認識の基礎 69

第10章

画像生成・合成・表現 (CG)

本書をご購入いただいた方に限り，本書に盛り込めなかった補足資料を含む完全版を PDF の電子書籍の形で提供いたします．ご利用を希望の方は，https://mm-lecture-book.github.io/よりお申し込みください．なお，サイエンス社HP（https://www.saiensu.co.jp）からたどれるサポートページでは，サンプルプログラムのダウンロードなどのコンテンツを一般公開しております．
また，本書を教科書としてお使いになる先生方のために，スライドを講義資料として提供いたします．お名前・ご所属機関を明記のうえ，数理工学社編集部（suuri@saiensu.co.jp）までご連絡ください．

第1章

人間の知覚

1.1　聴覚の仕組み

1.1.1　聴器の構造

ヒトの**聴器**の断面図を図 1.1 に示す．外から見える部位であり，いわゆる**耳**と認識されている部位である**耳介**（または，**耳殻**）と，耳介で収集した音波を耳の奥へ伝える**外耳道**と合わせた箇所を**外耳**と呼ぶ．外耳は，主に**集音**を行うが，特に外耳道は 3〜4 kHz の帯域を強調する周波数フィルタの役割を持つ．**聴覚**のさらに詳細な仕組みについては，文献[54]を参照されたい．

次に，外耳で集められた音波は，外耳道の奥の**鼓膜**へ伝わり，その疎密波により鼓膜に機械的な振動が生ずる．この機械的な振動は，鼓膜の裏側に付着した**耳小骨**（ツチ骨，キヌタ骨，アブミ骨）の，接合部の面積比と骨間のてこ比により約 20 倍

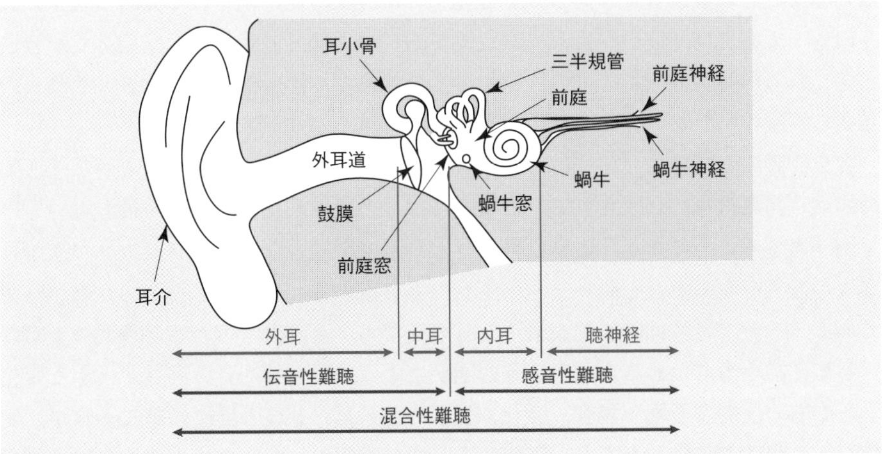

図 1.1　ヒトの聴器

に増幅される．また逆に，大音量の入力に対しては，耳小骨筋がブレーキとなって内耳を保護する機能を有する．

こうして増幅された機械的な振動は，そのまま**蝸牛**《かぎゅう》の前庭階に伝わり前庭階を満たす外リンパ液を揺るがすこととなる．前庭階から鼓室階，そして基底膜にある**コルチ器**へと振動は伝わり，コルチ器の有毛細胞とリンパ液との間で電気的なやりとりが起こり，それが大脳へ向かう神経を興奮させる．

1.1.2　「聴く」仕組み

1.1.1 項で述べたように，外耳によって集められた音の疎密波が，中耳により機械的運動に変換され，さらに内耳において交流電気信号に変換される．さらに，その電気信号は神経の軸索を伝播し，**言語中枢**（ウェルニッケ野）へ伝えられ，言語符号に対応付けられることで言葉を認識する．また，左右の聴器に到達する音波の位相差から，音源**定位**（音源の方向を推定すること）を行う．

このプロセスを人物の体験の側から見ると，まず音波を知覚する段階があり，その音波がどのような音であるかを認識する段階がある．

音波の知覚段階においては，聴器がどのように音波にさらされるかによって，**音の三要素**として知られる「大きさ」「高さ」「音色」の違いとなって知覚される．例えば，蝸牛が揺さぶられる振幅が大きければ，コルチ器の有毛細胞に流出入するカリウムイオン（K^+）の量が多くなり，それによる交流電圧の振幅の増大がすなわち「大きな」音を知覚することとなる．また，蝸牛の特定の箇所で共振が起こり大きく揺さぶられる音波からは「高さ」を知覚するが，この揺さぶられる箇所が蝸牛の入り口近くであれば「高い」音，先端近くであれば「低い」音となる．そして，音波に含まれる周波数成分に応じて，蝸牛の上で共振する箇所が分布すると，それらの与える振幅のバランスによって決定される「音色」が知覚される．

音を認識する段階においては，認識とはすなわち**知識**との**照合**であるから，人物の知識（**言語符号**）が限られている場合にはその限られた知識のうち最も近いものを割り当てることになる．これはちょうど，蕎麦を知らないあるヨーロッパ人が日本人の蕎麦をすする音を聞いて「トイレの水を流す音」と認識したというのが好例である．一方，音波は時間的な構造を有するため，その構造のどこからどこまでに対して知識を当てはめるか，という問題が生ずる．例えば，音の高さが大きく変化する楽器の演奏音を聴く場合，変化が遅い場合には，1つの旋律に聴こえるが，変化がある程度より早くなると，高さの近い音が群化されて2つ以上の旋律に分離して聴こえることが知られている．

1.1.3　分解能とダイナミックレンジ

図 1.2 に示すように，ヒトの聴器は 20 Hz～20 kHz の周波数範囲を聴くことができる．これを**可聴域**と呼ぶ．最低周波数は蝸牛の長さに制約され，最高周波数は蝸牛の上での周波数分解能に決定される．最低周波数より低い周波数の音は，音よりも振動として知覚される．一方，最高周波数より高い周波数は**超音波**と呼ばれ，聴器で「聴く」ことはできないが，近年の研究で，可聴域の音を聴きながら超音波を皮膚に浴びると，超音波が人体にさまざまな影響をおよぼすことがわかっている（ハイパーソニックエフェクト）．

音の大きさについては，1 kHz 純音の音圧を 10 dB ずつ変化させたときに聴こえる大きさと，純音の周波数を変化させたときに同じ大きさに聴こえる音圧とを互いに結んでできる曲線を，**等ラウドネス曲線**と呼ぶ．周波数ごとに聴こえる最小の音圧（**最小可聴値**と呼ぶ）は異なり，これを結んだ曲線を**最小可聴曲線**，最大音圧は**最大可聴曲線**と呼ぶ．また，音圧が最大可聴値を超えると痛覚に変わる．

図 1.3 に，加齢によって生ずる**感音性難聴**の周波数特性を示す．図より 50 代後半から 2 kHz 以上の帯域に**聴力レベル**の顕著な低下が見られる．したがって，図 1.2 に示した特性に加えて，図 1.3 の感音性難聴に代表される聴こえの個人差を考慮して初めて聴覚の特性を論ずることができる．さらに，音声の**異聴**に関する一連の研究の結果，破裂音や鼻音といった音韻に関して異聴の個人依存性が確認されており，音声を聴取する場合には，単純な周波数依存性のみならず音韻依存性を考慮する必要

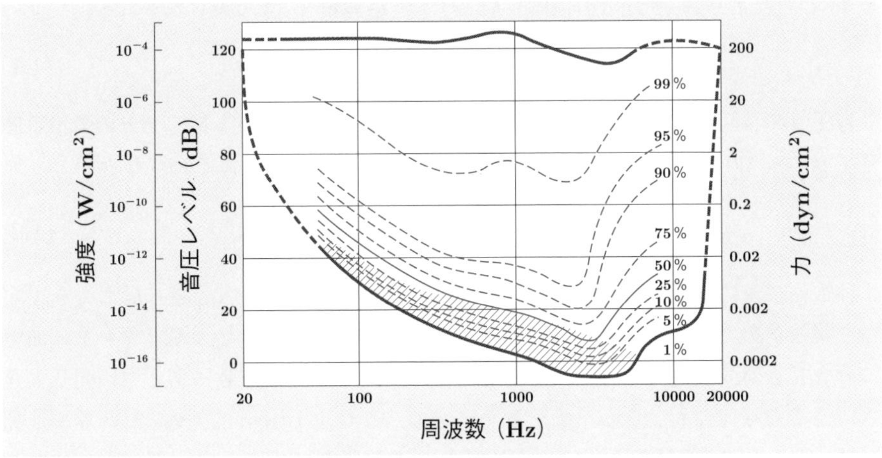

図 1.2　ヒトの可聴域（各波線と実線は等ラウドネス曲線）

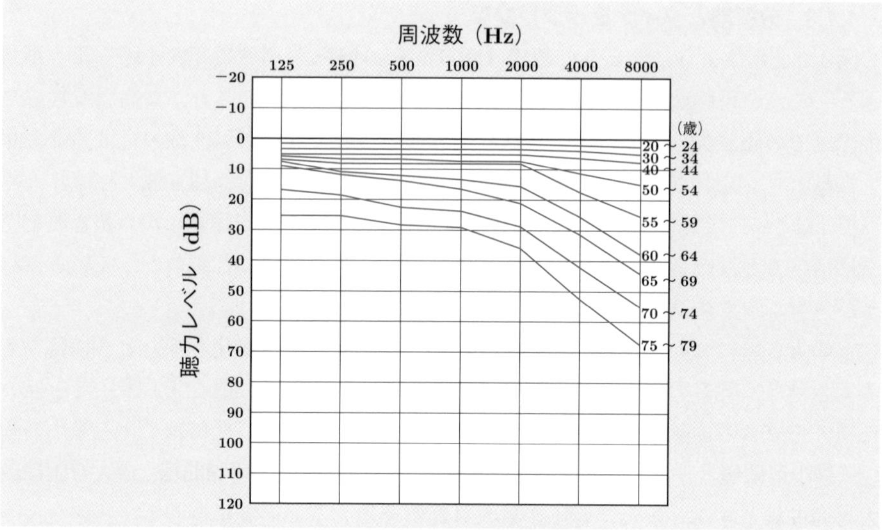

図 1.3　加齢による感音性難聴
（出典：立木孝，笹森史郎，南吉昇，一戸孝七，村井和夫，村井盛子，河嶋寛．日本人聴力の加齢変化の研究，Audiology Japan 2002; 45: 241-250.）

がある．

1.1.4　聴覚の物理量

ヴェーバー–フェヒナーの法則（Weber–Fechner law）によれば，域刺激の強さを I_0 としたとき，対象刺激の強さ I に対する**感覚量** E は次式で表される．

$$E = k \log \frac{I}{I_0}, \qquad k\text{: constant} \tag{1.1}$$

音圧 p の音圧レベル L_p（dB SPL; Sound Pressure Level）は，ヒトの最小可聴音圧 p_0（$= 20\,\mu$Pa（Pa はパスカル））を基準として以下の式で表される．

$$L_p = 10 \log_{10} \left(\frac{p^2}{p_0^2} \right) = 20 \log_{10} \left(\frac{p}{p_0} \right) \tag{1.2}$$

音圧レベルは，同じ音圧レベルでも周波数が異なると同じ大きさに聴こえないという問題がある．そこで，1 kHz 純音の音圧レベルを基準とし，等ラウドネス曲線に沿って各周波数における音の大きさを決めることで，周波数によらずに同じ大きさに聴こえる音の大きさの単位を新たに定め，これを **phon**（フォン）と呼ぶ．例えば，ある音 A が 100 Hz で 90 dB SPL なのに対して，これと同じ大きさに聴こえる 1 kHz 純音は 70 dB SPL であることから，音 A は 70 phon とする．日常生活

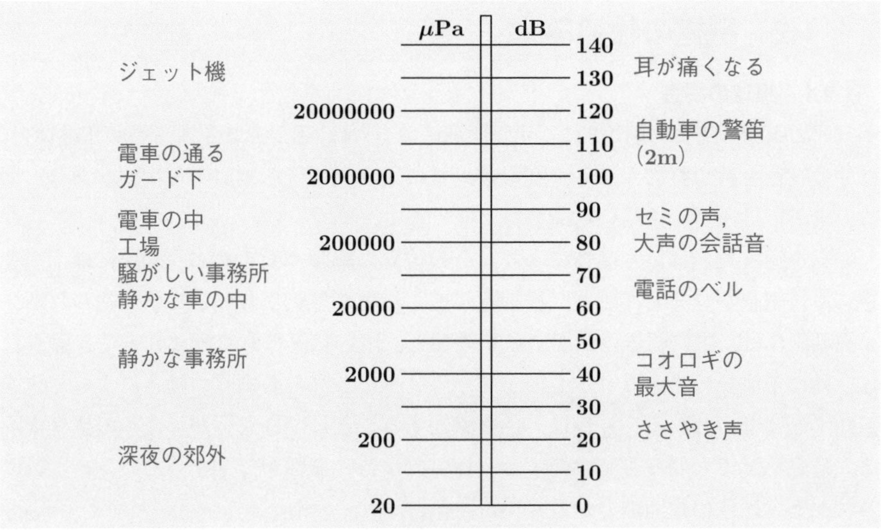

図 1.4　音圧と音圧レベル

を取り巻く音圧と音圧レベルの関係の例を図 1.4 に示す．これで音の大きさを表す単位は決着したかというと，実はそうではない．phon には，40 phon の音に比べて 80 phon の音が 16 倍の大きさに聴こえてしまうというように，大きさの関係が感覚に比例しない問題がある．そこで，40 dB SPL の 1 kHz 純音（40 phon）を基準とし，聴こえの大きさに比例する新たな単位 **sone**（ソン）を定義する．phon 値を P，sone 値を S とすると，これらの関係は次式で表される．

$$S = 2^{(P-40)/10} \tag{1.3}$$

一方，音の高さについても，周波数では高さの感覚と比例しない問題がある．そこで，高さの感覚に比例した単位 **mel**（メル）を定義し，音圧レベル 40 dB SPL，1 kHz の純音を基準音 1,000 mel と定める．これにより，周波数が 2 倍，4 倍，8 倍の音は，順に 1 オクターブずつ高くなるように聴こえるが，mel 値では等間隔に増加する．

1.2　視覚の仕組み

1.2.1　眼球の構造

人間の**眼球**の構造を図 1.5 に示す．眼球の前方には，レンズの役割を持つ**水晶体**と，絞りの役割を持つ**虹彩**がある．虹彩は，目に入る光の量を調節する役割があり，明るい場所では小さく，暗い場所では大きくなる．

虹彩を通った光は，水晶体により，その後方の**網膜**で像を結ぶ．網膜には，光を感じる視細胞が分布しており，視細胞が感じた光が電気信号として脳に送られる．

視細胞には，主に明るい状況で働く**錐体**《すいたい》と，暗い状況で働く**杆体**《かんたい》がある．錐体には，異なる波長の光を感じるものがあり，ヒトはこれらの細胞の働きによって色を感知すると考えられる．杆体は，色を感知することはできないが，光への感度が高く，暗い状況でも明るさを感知する．杆体では色の識別ができないため，ヒトは暗い状況下では色の識別能力が低くなる．

周囲の明るさによって中心的に働く細胞群が異なるため，ヒトは明るさによって色の感じ方が異なる．例えば，明るい場所では錐体細胞が良く働くため，赤色が強く感じられやすい．しかし，周囲が暗くなってくると，錐体細胞から杆体細胞に働きが移っていくため，赤色が感じられにくくなる．こうした現象は**プルキンエ現象**と呼ばれ，標識などのデザインに応用される．

また，錐体の中でも色を識別する細胞は比較的少ないため，ヒトが色を識別する空間分解能は，明るさの識別の空間分解能よりも低い．画像フォーマットである JPEG

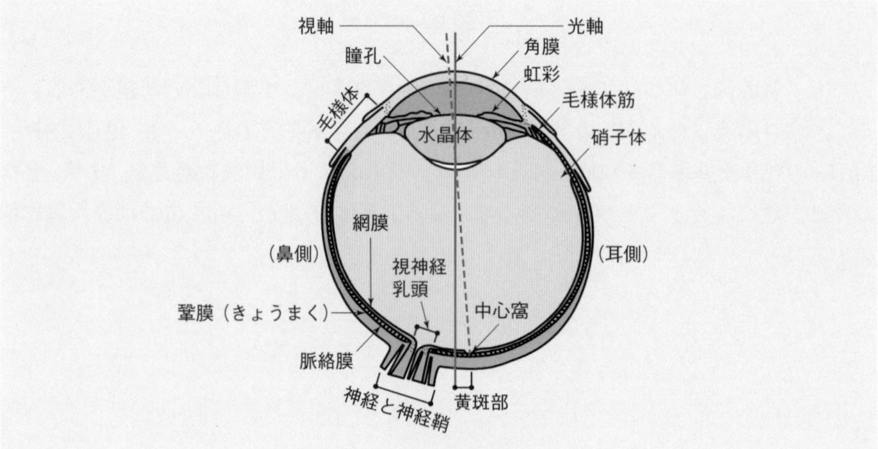

図 1.5　眼球の構造

などでは，この性質を利用して，色信号について輝度値よりも高い圧縮を実現している．

1.2.2　「見る」仕組み

人が周囲を「見る」ためには，光源が必要である．光源から出た光は，周囲の物体の表面で反射する．光はさまざまな方向に反射されるが，そのうち，ヒトの眼球の虹彩を通過し，網膜に到達すると，信号として感知される（図 1.6）．水晶体がレンズとして働くため，焦点が合っていれば，物体表面における細かい反射率の違いや，色の変化などは，網膜上での空間的な信号変化として感知される．

高校の物理では，ある点から放射する光のエネルギーが，光源からの距離の 2 乗に反比例することを学ぶ．事実，ろうそくなどの小さな光を遠くから見ると，その光は非常に弱く見える．

しかし，我々の日常生活における周囲の物体は，少しぐらい離れてみても色や明るさが変わったようには見えない．これは，周囲の物体が面積を持ち，面状の光源として働くからである．例えば，ある正方形の板を 1 m の距離から見ているとする．もし，観察者が移動して，1 m の距離からこの板を見たとすると，ある 1 点からの光は $\frac{1}{4}$ に弱まるが，その正方形の見かけの大きさも $\frac{1}{4}$ になっているので，単位面積あたりの見かけの明るさは変化しない．そのため，面積を持つ物体の見かけの明るさや色は，その物体の領域が，大きさを持つ面として見える限りにおいて変化しない．

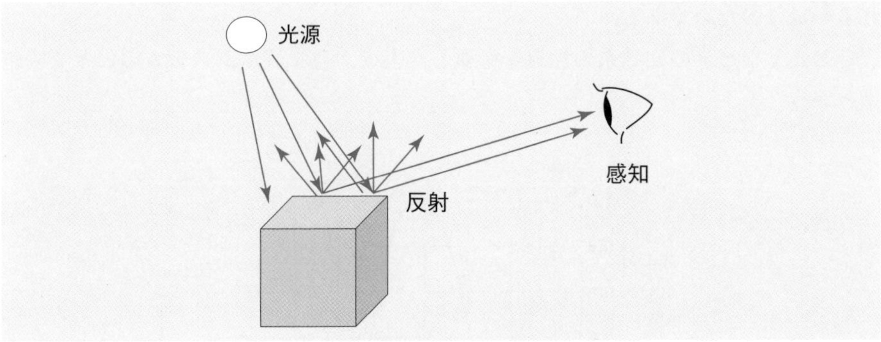

図 1.6　物体を見る仕組み

1.2.3 分解能とダイナミックレンジ

ヒトの眼の空間分解能は，例えば視力 1.0 のヒトであれば，網膜中で視力が最も高い部分である**中心窩**《ちゅうしんか》付近で 60 分の 1 度程度の角度の違いを弁別可能である．1.2.1 項でも述べたように，色識別の空間分解能は，明るさの空間分解能より低い．

また，ヒトが明るさを感じる強さは，光の波長によって異なる．明るいところでは，ヒトは 555 nm 付近の波長の色を最も強く感じる．波長による光の感度の変化は，**比視感度**と呼ばれる（図 1.7）．ヒトの明るさ知覚での明るさの範囲は，輝度 3×10^{-7} cd/m^2 程度から，3×10^{6} cd/m^2 程度までであり，ダイナミックレンジは 10^{13} 程度である．錐体《すいたい》が働かないほど暗い環境では，ヒトは色知覚能力が低下するため，色を知覚可能な状態に限定した場合，知覚可能な明るさの範囲は，輝度 3×10^{-2} cd/m^2 程度から，3×10^{6} cd/m^2 程度まで，ダイナミックレンジは 10^{8} 程度である．

1.2.4 色の感知と表色系

ヒトは，錐体《すいたい》細胞の働きにより色を感知する．多くのヒトの場合，錐体細胞には 3 種類ある．このため，ヒトの色の感知は，これらの 3 種類の細胞の感度によって記述される（図 1.8）．ヒトは，音であれば多数の音階の音を弁別できるが，光の波長については弁別能力が低いといえる．例えば，異なる波長の組合せであっても，ヒトには同じに感じられるスペクトルが無限に存在する．光の波長スペクトルは無数の次元で存在するにもかかわらず，テレビや，映像の色が，RGB の 3 次元で表されるのはこのためである．

そのようなヒトの知覚系の性質を考慮した上で，色を表すシステムのことを表色系という．

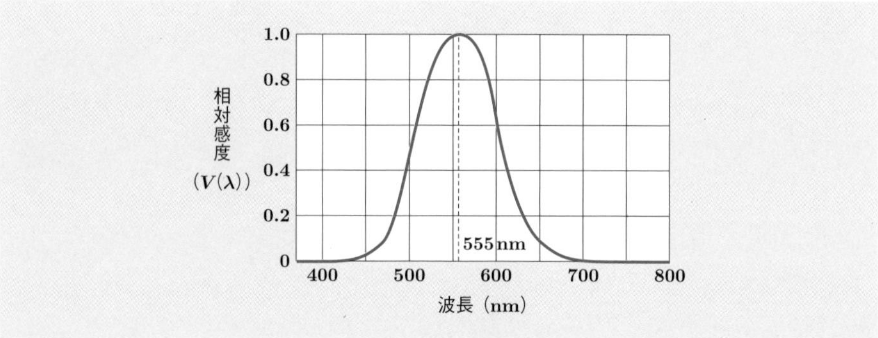

図 1.7 比視感度

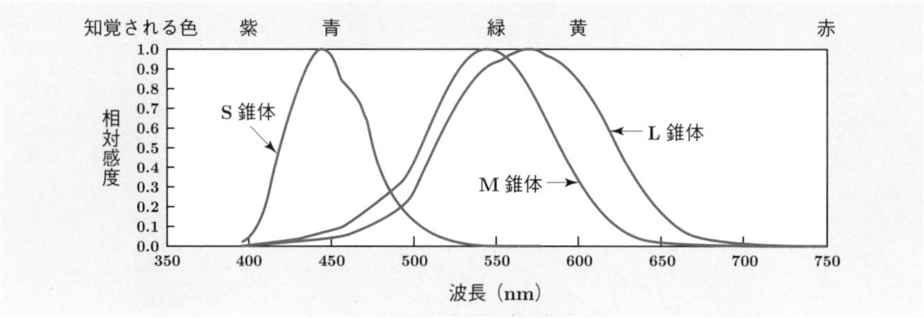

図 1.8　人間の網膜細胞の感度

表色系で重要なものが CIE-RGB 表色系である．RGB 表色系は，3 種類の原刺激光（CIE-RGB の場合，赤 700.0 nm，緑 546.1 nm, 青 435.8 nm）で，任意の波長の光を，ヒトの見た目で同じ色（等色）に感じられるように調整する（図 1.9 上図）．この図の下のグラフを見ると，520 nm 付近の光を等色にするために，赤の刺激値がマイナスになっていることがわかる．これは，この波長について，感じられる色を同じにするために，赤波長の原刺激光を，520 mn の光に足す必要があることを意味する．これは，錐体において，緑を感じる細胞と，赤を感じる細胞が感知する波長が，相当重なっており（図 1.8），520 mn 付近の色が両方の細胞を刺激するため，そのままでも「赤」が余分に感じられるためである．

CIE-RGB 表色系は，負の刺激値があるため，使いにくい点があった．そこで，負の刺激値が出ないように，RGB 刺激値から線形変換で求められるようにした表色系が CIE-XYZ 表色系である．CIE-XYZ 表色系では，任意の色は XYZ の 3 次元空間の，XYZ がすべて正の領域で表される．ただし，3 次元空間は平面上に表せないため，$x+y+z=1$ の平面に射影し，2 次元座標 (x, y) に表したものが，xy 色度図である（図 1.10（口絵 1 参照））．この図において，純粋波長の光は，U 字型の曲線上にある．また，それらを混ぜ合わせたときにヒトに感知される光は，それらの点を結ぶ直線上にある．ディスプレイなどで，RGB 3 原色を使ったものが表される色は，この図でそれぞれの 3 原色をとり，それらの 3 角形の内部のどこかにある．例えば，sRGB のディスプレイが表現可能な色は，ヒトが感知可能な色（U 字型の内部）と比較して，かなり狭いことがわかる．

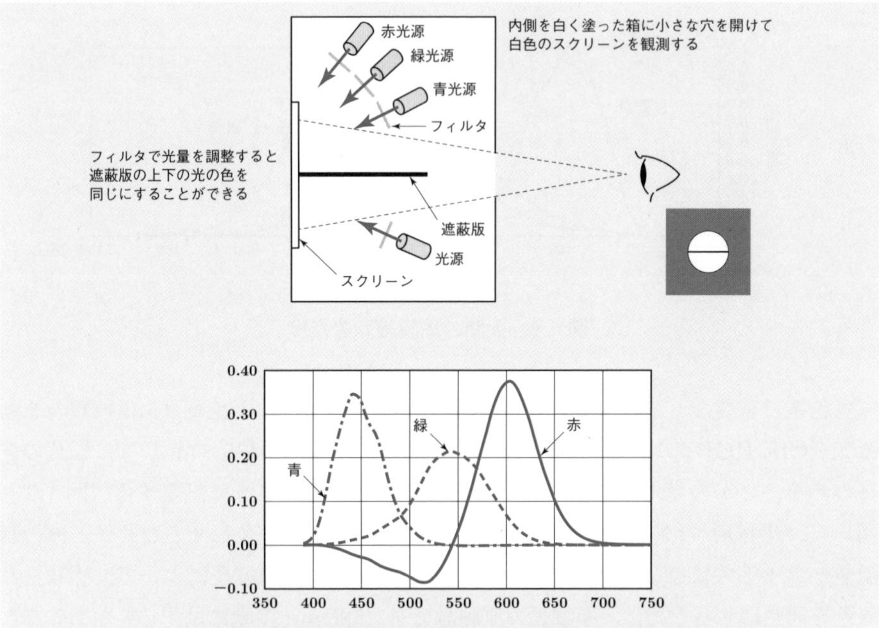

CIE-RGB 等色値．横軸は対象となる光の波長．縦軸は対象となる光と等色にするための原刺激光（赤，緑，青）の強さ．赤の強さの負の値については本文を参照．

図 1.9　等色実験と CIE-RGB 等色関数

● 人は本当の色を見ているわけではない ●

1.2.4 項で紹介したように，ヒトは，音に関しては可聴域の波長を直接聞き分けることができるのに対して，光に関しては，可視光である 350 nm 程度から 750 nm 程度までの連続的な波長を，直接見分けることができない．そこで，生物は，ある特定の波長のみを吸収する視細胞を用いて，その強度を感じとり色を見ている．ヒトには，赤・緑・青に強く反応する 3 種類の視細胞があり，色を「3 次元」の空間で感知する．各視細胞の反応する波長には幅があり，しかも大幅なオーバーラップがあることを思い出してほしい（図 1.8）．その結果，ヒトは，全く違うスペクトルの光を，同じ色として感知することがある．このため，例えばある光源の下では同じ色に見える 2 種類の素材が，別の光源の下では違う色に見える，ということが起こる．このような現象を「メタメリズム（条件等色）」という．メタメリズムを意図的に引き起こし，異なる光源の下で違うデザインの絵が見えるという，メタメリズムアートなども提案されている．

1.3　マルチメディアと知覚

マルチメディアの分野においてよく利用される知覚の種類はこれまでに挙げた聴覚と視覚である．しかし，人間には五感を含めた多様な知覚機能が備わっており，それらを組み合わせた研究，技術開発が行われている．

1.3.1　知覚の多様性

人の主要な感覚は五感と呼ばれ，アリストテレスによって分類された視覚，聴覚，触覚，嗅覚，味覚で構成されている．19 世紀の画家マカルトは五感そのものを題材とした絵画（図 1.11）を発表しており古くから五感が定義されていることがわかる．視覚，聴覚が空間を伝播する光や空気振動による刺激を受け取るため，刺激の発生源から離れた場所からでも知覚することができる．またこれらの刺激は電気的なデバイスによって発生させることが可能である．これはマルチメディアの技術にとって扱いやすい特性であり，これまでにさまざまなデバイスが開発されてきた．それに対し，嗅覚，味覚では，化学物質が直接感覚器に接触することによって刺激を受け取るため，化学物質を感覚器に届けるデバイスが必要となり，現時点では広く利用される段階には至っていない．

触覚は，皮膚に何かが接触したことを物理的な圧力として知覚するものである．触覚に与える刺激はメカニカルな機構によって再現できるためマルチメディアにおける刺激として，視覚，聴覚と組み合わせて利用される．触覚に刺激を与えるデバ

図 1.11　マカルトの絵画「五感」（左から触覚，聴覚，視覚，嗅覚，味覚）

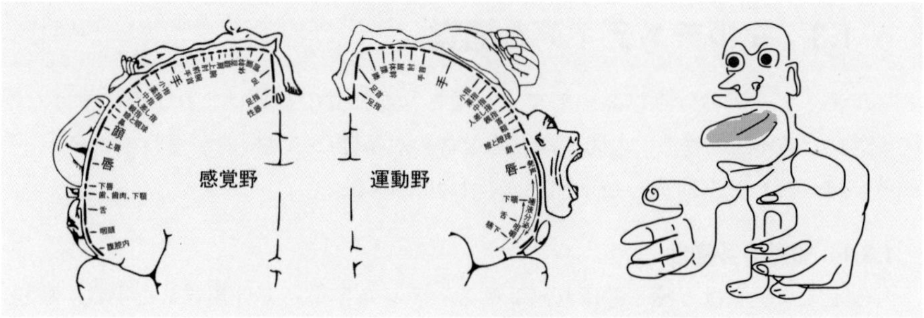

図 1.12　ペンフィールドの脳地図とホムンクルス

イスはハプティックデバイスと呼ばれ，さまざまな刺激の与え方に基づいて研究開発されている．触覚の感覚器は皮膚に存在するため，皮膚感覚あるいは表在感覚と呼ばれる．皮膚感覚には，圧力を知覚する感覚器だけでなく，暖かさ，冷たさを感じる温度感覚，痛みを感じる痛覚があることが知られている．また，人の身体に分布する感覚器は皮膚に存在するものだけでなく，身体内部に存在する感覚器があり，深部感覚（固有受容性感覚）と呼ばれている．皮膚感覚と深部感覚は合わせて体性感覚と呼ばれる．

深部感覚は，筋肉，腱《けん》，関節に存在する感覚器が，筋活動の変化や関節角の変化によって伸縮されて刺激を受け，身体の各部分の位置，運動の状態，重量などを知覚するものである．筋肉に振動の刺激を加えることによって，身体の状態を錯覚する運動錯覚を引き起こすことが知られている．これを，リハビリや，バーチャルリアリティに利用する研究が行われている．

平衡感覚は，身体の傾きや動きを知覚するものであるが，内耳に存在する前庭感覚によって身体に働く加速度を知覚することが知られている．しかし，身体の平衡を保つには，前庭感覚だけでなく，深部感覚，視覚など他の知覚が影響することも知られている．これらの感覚を刺激することにより，知覚する平衡状態を錯覚させるデバイスの研究開発が行われている．

これらの感覚器からの刺激は脳に伝えられるが，脳機能局在論では身体の領域ごとに脳の部分が割り当てられているとされている．体性感覚の重要性や量に応じて面積が異なり，例えば手の感覚には大きい面積が割り当てられている．これを図にしたものがペンフィールドの脳地図（図 1.12左）であり，その人の形（右図）はホムンクルスと呼ばれる．

1.3.2 知覚の情報処理

脳を情報処理機械に見立てて，その計算モデルを作る学問は計算論的神経科学（computational neuroscience）と呼ばれる．マー（D. Marr）はその著書 “Vision” [29] において，情報処理は3つのレベルに分けられると主張した．

- 計算の目的や適切性について論ずる計算理論（computational theory）
- 計算理論の入力と出力の表現と変換を実行するアルゴリズム（algorithm and representation）
- アルゴリズムを実現するハードウェア（hardware implementation）

脳の計算モデルを構築する基礎として，部分や要素の集合ではなく，全体性や構造に重点を置くゲシュタルト心理学や，認知心理学の知見が用いられている．また，人がまとまりを感じる場合について，ゲシュタルトの法則と呼ばれる分類が考察されており，近くにあるものをグループ化する「近接」，類似の刺激（例えば同じ明るさの物体）をグループ化する「類同」といった要因がある．これらに基づいてデザインすることにより，人が認識しやすいユーザインタフェースとなることが知られている．

脳の計算モデルの1つとして，人の知覚に統計学を導入し，ベイズ理論に基づいた知覚モデルが研究されている．ベイズ理論は事象の事前確率と事後確率の関係を表す以下の公式に基づいている．

$$P(S|I) = \frac{P(I|S)P(S)}{P(I)} \tag{1.4}$$

ここで視覚を用いて観測した場合を想定すると各記号の意味は，$P(S|I)$ は網膜像が I となったときに観測対象が S である事後確率，$P(I|S)$ は S を観測したときに網膜像が I となる事後確率，$P(S)$ は観測対象が S である事前確率，$P(I)$ は網膜像が I となる事前確率である．すなわち，$P(S|I)$ は，人が I を観測したときに，見たものが S であると判断する確率を表しており，さまざまな観測対象の中で最も有り得そうなもの（すなわち確率最大）となる S が認識結果として選ばれる．ベイズ理論に基づいた推定では，$P(I)$ は S に関わらず一定，$P(S)$ は既知とし，S がどのように観測されるかを表す $P(I|S)$ を定義することにより，脳の認識モデルを構築する．ベイズ理論に基づいた解釈では，もっともらしい認識結果が事実と異なる場合が「錯覚」と見なされる．図 1.13 (a) のIに示すワイヤフレーム像を観測したとき，「世の中のワイヤフレームには立方体が多く存在する」という先見的知識から，ベイズ理論では，起こり得る確率が高いと考える S_3 の3次元形状を想像すると考

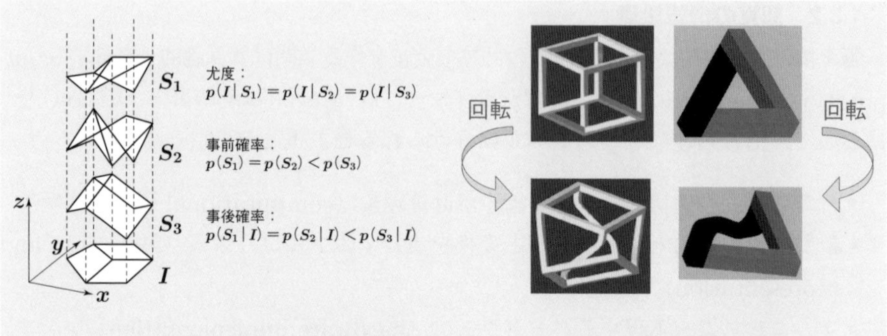

(a)　ワイヤフレーム像の立体像の推定　　(b)　不可能図形の錯視

図 1.13　錯視

（柴田和久『ベイズで読み解く知覚世界』（日本神経回路学会誌 Vol. 14, No. 4, 2007）より転載）

える．このような 3 次元空間でまっすぐな部材で構成されると考える先見的知識を利用し，不可能図形である図 1.13 (b) を 3 次元的に実現する錯視を起こすことができる．

● VR と認知科学の意外な関係 ●

近年，ヘッドマウントディスプレイ（HMD）を気軽に入手できるようになり，バーチャルリアリティ（VR）を誰もが体験できるようになった．これにより，錯視とは異なる錯覚体験を多くの人が実際に経験している．例えば，視覚としてはプラスチックのボールを見せながら，手に金属のボールを握らせると，実際よりも軽く感じることが報告されている．他にも多くの感覚が視覚と関連していることが明らかとなってきており，MRI と組み合わせて脳機能との関連も研究されつつある．新しいデバイスの開発により，今後もヒトの知覚の理解や，より臨場感のある VR システムの開発が大きく進みそうである．

第 1 章の問題

□ **1.1** 加齢性難聴を考慮すると，70 代の人物に若者と同じ音圧レベルで 8 kHz 純音を聴かせるには，音圧を何倍にすべきか？

□ **1.2** 聴覚補充現象（recruitment）について調べよ．

□ **1.3** 図 1.10（口絵 1 参照）の色度図は，全体的に「馬蹄形」をしている．馬蹄形の外側の境界は，人間が感じる色で「鮮やかさ」が最大の色の集合である．この境界は，赤，黄色，緑，青などの U 字型の曲線の部分と，主に紫色の直線の部分に分けられる．前者に属する色と，紫色との違いは何か？

□ **1.4** すでに知られているさまざまな錯覚の中から特定のものを選び，その錯覚が起こる理由についてベイズ理論に基づいて説明せよ．

第2章

音の信号処理

2.1 音の取得

音波（acoustic wave）の音源において，音源に接する空気を圧縮して密な箇所ができると，その箇所に隣接する空気を次々に圧縮していく．そして，圧縮された空気が進行方向に押されて移動した箇所は疎になり，今度は移動した空気を引き寄せて再び密になる．このように音波の 1 箇所を観察すると圧縮（密）と伸展（疎）を繰り返す**疎密波**であり，音速，すなわち秒速約 340 m とは，音伝播の媒質である空気自体が移動する群速度ではなく，疎密を繰り返す**位相速度**である．

音波の**振幅**は，この疎密により局所的に生ずる媒質の移動量に該当し，音波の**周期**は，この疎密の繰返しにかかる時間であり，その逆数，すなわち 1 秒間に何回疎密を繰り返すかが，音波の**周波数**ということになる．また，この疎密の繰返し 1 回分のうち，どのタイミングかが音波の**位相**である．

音を取得するとは，この疎密波を捉えることであるから，音の媒質間で行われているエネルギーの移動を捉えることができればよい．そこで図 2.1 に示すように，やっ

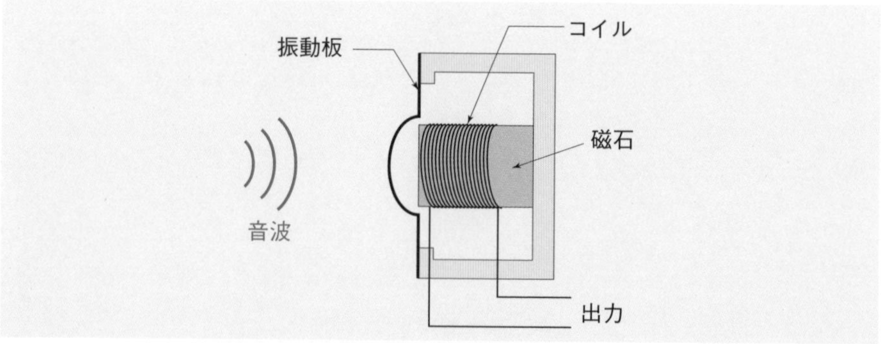

図 2.1　ダイナミック型マイクロフォン

てきた音波に押されたり引かれたりして音波の進行方向に動く振動板（ダイヤフラム）を用意し，この振動板の動きが磁石に巻いたコイルを動かすようつないでおく．すると，相対的にコイル内部の磁界が強められたり弱められたりを繰り返すため，ファラデー（M. Faraday）およびレンツ（H. Lenz）の**電磁誘導の法則**により，向きが時間的に逆転を繰り返す交流の誘導起電力がコイルに生じる．このように音波が引き起こす交流電圧を取り出す仕組みが**マイクロフォン**である（ダイナミック型）．なお，この交流電圧を同じコイルに印加することで，磁石の磁場との相互作用により生ずる電磁力がコイルを動かし，連動して動かされる振動板が隣接する空気に疎密波を作り出すことから音波を発することができる．これがスピーカである．このようにマイクロフォンとスピーカはまったく同じ機構を逆向きに使用しているに過ぎない．マイクロフォンには，振動板にコイルの代わりにコンデンサを連結し，振動板の振動によりコンデンサの極板間距離が変化して生ずる静電容量の変化から交流電圧を取り出す方式もある（コンデンサ型）．

● ファンタム電源 ●

コンデンサ型マイクロフォンでは，コンデンサの静電容量が極板間距離に反比例する（静電容量 $C = \varepsilon_0 \frac{S}{d}$，$\varepsilon_0$ は真空の誘電率，S は極板の面積，d は極板間距離）ことを応用し，極板の一方をダイヤフラムに連動して極板間が狭くなったり広くなったりするように動くようにしておく．ここで電極に電荷を貯めなければならないため，ダイナミック型には必要なかった直流電源を供給する必要があり，これをファンタム電源（phantom power）と呼ぶ．ファンタム電源の電圧はいくつか種類があるが 48 V が一般的である．また，接続には XLR ケーブル（キャノンケーブル）を用いる．

2.2　音の周波数解析

これまで，単一の周期（あるいは周波数）で疎密を繰り返す音波についてその現象を説明してきた．実際には，無数の周波数の音波が重なり合っているのが一般的であり，それはどのように考えればよいのだろうか？ 幸運なことに，周波数の異なる周期波形（その物理現象を数学的に表現したものが，三角関数）は互いに線形独立である（すなわち，直交する）ことがわかっている．すなわち，無数の**周波数成分**が足し合わされた音波について考えることと，その周波数成分一つ一つについて考えてから結果を足し合わせることとは，同じ結果になるということである．この三角関数の**直交性**を利用して周波数成分に分解する方法が**フーリエ変換**である [57]．

まず仮に，与えられた音波の時間波形 $f(t)$ が，無数の周波数成分の足し合わせであることを以下のように表す．ここで T_0 は観測時間であり，音波に含まれる最大周期である．

$$f(t) = \frac{a_0}{2} + \sum_{k=1}^{\infty} \left\{ a_k \cos\left(\frac{2\pi k}{T_0}t\right) + b_k \sin\left(\frac{2\pi k}{T_0}t\right) \right\}, \quad (k = 1, 2, 3, \cdots) \tag{2.1}$$

これに対して，三角関数の内積を計算する**積和演算**が，互いに周波数の等しい場合を除いてゼロとなる以下（1 周期分）の性質を用い（δ_{mn} は，$m = n$ のとき 1，それ以外のとき 0 であることを示すクロネッカーのデルタ（Kronecker delta)），

$$\int_{-\frac{T_0}{2}}^{\frac{T_0}{2}} \sin\frac{2\pi m}{T_0}t \cdot \sin\frac{2\pi n}{T_0}tdt = T_0\delta_{mn}, \tag{2.2}$$

$$\int_{-\frac{T_0}{2}}^{\frac{T_0}{2}} \cos\frac{2\pi m}{T_0}t \cdot \cos\frac{2\pi n}{T_0}tdt = T_0\delta_{mn}, \tag{2.3}$$

$$\int_{-\frac{T_0}{2}}^{\frac{T_0}{2}} \sin\frac{2\pi m}{T_0}t \cdot \cos\frac{2\pi n}{T_0}tdt = 0 \tag{2.4}$$

$\cos\left(\frac{2\pi k}{T_0}t\right)$，$\sin\left(\frac{2\pi k}{T_0}t\right)$ を式 (2.1) の両辺に乗じて積分すると以下を得る．

$$a_0 = \frac{1}{T_0}\int_{-\frac{T_0}{2}}^{\frac{T_0}{2}} f(t)dt, \tag{2.5}$$

$$a_k = \frac{1}{T_0}\int_{-\frac{T_0}{2}}^{\frac{T_0}{2}} f(t)\cos\left(\frac{2\pi k}{T_0}t\right)dt, \tag{2.6}$$

$$b_k = \frac{1}{T_0}\int_{-\frac{T_0}{2}}^{\frac{T_0}{2}} f(t)\sin\left(\frac{2\pi k}{T_0}t\right)dt \tag{2.7}$$

a_k，b_k を**フーリエ係数**，$f(t)$ を構成する周波数成分の線形結合係数とした式 (2.1) を**フーリエ級数**と呼び，k 番めの周波数成分の重みを示す（a_k は偶関数成分，b_k は奇関数成分）．フーリエ係数を求めることをフーリエ変換という．

さらに，**オイラーの公式**（Euler's formula）$e^{j\theta} = \cos\theta + j\sin\theta$ から，

$$\cos\left(\frac{2\pi k}{T_0}t\right) = \cos(\omega_0 kt) = \frac{e^{j\omega_0 kt} + e^{-j\omega_0 kt}}{2}, \tag{2.8}$$

$$\sin\left(\frac{2\pi k}{T_0}t\right) = \sin(\omega_0 kt) = \frac{e^{j\omega_0 kt} - e^{-j\omega_0 kt}}{2j} \tag{2.9}$$

を式 (2.1) へ代入すると，a_0 が $k = 0$ の場合，また k が負の数の場合を考慮して以下のようにまとめられる（**ド・モアブルの定理**（de Moivre's theorem））．

$$\begin{aligned} f(t) &= \frac{a_0}{2} + \sum_{k=1}^{\infty}\left\{\frac{a_k - jb_k}{2}e^{j\omega_0 kt} + \frac{a_k + jb_k}{2}e^{-j\omega_0 kt}\right\} \\ &= \sum_{k=-\infty}^{\infty} c_k e^{j\omega_0 kt} \end{aligned} \tag{2.10}$$

ここで，**複素フーリエ係数** c_k は次式で表される．このように複素数を用いることによって，複素数のノルムから各周波数成分の強度，偏角から位相を求めることができる．

$$c_k = \frac{1}{T_0}\int_{-\frac{T_0}{2}}^{\frac{T_0}{2}} f(t)e^{-j\omega_0 kt}dt \tag{2.11}$$

このように，音波をその周波数成分に分解することができれば，周波数成分それぞれについて，それを伝送するのに必要な回線が明らかになったり，あるいは特定の周波数成分を増減したりすることができる．

2.3 音の符号化

これまで，音波という物理現象が，時間という1次元に沿って，媒質である空気の疎密状態が周期的に変化するエネルギーが無数の周期（周波数）にわたって足し合わされたものであることを述べた．この物理現象を，マイクロフォンにより交流電圧という現象に変換する仕組みについても述べた．次に，これを伝送，蓄積，加工，表示することを考える．

音が変換されてできる交流電圧のように，その状態が意味を伝える量を**信号**（signal）と呼ぶ．そして信号をある特定の用途に向けて変換することを**符号化**（encoding）と呼ぶ．また，信号を送信する側から受信する側へ，信号を介してある知識や概念を伝える場合，それらを**情報**（information）と呼ぶ．その特定の用途が伝送や蓄積であれば，少ない容量の信号で同じ情報を伝えることができれば効率が良い．この効率を**符号化効率**（coding efficiency）と呼ぶ．以下，音信号の代表的な符号化方式について概要を述べる．

2.3.1 パルス符号変調

コンピュータで音信号を扱う，いわゆる**ディジタル信号処理**を行うためには，**アナログ信号**である電圧信号を**離散化**する必要がある．離散化は時間方向と振幅方向に行われる．

このうち時間方向の離散化を**標本化**（sampling）といい，離散化によって信号に含まれる周波数成分ができるだけ失われないように，**標本間隔**（**標本化周期**）を決定するのが望ましい．標本化周期 T_s で標本化すると，信号の周波数特性 $F(\omega)$ の実像に加えて，標本化周期の逆数である**標本化周波数** F_s ごとに信号の周波数特性の虚像 $F(\omega - nF_s)$ （$n = \pm1, \pm2, \ldots$）が生じる．周波数特性には，正の周波数成分の複素共役に相当する負の周波数成分が存在することから，周波数特性の実像（正側）と虚像の負側がお互いに重なり合わなければ，信号の周波数特性は失われない．そこで信号に含まれる最大周波数を F_{max} とすると，式(2.12)の関係を満たす標本化周波数を選択すればよい（**標本化定理**）．

$$F_s \geq 2F_{max} \tag{2.12}$$

標本化定理を満たさないで標本化した際には，信号の周波数特性の実像と離散化によって生ずる虚像とが足し合わされ，信号の周波数特性が歪む．これを**折り返し雑音**（aliasing noise）と呼ぶ．なお標本化された時間信号の各標本は，時間の概念を失い，通し番号による順番のみをもつ．一般的なオーディオ信号のうち，コンパクトディスクの標本化周波数は，1.1.3 項で述べたヒトの**可聴域**（∼20 kHz）を基に 44.1 kHz と定められており，これを超える標本化周波数（例えば，96 kHz）によるオーディオ信号をハイレゾリューションオーディオ（ハイレゾ）と呼ぶ．

一方，振幅方向の離散化を**量子化**（quantization）といい，ある範囲の振幅値をそれに含まれる特定の値で代表させる処理を意味する．各範囲（量子化幅）を**量子化ビン**（bin）あるいは単にビンと呼び，信号振幅がある値の近傍に集中する場合，その近傍ではビンを小さくして，それ以外の範囲では大きくするというように，ビンのサイズを信号に適応的にして離散化による信号の劣化（**量子化誤差**）を小さくする工夫が考えられる（**適応量子化**）．ビンの総数（**量子化レベル数**）に応じて符号長が決められ（例えば，16 bit），ビンが一定幅の場合を特に**線形（直線）量子化**と呼ぶことがある．

このように時間方向および振幅方向に離散化された信号を**ディジタル信号**と呼ぶ．アナログ音信号からディジタル信号を得る方法を，**パルス符号変調**（pulse code modulation）と呼ぶ．また，アナログ信号をディジタル信号に変換するという意味で，**アナログ–ディジタル変換（A/D 変換）**と呼ぶ．

2.3.2　差分符号化

パルス符号を伝送あるいは蓄積する際の符号化効率を上げる方法として，**差分符号化**（delta encoding）がある．この方式は，隣り合うサンプルに強い相関があることを前提としており，音だけでなく画像についても適用可能である．

差分符号化の代表例は，**差分パルス符号変調**（Differential Pulse Code Modulation; DPCM）方式である．DPCM 方式では，隣り合うサンプル間の差を計算するが，相関の高いサンプル間の差分の絶対値は小さくなることから必要となる符号長が短くなり，さらに符号の発生確率が偏ることから，**エントロピー符号**のような可変長符号を用いることにより，平均符号長を一層短くすることができる．DPCM 方式に，さらに 2.3.1 項で述べた適応量子化を用いた**適応差分符号化**（Adaptive DPCM; ADPCM）方式は，PHS の音声符号化に用いられていた．

2.3.3　サブバンド符号化

信号の符号化効率を実効的に上げる方法には，そもそも人の知覚できない信号成分を削減しようとするものがある．そのような符号化を**知覚符号化**（perceptual coding）というが，**サブバンド符号化**（sub-band coding）は知覚符号化の一種である．

人の聴覚は，図1.2に示すように周波数に応じてその感度が異なるため，**最小可聴値**を下回る周波数成分は削減しても「聴こえる」音の質は劣化しない．また，直前や直後に聴いた音，あるいは近接する周波数成分によって現在聴いている音が隠蔽《いんぺい》されて聴こえが悪くなることを**マスキング効果**（masking effect）と呼ぶが，マスキング効果によって聴こえなくなる成分を削減してもやはり音質の劣化につながらない．音楽配信等で広く普及しているMP3（MPEG-1 Audio Layer III）は，このような効果を応用してデータ量を削減する方式の1つである．

情報圧縮の観点からは，知覚符号化は情報が失われるため非可逆（lossy）であるといわれ，**ハフマン符号**のように情報の損失のないものは可逆（lossless）であるといわれる．

● MP3 ●

MP3は，元々MPEG（Moving Picture Experts Group）によって作られた標準動画規格MPEG-1において策定されたオーディオ符号化方式MPEG-1 Audio Layer-IIIであり，その方式で圧縮された音ファイルのファイル形式（拡張子はmp3）である．MP3では，ハイブリッド符号化が採用されており，PCM入力信号に対してサブバンド符号化（Polyphase Filter Bank；PFB）を行って32の周波数帯域に分割したのちに，変形離散コサイン変換（Modified Discrete Cosine Transformation; MDCT）によりさらに周波数分割を行うことにより，高速に折り返し雑音を回避しながら，高い周波数分解能を実現している．その際，プリエコー（信号レベルが急増するアタック部分において復号後に生ずる量子化雑音）を低減するための最適なブロック長（分析窓長）と聴覚特性（可聴域とマスキング効果）に基づいた効率的な量子化レベルを決定する．

【参考】安田浩編著，MPEG/マルチメディア符号化の国際標準，丸善，1994.

2.4　音響処理の応用

音響処理とは，音信号の種類によらず，その時間構造や周波数構造を加工することを指す．さらに特定の目的の下では，人の**聴覚特性**（例えば，図 1.2 や図 1.3）に基づいて音の聴こえを改善したり，**音場**《おんば》の**音響特性**（残響や反射音）を模擬して**音響効果**（sound effects）を付加したりすることがある．音響処理を概観するには，まず入力音信号がいくつのマイクロフォンで録音されたか，すなわち**チャネル数**が問題になる．

2.4.1　モノラル録音の場合

モノラル（monaural）録音とは，1 チャネルのマイクロフォンで録音することである．録音の方式については 2.1 節で述べたように，空気中を伝播する疎密波を交流電圧に変換し（アナログ信号），これを 2.3.1 項で述べたパルス符号変調することによりディジタル信号を取り出すことができる．こうして交流電圧の時間信号として取得した音信号を，2.2 節で述べた周波数解析することにより，それに含まれる周波数成分に分解した**周波数スペクトル**に変換することができる．音響処理では，周波数スペクトルにおける特定の周波数帯域を阻止または通過させる処理（**帯域阻止フィルタ**および**帯域通過フィルタ**），あるいは増減させることにより（イコライジング，equalizing），ライブハウスやコンサートホールといった異なる音場の音響特性を模擬する処理を行うことができる．

リバーブ

残響と訳される．音は図 2.2 に示すように，まず直接音が音源から直接聴き手あるいはマイクロフォンに届き，次に音源から壁や天井に伝播した音が反射してから

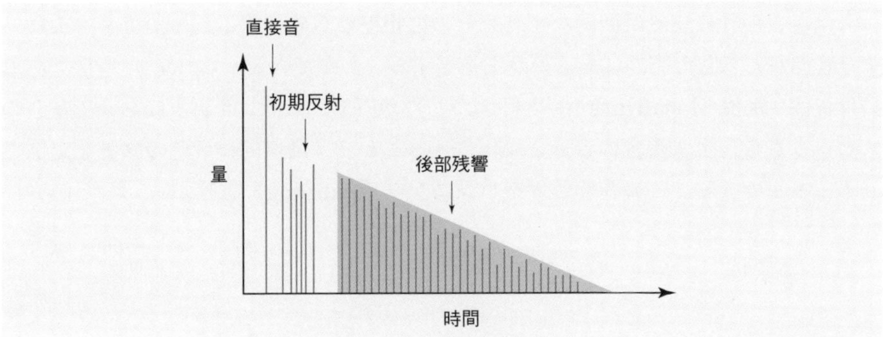

図 2.2　音の響き方

届く跳ね返り音が届き（**初期反射**），そしてそれが時間の経過と共に何度も室内を跳ね返って減衰しながら届く（**後部残響**）．そこで，実際にコンサートホール等で録音した場合でなくても，次のようにこれらのパラメータを加工することによって残響が混ざった音を模擬することができる．これを**リバーブ**（reverberation）と呼ぶ．

- **直接音から初期反射あるいは後部残響までの時間**
  音源からの距離を模擬する．**プリディレイ**（pre-delay）と呼ぶ．
- **後部残響の減衰にかかる時間**
  音源からの空間的な広がりを模擬する．**リバーブタイム**（reverberation time）と呼ぶ．
- **高周波数帯域の成分量**
  音が反射する壁や天井の材質を模擬する．**ハイダンプ**（high dump）と呼ぶ．

エコー

遅延時間（delay time）と繰返し数（feedback）を調整して残響を加算する音響処理を**エコー**（echo）と呼ぶ．

ディレイ

エコーとほぼ同様であるが，遅延時間を決め，エコーよりも短め（20 ms 以上で人は遅れを感じる）に残響を加算する音響処理を**ディレイ**（delay）と呼ぶ．

2.4.2　ステレオ（stereophonic）録音の場合

左右 2 つのマイクロフォンを用いて 2 チャネルで録音することであり，特にダミーヘッド等を用いて人間頭部の音響を再現しようとするものを**バイノーラル録音**（binaural recording）と呼ぶ．これを再生する際に，やはり左右 2 つのスピーカから再生することを**ステレオ再生**と呼ぶ．

人は左右の耳に届く時間的なずれをその**位相差**から感知することができ，これにより音源がどちらの方向にあるのかを推定することができる．これを，（音源，あるいは音像）**定位**（localization）と呼ぶ．したがって，ステレオ再生において左右のスピーカから再生する音の音量を変化させることで，疑似的に音源の移動を定位させることができる．この音響処理を**パンニング**（panning）と呼ぶ．

2.4.3　多チャネル録音

サラウンド（surround）と呼ばれ，チャネル数により 5.1 ch サラウンド（スピーカが，前方左右に 2 台，センターに 1 台，後方に 2 台で 5 ch，さらに重低音専用のサブウーファ 1 台で 0.1 ch）などと呼ばれる．多チャネル録音においても，モノラル録音およびステレオ録音における音響処理が行われる．

● 音源定位 ●

人の耳は，頭部の左右に水平方向に備わっている．ある方向からやってくる音は，音源の水平方向の位置によって，左右それぞれの耳に達する時刻が異なったり，また，頭部を回折するか否かによってその音圧レベルが異なったりする．前者を両耳間時間差（Interaural Time Difference；ITD），後者を両耳間レベル差（Interaural Level Difference；ILD）と呼ぶ．音に含まれる高周波成分はあまり回折しないため ILD が大きくなることから，ILD に基づいて定位される．一方，低周波成分は回折が大きいため ILD が小さく，そのため ITD により定位される．ところで，上下・前後方向に対称な方向にある音源に関してはどうであろうか？　これらは頭部や耳介の反射音と直接音との干渉に起因する伝達特性によって定位されていることが知られており，この伝達特性を定式化した頭部伝達関数（Head-Related Transfer Function；HRTF）は，耳や頭の形が個々に違うことからも予想されるように，人によって大きく異なる．

第2章の問題

□ **2.1**　マイクロフォンから音を取得し，波形を表示するプログラムを作成せよ．

□ **2.2**　音波形に分析区間を設定し，その区間をフーリエ変換して周波数特性を求めるプログラムを作成せよ．

□ **2.3**　データ通信容量が 8 kHz の回線を通すためには，音信号に含まれる最大周波数を何 Hz に制限する必要があるか？　またそのような帯域制限はどのように行えばよいか調べよ．

第3章

画像・映像の信号処理

3.1　画像・映像情報の取得

我々の身の周りには3次元の空間が広がっているが，その情報を人は視覚を通して2次元の情報（画像）として取得する．空間にある物体は，いろいろな3次元形状であるだけではなく，固有の色（アルベド）や，物体の材質に基づく反射特性や質感を持つため，同じシーンであっても見る方向や光源環境の違いにより，まったく異なる画像として取得される．そうして得られた視覚情報に対して，同じシーンや物体であると知覚するため，人は1.2節で紹介したような複雑な視覚の仕組みを発達させてきた．現在の情報化社会では，これを人の眼に代わり，カメラなどを用いて画像や映像などの2次元情報として取得し，利用するための装置や技術が開発されてきた．それらの装置では，最初に3次元空間を2次元の平面に射影し（カメラ），その色や質感などの輝度情報を電気信号に変換し（イメージセンサ），さらにアナログの電気信号をディジタルの情報に変換する（アナログ–ディジタル変換）†．このため，マルチメディアデータの1つである画像や映像を処理したり利用する上で，カメラの光学モデルやイメージセンサなど各種デバイスの特性を理解しておくことは重要である．そこで，3次元形状の理解と深く関わるカメラの幾何学的モデルについては，より詳しく8章で，反射特性や質感に深く関わる光学的モデルについては10章で説明するものとし，本章ではその概要を，歴史的な経緯や原理と共に紹介する．本章では，画像や映像の信号処理を主に解説するが，加えてその理解に必要な，レンズなどの光学系の基本原理，光学系により2次元に射影されたシーンの電気的な処理を実現するイメージセンサ等についても解説する．

---

†近年，従来と異なる装置やアルゴリズムで空間の情報を取得する手法が，Computational Photography という分野で研究されており，3.4.4項で触れる．

3.1.1　カメラの光学モデル

基本的なカメラの光学モデルは，一般に**ピンホールカメラ**で表される．ピンホールカメラとは，図 3.1 に示されるように，箱の片側に外部の光を取り込むための小さな穴を持ち，その反対側に穴から入射される光を投影する平面を持つカメラのことである．このようなピンホールカメラで，シャープな投影像を得るためには，外界から入ってくる光線をできるだけ細くする必要があり，そのためにはピンホールのサイズを小さくするとよい．一方で，ピンホールのサイズを小さくするとカメラ内部に取り込める光の量が減少してしまうため，投影される画像が暗くなるという問題が生じる．さらに回折による画質の劣化も生じる．このような矛盾を解消し，明るくかつシャープな投影像を得るため，レンズを用いたカメラが現在一般に用いられている．レンズを用いたカメラのモデルを図 3.2 に示す．現代のカメラで使用されるレンズは，**収差**を減らすため多くのレンズが使用されるが，それらを合成したものは光学的には図で示すような仮想的な 1 枚のレンズで表現することができ，このようなカメラモデルを Thin lens model と呼ぶ．また，ズームレンズなどのよう

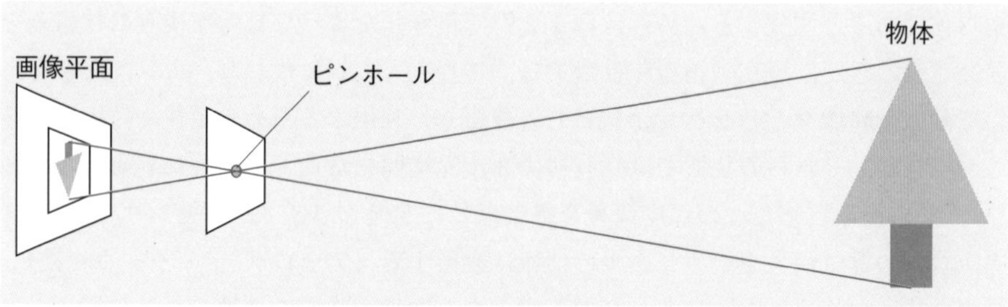

図 3.1　ピンホールカメラ

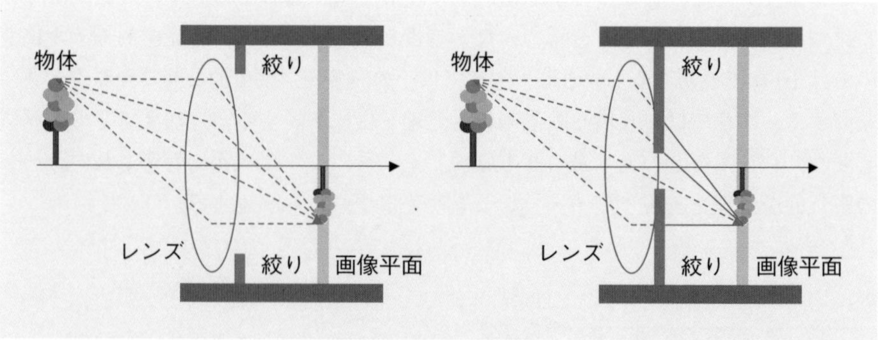

図 3.2　レンズの模式図

にレンズの枚数が多い場合，シーン側とセンサ側にそれぞれに Thin レンズを合計 2 枚配置して近似した，Thick lens model と呼ばれるモデルもある．

このようなレンズを用いたカメラに特徴的な性質として，カメラのピント調整がある．レンズを用いたカメラでは，画像面における光量を増やすため，空間中のある点に注目したとき，その点から放射された光線のうち，レンズを通過したものが，画像面の 1 点に集まるように，レンズ位置や画像面位置の調整を行う．このようにレンズを用いたピント調整により，高い空間解像度と画像の明るさを両立することができる．しかし，物体とカメラ間の距離に応じて，レンズをから出た光線が収束する画像平面の位置が変化するため，ピントを合わせた物体と異なる距離にある点から放射された光線は，画像平面上の 1 点に光が集まらず，ある広がりを持った範囲に投影される．その結果，撮影画像上にはボケが生じる．この光の広がる範囲を**錯乱円**と呼び，ボケが起きていないと判断する最大のサイズを**許容錯乱円**という．ボケを小さくする簡易な方法としては，絞り（iris）を用いて光を集める範囲を狭めることが考えられる（図 3.2（右））．これにより錯乱円のサイズは小さくなるが，レンズカメラはピンホールカメラに近づいていく．その結果，画像がボケていないと判断される奥行の範囲（これを**被写界深度**という）が広がるが，画像は暗くなる．つまり，絞りを絞る（小さくする）ことにより，画像は暗くなるものの，ボケが少なくなり，被写界深度を拡げることができる．

3.1.2　イメージセンサ

画像面に配置する**イメージセンサ**として，CCD や CMOS センサが用いられる．画像面上の微小面に入射する光のエネルギー量から，出力される画素値への変換は，製造上の個体差がある他，さまざまな理由から非線形になっていることがある．これを考慮するため，センサの応答曲線を光学的にキャリブレーションする必要がある．応答関数として，電子走査方式ディスプレイの性質である**ガンマ特性**を仮定し，1 つのパラメータ（ガンマ値）でこれを近似することが行われている．現在では，露出を変えて撮影した複数枚の画像から，より詳細な応答関数を求める手法が提案されており，その応答特性を用いて，**ハイダイナミックレンジイメージ**（HDRI）を作成することが広く行われている．また，通常イメージセンサは単色であるため，カラー画像を撮るために，各ピクセルに異なるカラーフィルタを設置し，後処理（ポストプロセス）で色を計算することが行われる（**デモザイク処理**）．図 3.3 上段に示すものが代表的なカラーフィルタの配置であり，**ベイヤー配列**と呼ばれる．このように各ピクセルが RGB の各色を担うことから高周波パターンの撮影に失敗するこ

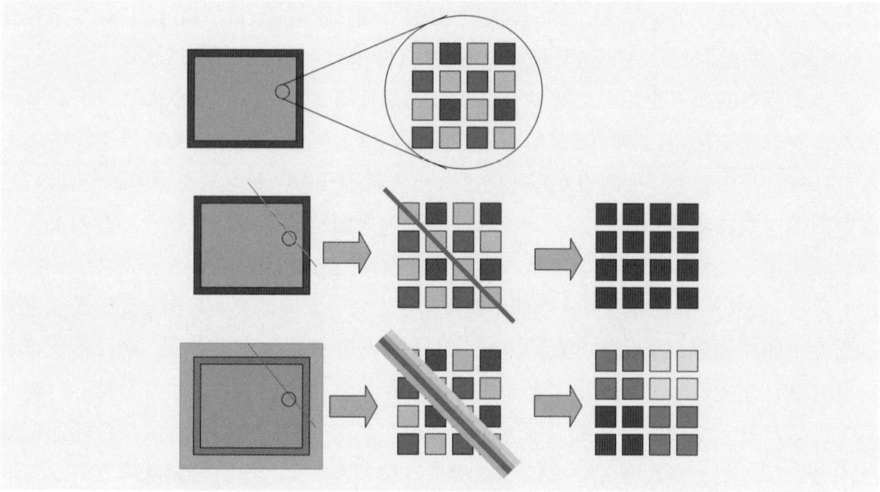

図 3.3　**CCD におけるベイヤー配列＋ローパスフィルタ**

とがある（図 3.3 中段）．これを避けるため**ローパスフィルタ**を設置することが行われる（図 3.3 下段）．最近は，センサの解像度が十分高くなってきたことから，ローパスレスセンサも多く見られる．

イメージセンサ上の各画素は光電変換により，電気的なアナログ値を得る．これをハードディスクなどのディジタルメディアに保存したり，画像を処理するためには，ディジタル信号に変換する必要がある．そのため，アナログ信号を量子化処理によりディジタル化する．通常のイメージセンサでは，RGB それぞれの輝度が 8 bit 信号，つまり 256 に量子化されるため，3 チャネルを合わせると 24 bit，1677 万色の表現が可能となる．量子化する際に，人間の感度特性が RGB のうち G に特に鋭敏であることを利用して，R と B のビット数を減らすことで知覚される品質を落とさずデータサイズをコンパクトにすることができる．これは，例えば帯域に限りのある放送などで用いられる．また，これを PC などで保存するためには，以前は，出力信号の規格が統一されておらず専用のキャプチャカード等が必要であったが，現在では，IEEE1394 や USB，イーサネットなどの標準インタフェースを介して直接ディジタルデータをハードディスクなどに取り込むことが可能となっている．

3.2 画像・映像の保存と圧縮

前述のように，取得した画像や映像のデータはディジタル化され，最終的に電子データとして保存される．以下では，代表的な画像や映像のフォーマットやその圧縮技術について解説する．

3.2.1 画像のフォーマット

ラスタ画像（自然画像）

ラスタ形式とは，解像度と同じ数のピクセルをそれぞれをRGBの3色で表現する形式である．このため，解像度が高いとデータサイズが大きくなる．**ディジタルカメラ**等で撮像された自然画像データは，一般に高周波成分が少なく低周波成分が多いため，高周波成分をカットして，人が画質劣化に気づかないように画像圧縮することができる．このような圧縮方式を**ロッシー圧縮**といい，その代表として**DCT**変換/**JPEG**圧縮による**JPG**フォーマットが多くの分野で幅広く利用されている．特にWebページのように小さいファイルサイズが好ましい場合における利用価値が高い．

一方で，画像を大伸ばしにして印刷・表示したりする場合や，あとから画像処理を加える場合には，画質劣化の少ない方が良い．このため，プロ向けのディジタルカメラには非圧縮で保存するRAW画像フォーマットが用意されていることが多い．RAW画像フォーマットのデータは，専用のソフトウェアを使ってポストプロセスにより各種調整を行い最終的な画像を生成する．この処理はフィルムカメラに倣って**現像**と呼ばれることがある．

ラスタ画像（ドロー・ペイント系）

ドロー系のアプリケーションで描かれたイラストなどの画像や，単色で表現された線画やFAXデータなどは，広い領域が少ない色で描画されており冗長である．例えば，FAXの場合，多くの書類は，白い下地の上に，局所的に文字が描画される構造のため，白い部分の継続性を使って**ランレングス符号化**により効率よく圧縮できる．このような画質の劣化しない圧縮方式を，**ロスレス圧縮**という．インターネット上でJPGと並びよく利用される，PNGやGIFフォーマットもロスレス圧縮であり画像情報は失われない．

注意点として，自然画像をPNGやGIFなどでロスレス圧縮しようとすると，色数が多いためほとんど圧縮できず画像サイズが非常に大きくなることがある．このため，ラスタ画像の場合は，コンテンツを考慮した保存形式を選択することが重要である．

ベクタ画像

グラフなどを描画する際，元の数値データをそのまま描画できるフォーマットが望ましい．例えば，放物線などは，拡大縮小してもなめらかである必要がある．同様に，文字や記号なども拡大縮小してもなめらかに表示される方が望ましい．このような目的に適した形式としてベクタ画像がある．ベクタ画像では，画像を点や線や曲線の組合せとして表現する．曲線を表示するには，**ベジェ曲線**や，**B スプライン**や，**NURBS** などを利用する．これらの曲線は，コントロールポイントを定義して，その近傍の n 点を使用して重み付き補間によって曲線を表現する．このため，意図した通りの曲線を手動で直感的に表現することは難しいので画像描画ソフトウェアには通常専用のツールが提供されている．

Windows や Mac などの OS では，その基本機能としてディスプレイ上にグラフィカルに文字や矩形窓を表現する GUI のため，EMF（Extended Metafile）や WMF（Windows Metafile）フォーマットが使用される．このような文字の表現のため，上記 OS では，**TrueType フォント**が使用される．

Web 上におけるベクタ画像としては，SVG フォーマットがある．CAD では，AutoCAD の開発した DXF フォーマットが幅広く使用されている．DTP やデザインなどでは，ポストスクリプトフォーマットや PDF などが使用される．

3.2.2 映像のフォーマット

映像は画像とは異なり，そのサイズが膨大なため，テープメディアに保存される形式が一般的であった．その後ディジタル化が進み，HDD などにファイルとして保存されるようになると，そのファイルサイズの巨大さの解消のため，多くの圧縮技術が提案され，数多くの映像フォーマットが生まれた．特に，フレーム間補間をベースとする，高圧縮率・高画質な **MPEG** フォーマットが標準化され，多くの分野で利用されている．現在では，インターネットやモバイル通信といったメディアの帯域に応じたフォーマットも提案され，H263 や H264 などを使用した多くのフォーマットが広く利用されている．このように数多くの映像フォーマットが存在していることから，映像コンテンツをデスクトップ PC やスマートフォン端末のアプリケーションで再生するには，そのフォーマットに対応した**コーデック**（Codec）が必要となる．

3.2.3　画像の圧縮方式

自然画像の圧縮（JPEG など）

自然なシーン中にある物体は，いろいろな形や色，材質による独特な模様や見え方を持つ．しかし，そういった模様や物体の見えのバリエーションの大きさに対して，撮影された画像に含まれる空間周波数には大きな偏りがある．特に自然画像を撮影した画像においては，低周波情報が支配的であり，このような特性を利用して画質の劣化を抑えながらデータサイズを圧縮することが可能である．画像の低周波低部分に注目して，効率の良い圧縮を実現する手法として，**離散コサイン変換**（DCT）による圧縮手法がある．**DCT 圧縮**の概要を以下に紹介する．

形式的には，DCT は，線形の逆変換が可能な関数 $R^N \to R^N$ である（R は実数の集合を表す）．N 個の実数 $x_0, ..., x_{N-1}$ は，次の式のいずれかに従って N 個の実数 $X_0, ..., X_{N-1}$ に変換される．

$$X_k = \frac{1}{2}(x_0 + (-1)^k x_{N-1}) + \sum_{n=1}^{N-2} x_n \cos\left(\frac{\pi}{N-1} nk\right) \tag{3.1}$$

$$(k = 0, ..., N-1)$$

ここで，x_0 と x_{N-1} の項にさらに $\sqrt{2}$ をかけ，それに対応して X_0 と X_{N-1} の項に $\frac{1}{\sqrt{2}}$ をかけることもある．DCT 自体はオリジナル画像を線形に可逆変換したものであるため，情報が失われておらずデータも圧縮されているわけではない．この DCT 後の結果から，寄与率の大きい周波数情報のみを取り出し，それ以外をカットすることでデータサイズをコンパクトにする方式が JPEG 圧縮である．このため，JPEG 圧縮はユーザが，画像の品質と画像データのサイズのトレードオフを調整することができる．また，JPEG 圧縮は寄与の少ないデータをカットすることから，知覚されにくいものの情報自体が失われるため，ロッシー圧縮（不可逆圧縮）である．JPEG 圧縮では，画像全体を 8×8 や 16×16 のブロックに分割し，個々のブロックに対して適用される．このため，圧縮率を高めると隣接するブロック間でパターンや色などの違いに気が付くことがある．このようなアーチファクトを JPEG のブロックノイズと呼ぶ．

イラスト画像の圧縮（PNG など）

少ない色で多くの領域をベタ塗りするドロー系の画像には，**エントロピー符号化**が適している．これは，少ない色でベタ塗りされている場合，同じようなデータが出現する確率が高く，エントロピー符号化で効率よくデータ圧縮できるためである．そのような画像の例として Web ページにおいてよく利用されるイラスト画がある．

その代表的なフォーマットであるPNGやGIFは，LZ方式をベースとした符号化を用いている．また，前述のFAXで用いられるランレングス符号化も，エントロピー符号化の一種である．一方で，自然画像やグラデーションのある画像などをエントロピー符号化で圧縮しようとしても，あまり効果が得られない．

3.2.4　映像の圧縮方式（MPEG）

動画は一般に1秒間に30枚程度の画像を連続的に再生することで実現されるため，データサイズが膨大になる．動画をファイル形式として保存する初期の方法としては，JPG画像を必要なフレーム枚数分並べて保存するMotionJPGという手法があった．しかし，各フレームは独立しており，圧縮率を高めることは難しい．これに対して，現在の**動画像圧縮**の基礎となる技術であり，**フレーム間予測**に基づく方式である**MPEG圧縮**が1993年に発表された．フレーム間予測とは，離れた時刻のフレームに基づいて，別のフレームの画像を予測することをいう．圧縮の際には，予測画像とオリジナル画像との差分を符号化することで高画質にすることが一般的である．MPEGには，予測するための基礎画像である**Iフレーム**と，差分画像からなる**Pフレーム**がある．Iフレームを1枚含む連続フレームの集合を**GOP**（Group of Picture）と呼ぶ（図3.4）．フレーム間予測の際に，細かいブロックに分割し，そのブロックの動きを推定する**動き補償**（Motion Compensation; MC）と呼ばれる技術が用いられている（図3.5）．その後，MPEGをさらに高解像度対応にしたMPEG-2やMPEG-4が発表され，さらに改良を続けながら今に至る．

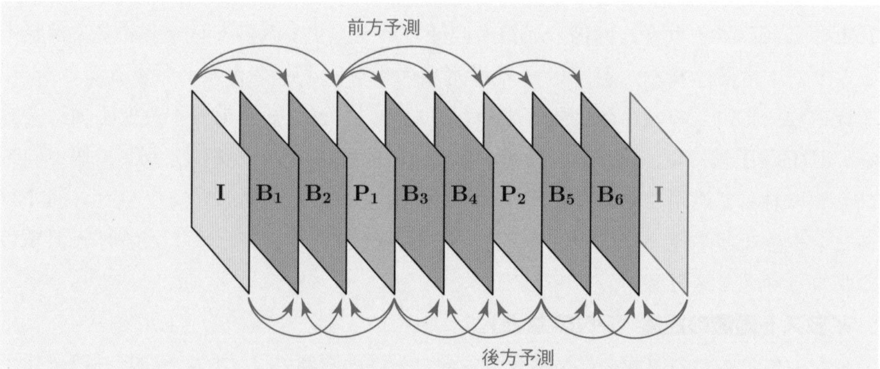

図3.4　**MPEGにおけるフレーム間予測とGOP構造**

図 3.5 動き補償

● 画像処理ライブラリについて ●

本章で紹介する画像処理は，OpenCV というオープンソースソフトウェアにほとんどが実装されており，誰もが自由に利用することができる．OpenCV は Python からも利用できるため，短いコードで驚くほど高度な処理を実現することができる．また，Matlab を使用している場合には，Image Processing Toolkit を利用することで，OpenCV 同様に，本章のほとんどの処理が利用できる．ところで，幾何変換や畳込みなど，ピクセルベースの画像処理は，解像度の高い画像を処理する場合，思った以上に時間のかかることがある．これらは GPU などの SIMD（並列演算プロセッサ）を用いたハードウェアを用いて高速に処理することができる．直接 GPU を利用するには，OpenGL や DirectX といったグラフィックスライブラリを用いる．

また，上記ライブラリを利用するには基本的にはコードを書く必要があるが，少し試すだけなら，オープンソースソフトウェアの GIMP や，Adobe 社の PhotoShop などの，GUI アプリケーションを用いるとよい．

3.3　画像・映像処理の基礎

取得した画像を，目的に応じて利用するには，さまざまな画像処理を適用する必要がある．基本的な画像処理としては，ノイズの除去や平滑化といったフィルタ処理や，暗い画像を明るくするなどの輝度調整，さらに画像サイズの拡大や縮小といった幾何変換がある．また，8 章で述べる，コンピュータビジョンに基づくシーンの 3 次元理解の基礎として画像処理は重要である．例えば，複数の 2 次元画像間における対応点のセットが，誤対応なく得られるならば，コンピュータビジョンの多くの問題は容易に解くことができる．しかし，現実にはノイズや量子化誤差などの影響により期待通りの対応点が十分な数得られことは少ない．また，画像上に撮影された物体の形状復元には，物体の輪郭線や特徴の抽出なども必須となるが，制御された環境下でなければ安定した処理は難しい．以下では，実際の画像において，安定して特徴を取り出したり，対応点を得るための代表的な画像処理手法について紹介する．

3.3.1　フィルタ処理

基本的なフィルタとして，撮影された画像上にあるノイズを除去したりぼかしたりするための**平滑化フィルタ**や**メディアンフィルタ**がある．平滑化フィルタの代表的なものとしては，平均フィルタの他に**ガウシアンフィルタ**もよく用いられる．また，画像に撮影されたオブジェクトの境界部分を取り出したり，オブジェクトの角（コーナー）などを取り出す処理は，それぞれエッジ検出および，特徴点抽出と呼ばれる．このようなフィルタ処理は一般に各画素に対して，その周辺の画素情報を用いて行われるため，**畳込み処理**と呼ばれる．よく利用されるフィルタは，一般に $m \times m$ 画素のパッチで表現され，これを畳み込むことで実現される．このようなパッチのことをカーネルと呼ぶ．以下に，代表的なフィルタとそのカーネルについて紹介する．

平滑化フィルタ

図 3.6 (a) に示すように，カーネルのすべての画素が同じ値となっているものは注目画素の周辺を平均するため，平滑化フィルタと呼ばれる．これにより，輝度値が平均化されノイズが目立ちにくくなる．ただし，いわゆるゴマ塩ノイズなどはカーネルを大きくしないと消えないため，画像全体がぼやけてしまう．そのようなときはメディアンフィルタを用いてノイズを除去することができる．一方で，近傍の画素値の重みを大きくすれば，ボケを抑えることができる．そこで，図 3.6 (b) に示す，ガウシアンカーネルを用いた畳込みによる平滑化も広く利用される．

1/9	1/9	1/9
1/9	1/9	1/9
1/9	1/9	1/9

3×3 画素

1/25	1/25	1/25	1/25	1/25
1/25	1/25	1/25	1/25	1/25
1/25	1/25	1/25	1/25	1/25
1/25	1/25	1/25	1/25	1/25
1/25	1/25	1/25	1/25	1/25

5×5 画素

(a)　平均フィルタ

1/16	2/16	1/16
2/16	4/16	2/16
1/16	2/16	1/16

3×3 画素

1/256	4/256	6/256	4/256	1/256
4/256	16/256	24/256	16/256	4/256
6/256	24/256	36/256	24/256	6/256
4/256	16/256	24/256	16/256	4/256
1/256	4/256	6/256	4/256	1/256

5×5 画素

(b)　ガウシアンフィルタ

図 3.6　平滑化フィルタの例

エッジ抽出フィルタ

エッジの抽出は，画像を微分することで実現できる．1 次微分系としては，**プレヴィットフィルタ**（Prewitt filter）や**ソーベルフィルタ**（Sobel filter）や，それを利用した**キャニーオペレータ**（Canny operator）等がよく知られている（図 3.7）．また，2 次微分系としては，**ラプラシアンオペレータ**による畳込み処理がよく用いられる．2 次微分のため，エッジは 0 次交差として抽出される．ただし，微分処理はノイズなどに弱いため，事前にガウシアンフィルタなどでノイズを除去してから微分フィルタをかけることがよく行われる．畳込み処理のため，先にカーネル同士の演算を済ませておくことで，実際のフィルタ処理では，合成カーネルを用いた一度の畳込みのみで結果を得ることができる．

3.3.2　特 徴 抽 出

複数の画像間における対応点を得るには，まず各画像において特徴的な点を抽出する必要がある（特徴点検出）．さらに，抽出した点の特徴量を記述し，それらが一致あるいは近いかどうかを判定する必要がある．このような目的のために，画像を 2 次元的に微分して変曲点や滞留点を求めて特徴点を抽出する手法が提案されている．例えば，**ハリスオペレータ**（Harris operator）は以下で表すハリス行列の固有値として計算され，**KLT トラッカー**の特徴点としても利用されている [43]．2 つの

(a)　微分フィルタ

x 方向

0	0	0
−1	1	0
0	0	0

y 方向

0	−1	0
0	1	0
0	0	0

(b)　プレヴィットフィルタ

x 方向

−1	0	1
−1	0	1
−1	0	1

y 方向

−1	−1	−1
0	0	0
1	1	1

(c)　ソーベルフィルタ

x 方向

−1	0	1
−2	0	2
−1	0	1

y 方向

−1	−2	−1
0	0	0
1	2	1

図 3.7　エッジフィルタ

固有値の値が大きく，値に大きな差がないものが良い特徴点とされる．

$$\begin{pmatrix} \langle I_x^2 \rangle & \langle I_x I_y \rangle \\ \langle I_x I_y \rangle & \langle I_y^2 \rangle \end{pmatrix} \tag{3.2}$$

SIFT 特徴量

SIFT 法は，Scale Invariant Feature Transform の頭文字をとったもので，3 次元計測から物体カテゴリ認識まで幅広く使える多目的な**局所特徴量**である．特徴点抽出と特徴点記述の 2 つのステップからなっており，スケール（拡大縮小）と回転によらない特徴量の抽出と記述ができることが，特徴となっている．

局所特徴量における特徴点とは，その点と周辺領域の状況が異なる点のことをいい，エッジの中でもコーナーになっている点や，輝度の低い均一な領域の中にある輝度の高い点などである．例えば，山が写った画像だったら，山の頂上の尖った部分が特徴点になるであろう．もともと，同じ物体を異なる位置から撮影した複数の画像間で対応をとるための特徴量であり，撮影条件が異なっても，常に物体の同じ位置から特徴点が抽出されることが望ましい．

それを実現するために，SIFT 法では，特徴点抽出には，**ガウシアン差分**（Difference of Gaussian; **DoG**）という方法を用いる．ガウシアンフィルタは 2 次元正規分布に基づく画像平滑化フィルタであるが，それを画像に段階的に適用すると，顕著でない形が徐々に消えていき，やがて顕著な形も消えて，最終的には画像全体が平均化される．そのようにフィルタを画像全体に適用して徐々に形が消えていくときに，ある段階で特に消え方が大きくなる点がある．これを特徴点とする．この特徴点を

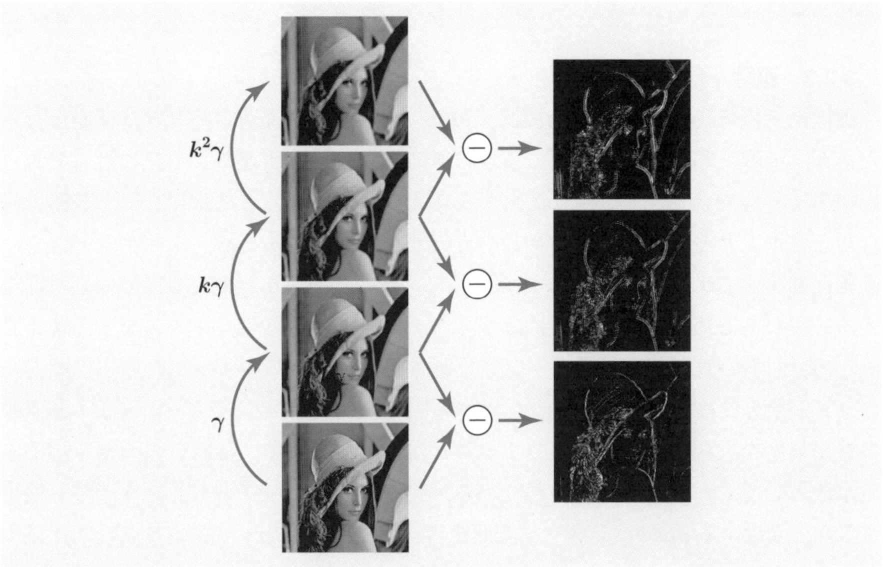

図 3.8　ガウシアン画像のスケールピラミッドとガウシアン差分

検出するために，ガウシアン差分画像を用いる．図 3.8 に示すように，スケール $k^j\gamma$（$j = 0, 1, 2, \ldots$）を段階的に変化させたガウシアンフィルタを適用したガウシアン画像を生成し，隣接するスケール同士の間で差分画像を作成する．これがガウシアン差分画像である．特徴点の検出は，ガウシアン差分画像列のスケール方向と空間方向の 26 近傍で極大となっている点を探索することによって行う．

SURF 特徴量

SURF（Speeded-Up Robust Features）法は，SIFT 法の特許を回避し，より高速な特徴点抽出を実現するために提案された手法である．そのため，手法的にはまったく異なるものとなっているが，目的は同一であるので，画像のマッチングや画像認識の目的に対して，SIFT 法の代わりに SURF 法を使うことが可能である．SURF 法の方が SIFT 法よりも処理が高速で，特徴点ベクタが半分の 64 次元であるため，出力されるデータ量も少ないという特徴がある．

SURF 法では，特徴点検出に DoG の代わりに，画像の 2 次微分であるヘッセ行列の行列式に基づいた検出を行う．ガウシアンフィルタの 2 次微分をスケールを変えて画像に畳み込むことで，スケールスペースを構築する．ヘッセ行列式の計算には，ボックスフィルタと積分画像を利用することで高速に計算することが可能であるため，SIFT 法よりも高速な特徴点検出が可能となる．SIFT 法と同様にヘッセ行列式の極大点を求めることによって，特徴点の検出を行う．

3.3.3 直線・曲線検出

画像上で直線を検出するためには，最初に 3.3.1 項で説明したエッジ検出を行ったあと，直線に当てはめることで実現できる．ただし，実際のシーンに対してエッジ検出を行う場合，シーン中にはただ 1 本だけ直線があることは少なく，部屋の場合だと柱や天井や床，窓枠など複数の直線から構成されるため，ターゲットとなる直線に関連するエッジ成分のみを取り出し，最小二乗法などの直線当てはめを実施する必要がある．また，実画像には多くのテクスチャや陰影，ノイズなどが含まれるため，1 本の直線が複数のエッジに分割されたり，実際のエッジの周辺に細かいエッジが余分に検出されてしまうことがあり，それら（アウトライア）により，直線の検出精度を大幅に悪化させてしまうことがある．そこで，これらの問題を解消する手法として，**ハフ変換**が知られている．例えば，$ax + by = 1$ という直線を検出する際，双対する ab のパラメータ空間を考え，検出されたエッジの各点 (x, y) について ab 空間に直線を引くと，それらの直線群は 1 点で交差する．その交点 (a', b') は，検出したい直線のパラメータとなる．実際には量子化やノイズなどの影響により 1 点では交わらないため，交点を安定して得るため，ab 空間をグリッド状に分割し投票する手法がとられる．ところが，ab 空間は無限大を含むため，投票する空間のサイズを決定できず，実際にアルゴリズムを実装することが難しい．そこで，直線を $r = x\cos\theta + y\sin\theta$ とおき，$r\theta$ パラメータ空間とすることで，投票の範囲を有限とする手法がハフ変換である．ハフ空間において投票が多い点を上位から複数選ぶことで，複数の直線を別々に検出することができる．図 3.9 にハフ空間を用いた投票例，直線の検出結果を示す．複数の直線を検出できていることがわかる．同様に，円や楕円も 2 次曲線の当てはめにより検出できるため，直線検出のときと同様にパラメータ空間を用いて検出する手法が**一般化ハフ変換**として知られている．

3.3.4 幾何変換

画像の**拡大縮小変換**や**回転変換**などの基本的な変換に加えて，**鏡面変換**や**せん断変換**などもよく用いられる．これらの変換では，平行な直線は変換後も平行であり，**アフィン変換**と呼ばれる．これに加えて，変換後に平行が維持されない自由度の高い射影変換も映像表現では用いられる．これらの幾何変換は，いずれも 2×2 の行列を用いた線形変換で表される．各変換を表す行列を以下に，実際の変換の様子を図 3.10 に示す．

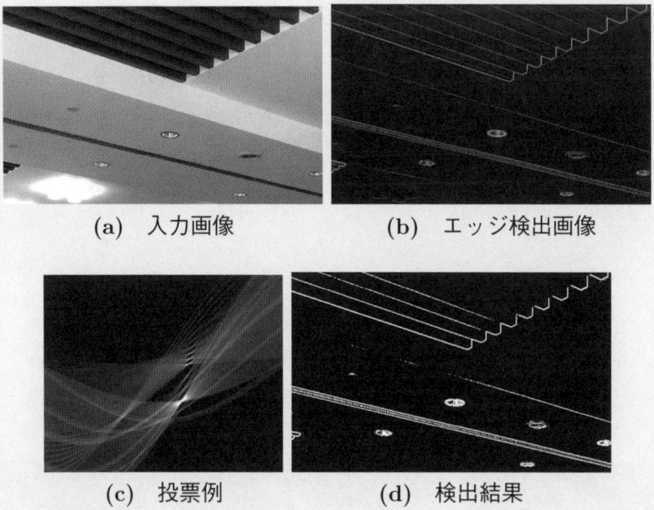

図 3.9　ハフ変換

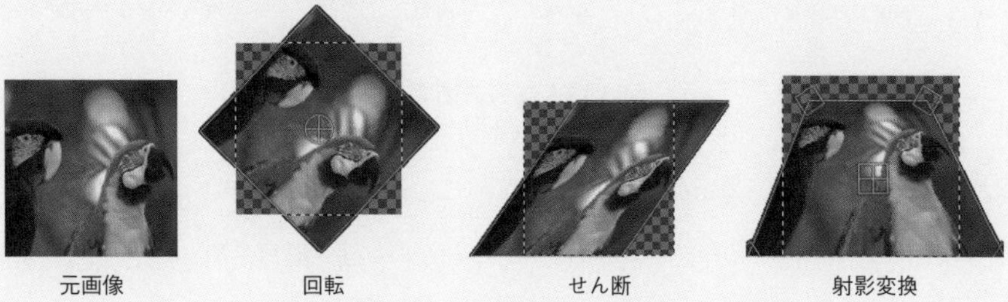

図 3.10　回転・せん断・射影変換の例

$$\begin{pmatrix} s & 0 \\ 0 & s \end{pmatrix}\begin{pmatrix} \cos\theta & -\sin\theta \\ \sin\theta & \cos\theta \end{pmatrix}\begin{pmatrix} 1 & \tan\theta \\ 0 & 1 \end{pmatrix}\begin{pmatrix} -1 & 0 \\ 0 & 1 \end{pmatrix}\begin{pmatrix} a & b \\ c & d \end{pmatrix} \tag{3.3}$$

また，幾何変換により変換後でピクセル座標値が整数でなくなることが一般に起こる．その際に，最も近い値を選択する**ニアレストネイバ法**（Nearest Neighbor; NN）などの簡易な手法では，**エイリアシング**などの画質低下が生じる．これを避けるため，通常，サブピクセル精度での**リサンプリング**や**バイリニア**（bilinear）補間や**バイキュービック**（bicubic）補間が適用される．ニアレストネイバ法およびバイリニア補間のアルゴリズムを図 3.11 に示す．バイリニア補間後のピクセル輝度値

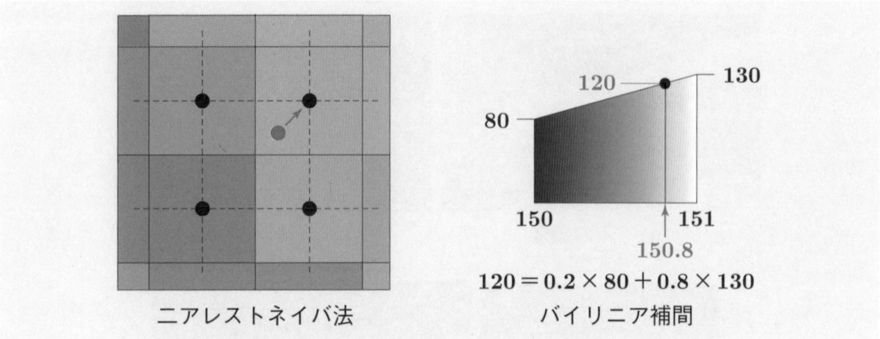

図 3.11　ニアレストネイバ法とバイリニア補間アルゴリズム

図 3.12　画像の補間の例

は，以下の式で計算される．

$$I = abI_{(x,y)} + (1-a)bI_{(x+1,y)} + a(1-b)I_{(x,y+1)} + (1-a)(1-b)I_{(x+1,y+1)} \quad (3.4)$$

図 3.12 に補間処理画像を例として示す．画像拡大により解像度を増やす際，NN 法ではピクセルのガタつきが目立つのに対して，リサンプリングによる補間ではなめらかに拡大されていることがわかる．

3.3.5　輝度変換

撮影された画像の輝度は，センサの感度特性や，ディスプレイの輝度特性がデバイスごとに異なるため，正しく再現するためには輝度値の調整が必要になる．例えば，撮影シーン内に非常に明るい場所と非常に暗い場所が同時にある場合，そのまま撮影すると図 3.14 (a) のような画像と**輝度ヒストグラム**となり，暗い場所か明るい場所のどちらかの輝度がつぶれて視認しにくくなる．このような場合は，**ヒストグラム平滑化**による輝度変換により，ヒストグラムを平坦にすることで視認性を向

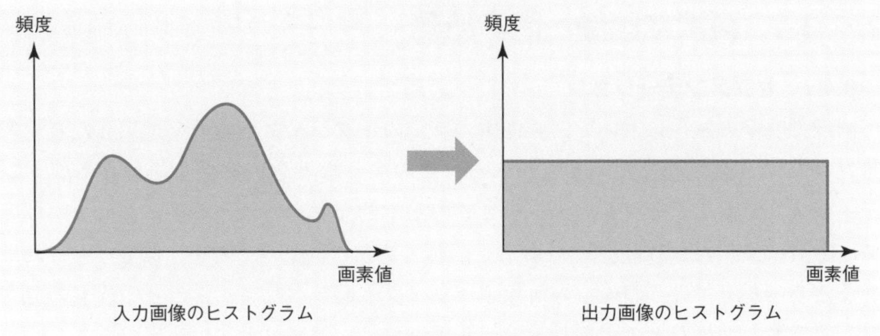

図 3.13　輝度ヒストグラム平滑化

(a)　処理前　　(b)　処理後

図 3.14　輝度ヒストグラム平滑化の例

上できる（図 3.13）．その結果，図 3.14 (b) のようなヒストグラムに変換することができ，見やすい画像にすることができる．

3.4 高度な画像・映像処理

3.4.1 セグメンテーション

画像や映像の処理において，画像中の特定のオブジェクトのみを選択したり，背景だけをマスク処理したいときがある．そのようなときに必要な処理が**セグメンテーション**である．セグメンテーションの基本的な考え方は，隣接ピクセルの輝度値（RGBの場合は各輝度値）を比較し，似ていれば同じラベルを，似ていなければ異なるラベルを付け，画像上の対象オブジェクトをラベリングするというものである．イラスト画像などのようなベタ塗り画像では，領域拡大法で実現できる．しかし，自然画像など輝度変化が複雑な場合や，グラデーションのように徐々に色が変わる対象，画像にノイズが乗っていたり，さらに境界部分に細かい高周波構造があったりすると，領域拡大法のような単純なアルゴリズムではでうまく処理ができない．そのような場合は，**グラフカット**や Belief Propagation（BP）のような MRF 最適化に基づく手法等がよく利用される[23]など．MRF 最適化とは，以下のようなコストを考え，これを最小化する問題として定式化される．

$$E = \sum_{i \in P} |I(i) - L(i)| + \sum_{(i,j) \in P} \lambda |I(i) - I(j)| \tag{3.5}$$

ここで，$I(i)$ は画素 i における画素値，$L(i)$ は画素 i にアサインされたラベルに基づく値，i，j は隣接画素を表しており，前半をデータ項（deta term），後半を平滑化項（regularization term）と呼ぶ．グラフカットでは，この問題を解くために，画像の各画素をノードとし，隣接ノード間をエッジでつないだグリッドグラフを生成し，これとは別にソースとターゲットという特別な2つのノードを用意し，これと先ほどのグリッドグラフの各ノードとを接続した，**図3.15**に示すグラフを用意し，これを2つの部分グラフに分割する．その際に前述のコストを最小化するように分割することで，セグメンテーションが実現される．2ラベルの場合には，効率よくグラフカット問題を解くアルゴリズムが知られており，さらにこれを多値ラベルに拡張する手法も広く研究されている．Belief Propagation（BP）とは，隣接ノード間で確信度（belief）に基づく情報（メッセージ）をやりとり（パッシング）しながら，これを繰り返すことで最も上記コストの低いラベリングを実現するものである．グラフカットも BP も，局所的な処理を通して全体最適化を実現する．

また，対象オブジェクトが焦点ボケや**モーションブラー**などで輪郭が曖昧な場合や，輪郭の一部が消失している場合など，境界がはっきりしない場合には，**アルファ**

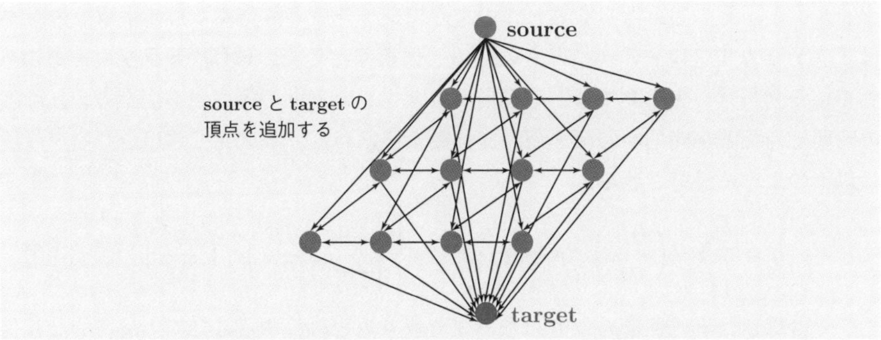

図 3.15　グラフカットで画像をセグメンテーションする場合のグラフ構築

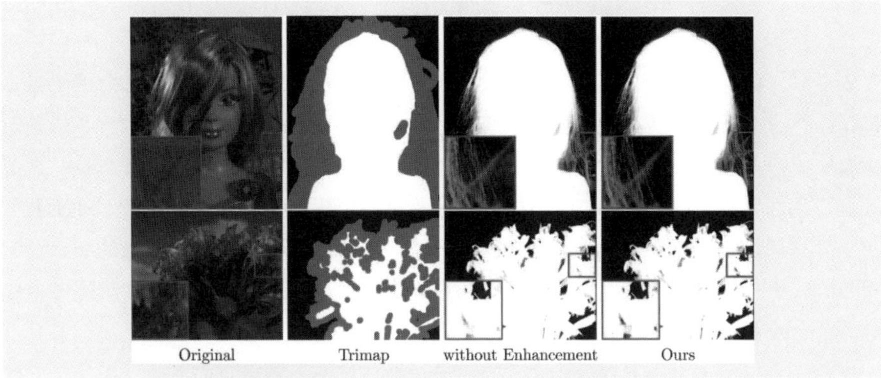

図 3.16　アルファマットの例 [23]
（出典：Chao Li, Ping Wang, Xiangyu Zhu, Huali Pi, Three-layer graph framework with the sumD feature for alpha matting, Computer Vision and Image Understanding, Volume 162, September 2017, pp. 34-45.）

マットにより透明度を各ピクセルに同時に設定することが一般に行われる．この透明度のことを α と呼び 0 から 1 の間で表される（図 3.16）．実際の処理では，上記ラベリング処理の際に，前景，背景，境界部分の 3 つに分け，後処理で境界部分にアルファ値を推定することが多い．このような 3 ラベル画像のことをトライマップと呼ぶ．

3.4.2　トラッキング処理

車載のドライブレコーダーや手持ちカメラ等で撮影された映像を利用・解析するためには，前処理で手ブレを除去する必要がある．これを実現するためには，シーン中の特徴点をトラッキングする必要がある．これは，3.3.2 項で述べた特徴抽出フィルタと，その追跡からなる．このようにシーン中の無作為な点のトラッキングは**オプティカルフロー**の一種ともいえる．代表例として，**KLT トラッカー**が知られている[28, 43]．**KLT** では，移動前後のオブジェクトの輝度が不変と考え，輝度の時間的勾配と空間的な勾配を用いて移動量を求める．多次元で導出される一般解は以下のように計算される．

$$h = \left[\sum_{x \in R} \left(\frac{\partial F}{\partial x}\right)^T [G(x) - F(x)]\right] \left[\sum_{x \in R} \left(\frac{\partial F}{\partial x}\right)^T \left(\frac{\partial F}{\partial x}\right)\right]^{-1} \tag{3.6}$$

ここで計算される移動量 h が 0 になるまで繰り返し計算することで，最終的な移動量が得られる．画像など 2 次元の場合には，

$$\begin{bmatrix} \sum I_x I_x & \sum I_x I_y \\ \sum I_x I_y & \sum I_y I_y \end{bmatrix} \begin{bmatrix} u \\ v \end{bmatrix} = - \begin{bmatrix} \sum I_x I_t \\ \sum I_y I_t \end{bmatrix} \tag{3.7}$$

と表され，(u, v) が小さくなるまで繰り返し計算される．ここで安定した解を得るには，**ヘッセ行列**の逆行列を安定して計算する必要があり，固有値の大きさに差が少なく値の大きいことが条件となる．これは，3.3.2 項で述べた**ハリスオペレータ**と等価の条件であり，これにより特徴点検出と追跡が統合される．図 3.17 に KLT トラッカーによるトラッキング処理の例を示す．ハリスオペレータに特徴的なシーン中のコーナーなどの特徴点検出と，その高精度なトラッキングが同時に実現できていることがわかる．

また，オプティカルフローのようなシーン全体にある特徴点のトラッキングではなく，ある特定の対象をターゲットとして，それをシーン中で追跡する処理も強い

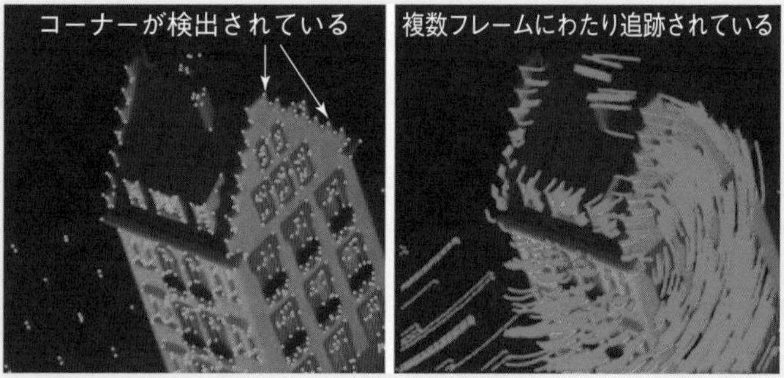

図 3.17　**KLT トラッカーによる計算結果の例** [43]
（出典：Carlo Tomasi and Takeo Kanade. Detection and tracking of point features, 1991. より改変）

ニーズがある．追跡ターゲットが剛体で見ためが大きく変わらない場合には，テンプレートマッチがよく利用される．その場合，過去のトラッキング結果を利用して，**カルマンフィルタ**や，**パーティクルフィルタ**などにより移動先を予測することで効率よく精度の高いトラッキングが可能となる．

3.4.3　カット検出

映像作成において，最初から最後まで 1 台のビデオカメラで延々とシーンを撮り続けるコンテンツもあるが，効果的な映像コンテンツは一般に，途中の冗長な部分をカットしてつなぎ合わせたり，複数台のカメラを用いてシーンを撮影し，イベントの間にシーンを挿入するなどして，最終的に 1 つのコンテンツに仕上げることが行われる．その際に，もともと別々のカメラで撮影した映像や，異なる時間に撮影された映像をつなぎ合わせる接続部分を，**カット**と呼ぶ．またカットとカットの間の一続きの映像を**ショット**と呼ぶ．上記のように撮影した複数の映像を編集して 1 つにつなぎ合わせて作成されてコンテンツの例を図 3.18 に示す．

一方で，すでに完成したコンテンツを解析する際は，1 つにまとめられた映像を，ショットごとに分割すると処理がしやすくなる．そこで，カットを自動で検出することが必要となる．**カット検出**により，ニュース映像から，アナウンサーが話しているシーンと，それ以外のシーン（例えば，スポーツシーンや法廷シーン，国会シーンなど）に分割して取り出すことができるようになる．カット検出の具体的なアルゴリズムとしては，隣接するフレーム間の差の絶対値をとり，その大きさで判断する手法がある．しかし，カットではないにもかかわらずシーン中で大きな物体が動くとカットと誤判定されることが起こるため，画像全体をグリッド状のブロックに分割し，各ブロックごとに差分を計算し，それぞれの差分値を考慮することで性能を高めた手法もよく用いられる．

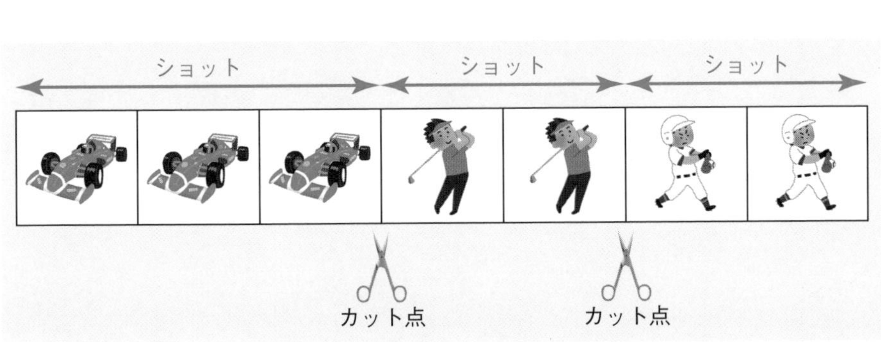

図 3.18　映像におけるカット検出

3.4.4　画像処理とセンサの融合（コンピュテーショナルフォトグラフィ）

高度な画像処理を，センサデバイスの改良や改造と組み合わせて，より高度に実現する新しい手法が開発されている．このような，画像処理とセンサの融合による手法は，**コンピュテーショナルフォトグラフィ**（CP）と呼ばれており，近年研究が盛んとなっている．例えば，撮影後に自由に焦点距離を変更できる**ライトフィールドカメラ**はよく知らている．これは，図 3.19 に示すように，一度の撮影で光線空間すべてを撮影する特殊なカメラで撮影しておくことで，あとからソフトウェアにより自由に焦点位置を調節できるものであり [30]，ン（R. Ng）らによって商品化された．このような技術は現在ではスマートフォンなどで一般に利用されている．

図 3.19　焦点距離のソフトウェアによる変更例 [30]
（出典：Ren Ng, M. Levoy, Mathieu Br, Gene Duval, M. Horowitz, P. Hanrahan, and Duval Design. Light field photography with a hand-held plenoptic cameta. 2005. より改変）

第3章の問題

□ **3.1** 画像を撮影し，OpenCV などの画像ライブラリを用いて，エッジ検出プログラムを記述せよ．

□ **3.2** 検出したエッジを用いて，ハフ変換により，ライン検出を行え．

□ **3.3** 動画を撮影し，OpenCV などの画像ライブラリを用いて，特徴点のトラッキングプログラムを記述せよ．

□ **3.4** 露出を変えて複数の画像を撮影し，それらを統合して HDRI を作成せよ．

□ **3.5** 作成した HDRI を，複数のトーンマッピング処理により階調を 255 レベルにして，結果を比較せよ．

第4章

音声の認識・合成処理

4.1　音声の生成

図 4.1 に示すように，**音声**が生成されるプロセスは以下の 4 つの段階に分けられる．以下，それぞれの段階について説明する．

①呼気の発生，　②声帯励振，　③声道での調音，　④空気中への放射

4.1.1　呼気の発生

呼吸には，肺と消化器を隔てる横隔膜，肋骨の間にある肋間筋，腹直筋や腹斜筋，頸部では斜角筋や胸鎖乳突筋というように，非常に多くの筋肉が関わっている．これらを総称して**呼吸筋**と呼ぶ．呼吸筋が連携して肺の容積を拡大すれば，肺内の気圧低下により空気が口唇から気管を通って肺へ吸い込まれ，逆に肺の容積を縮小すれば肺から空気が体外へ吐き出される．この体外へ吐き出される空気のことを**呼気**と呼ぶ．

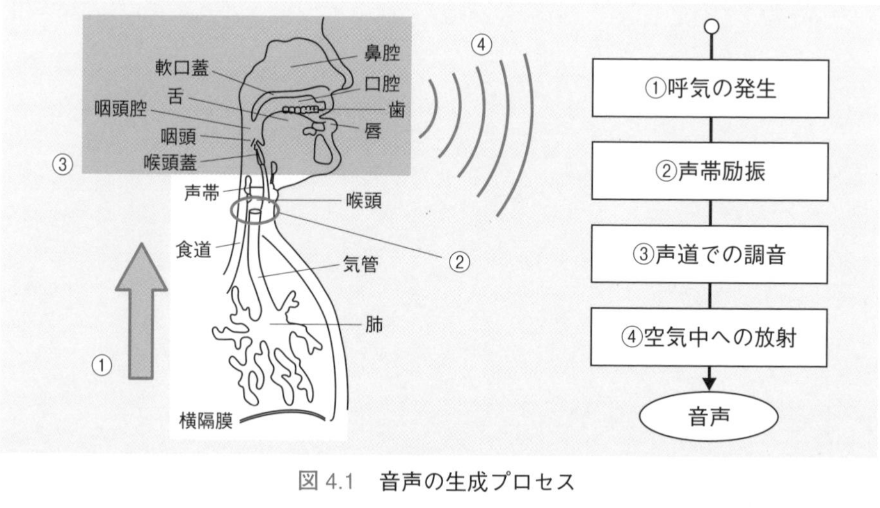

図 4.1　音声の生成プロセス

音声の生成には呼気が原動力となるが，呼吸の仕方（筋肉の使い方）が以下に述べる**音声器官**（声帯や構音器官）の運動に影響をおよぼすため，呼気の種類と性質を認識することは重要である．**腹式呼吸**は，肺の容積を最大限いかす呼吸であると同時に，発声器官近傍の呼吸筋が緊張しないため，発声器官を自由にコントロールすることができる．そのため，腹式呼吸は舞台発声時に向いているといえる．腹式呼吸よりも肺の浅い部分（上部）を中心に行う呼吸に**胸式呼吸**がある．胸式呼吸は，腹式呼吸の訓練が不足しているものが深く呼吸しようとした場合に特徴的な呼吸法であり，肋間筋や頸部の筋肉が緊張して発声器官の運動が制約されるため，腹式呼吸のように舞台発声に使用するのには向いていない．一方で，空気を高速に吸ったり吐いたりすることができるため，負荷の高い身体運動等で肺のガス交換を頻繁に行うのに向いている．

4.1.2　声 帯 励 振

声帯（vocal code）は，甲状軟骨，輪状軟骨，披裂軟骨の3つの軟骨に囲まれたソケット内にハンモックのように吊された器官で，左右のひだが向かい合う形状をしている（図4.2）．それらのひだは，声帯筋と上皮粘膜，それらの移行部に相当する声帯靭帯《じんたい》からなる層構造を有する．発声時には，輪状甲状筋と後輪状披裂筋が声帯を前後に伸展する他，後輪状披裂筋と外側輪状披裂筋と披裂間筋が互いに拮抗して声帯を開閉（披裂軟骨が外転および内転）することにより，音声と呼気の切り替え，音声の**音圧**や**音高**の調整，**有声**および**無声**の切り替えを行う．さて，この声帯のひだの間を呼気が通過する際，左右のひだに**ベルヌーイの力**（Bernoulli power）が働き，

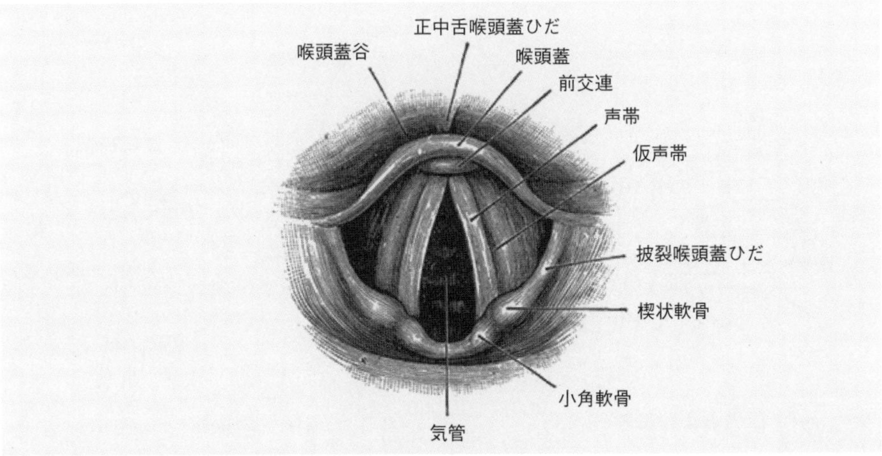

図4.2　声帯

ひだは互いに引き寄せられる．これによりひだが接触すると，ベルヌーイの力は働かなくなり，またさらなる呼気が下からやってくるため，再びひだは左右へ開き，こうして開閉を繰り返すことになる．これを**声帯励振**（vocal code excitation）という．

この声帯励振において，口唇方向へ流れている呼気が声帯の閉鎖によって呼気の後方からの供給を絶たれると，声帯上部の空気は疎になる．逆に，いったん閉鎖されたひだが開いて下から呼気が流れ込んでくると声帯のすぐ上部の空気は圧縮されて密になる．この疎の状態と密の状態が順に空気中を伝播し，疎密波である音波となる．この音波を**声帯音源**（vocal sound source）あるいは**喉頭原音**（primary laryngeal tone），**声門音源**（glottal sound）と呼ぶ．声帯音源の周波数特性は，一般に $-12\,\mathrm{dB/oct}$ と高い周波数ほど減衰する．一方，呼気が口腔内へと流れ込む際に，軟口蓋付近と舌根，あるいは硬口蓋と舌端，さらには前歯茎と舌端とによって呼気を完全にせき止め，直後に再び開放することによって生ずる爆発性の音が**破裂子音**である（plosives）．あるいは，完全にせき止める代わりに狭《せば》めを作ることによって生ずる呼気の乱流が**摩擦子音**である（fricatives）．破裂子音や摩擦子音が声帯励振を伴う場合は**有声子音**（voiced consonants）となり，伴わない場合には**無声子音**（unvoiced consonants）となる．

4.1.3　声道での調音

声道とは，声帯から頭部方向の器官全体を指し，特に咽頭から鼻腔や副鼻腔に至る経路，それから咽頭から口腔，口唇に至る経路を指す（図 4.3）．声帯音源が声道

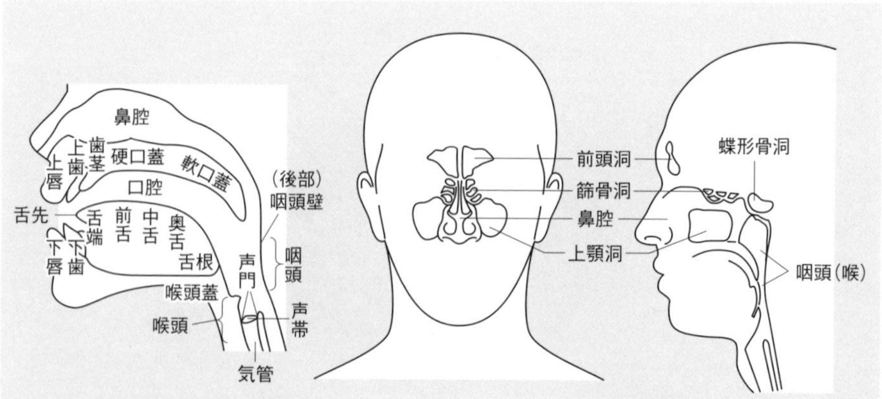

(a)　口腔および鼻腔　　(b)　副鼻腔

図 4.3　声道

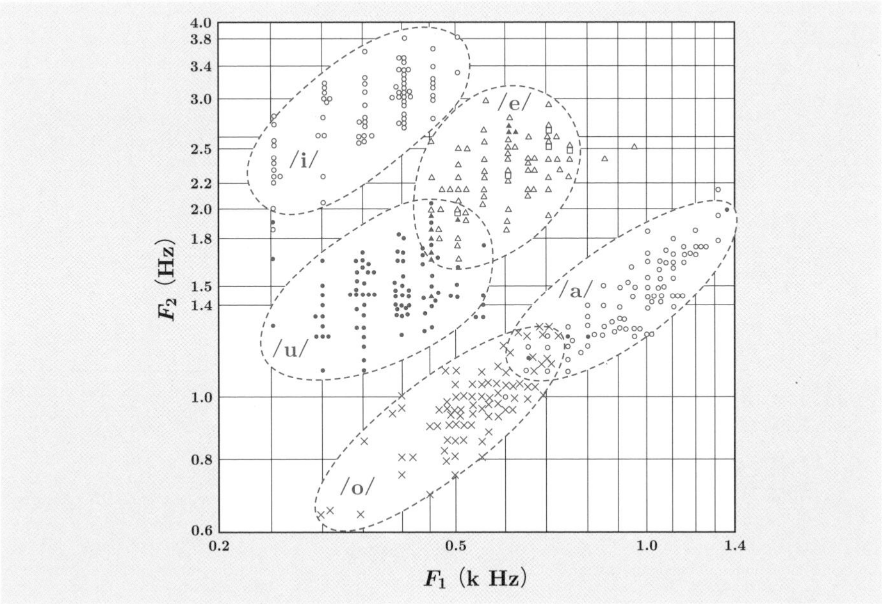

図 4.4　日本語短母音の第 **1** フォルマント（F_1）と第 **2** フォルマント（F_2）
（出典：粕谷英樹，鈴木久喜，城戸健一．年齢，性別による日本語 5 母音のピッチ周波数とホルマント周波数の変化，日本音響学会誌，1968 年，24 巻 6 号，pp. 355-364．より改変）

を通過する間に，声帯音源に含まれる周波数ごとにさまざまな反射や吸収が起こり，声道の形状に依存して特定の周波数成分が強められたり（**共振特性**）弱められたり（**反共振特性**）する．この共振周波数を**フォルマント**（formant）周波数と呼ぶ．周波数の低い方から第 1 フォルマント（F_1），第 2 フォルマント（F_2），$\cdots$ と呼ぶが，特に重要な F_1 を横軸，F_2 を縦軸にプロットした図 4.4 に示すように F_1 は 0.2〜1.4 kHz，F_2 は 0.6〜4.0 kHz の範囲に分布し，声道形状の違いを反映して，母音の種類や年齢，性別によってその位置が異なる（**母音三角形**）．

音韻の生成

ここで，声帯から口唇までの断面積が等しい（すなわち，人が鯉のぼりの鯉のように頭部が円筒になっている様子を想像する）と仮定した長さ $l = 17\,\mathrm{cm}$ の**均一音響管**について考えると（図 4.5），最初に口唇で最大振幅となる周波数 F_1 は，声帯から口唇までが $\frac{1}{4}$ 波長に相当する場合であるから，音速を 34000 m とすると，$F_1 = \frac{34000}{4\times17} = 500\,\mathrm{Hz}$ となる（図 4.5 (a) の左上）．同様に，F_2 および F_3，F_4 は，それぞれ $\frac{3}{4}$ 波長，$\frac{5}{4}$ 波長，$\frac{7}{4}$ 波長に相当することから，$F_2 = 1500\,\mathrm{Hz}$，$F_3 = 2500\,\mathrm{Hz}$，

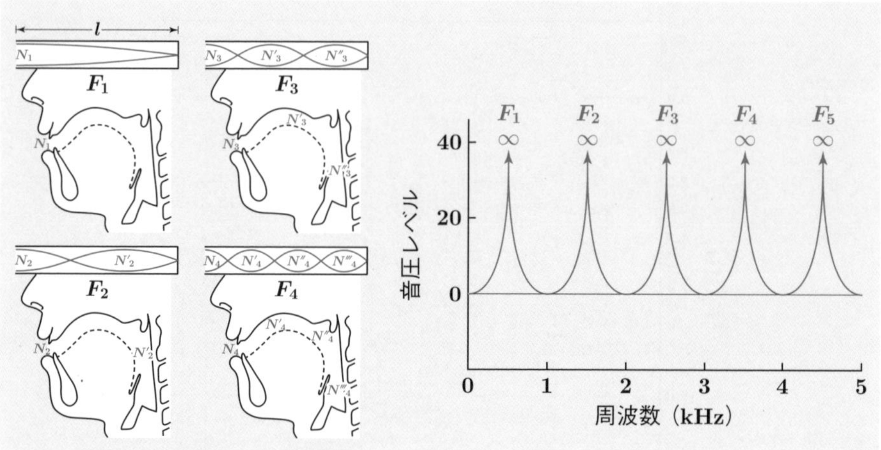

(a)　口唇で最大振幅となる周波数（低い方から 4 つ）の共振周波数　　(b)　音声スペクトル

図 4.5　均一音響管

$F_4 = 3500\,\mathrm{Hz}$ となる．このようにして求められる共振周波数を，周波数を横軸にして図示したもの（**音声スペクトル**）が図 4.5 (b) である．

しかし実際には，人の声帯から口唇までの音響管の断面積はもちろん均一ではない．そこで，局所的な狭めが存在するときに図 4.5 (b) の音声スペクトルがどのように変化するかは，図 4.6 に示すような共振周波数の摂動に関する理論として明らかになっている．すなわち，図 4.6 の左端が声帯，右端が口唇に相当しており，例えば口唇に狭めがあると（例えば，/u/の母音），第 1〜3 フォルマントのすべてがマイナス（−）方向へシフトする，と読む．母音/i/と/a/のフォルマントの例を図 4.7 に示す．/i/では舌と硬口蓋が接近する箇所の狭めにより，F_1 がマイナス（−）方向，F_2 がプラス（+）方向へシフトし互いに乖離《かいり》する結果となり，/a/では**低位舌**により舌根と軟口蓋が接近する箇所の狭めにより，F_1 がプラス（+）方向，F_2 がマイナス（−）方向へシフトし互いに近接する結果となる．図 1.2 に示したヒトの等ラウドネス曲線に照らし合わせると，母音/i/では，フォルマント周波数の摂動により，ヒトの聴器が最も敏感な 3 kHz 付近の帯域にパワーの集中が見られることがわかる．また，母音/i/では舌が硬口蓋へ持ち上がり咽頭の容積が拡大するため，声帯音源が**副鼻腔**（図 4.3 (b)）へと伝播されやすいことも特徴である．このように，声道の形状を変化させることによって声帯音源に音韻性を持たせることを**調音**（articulation）と呼ぶ．

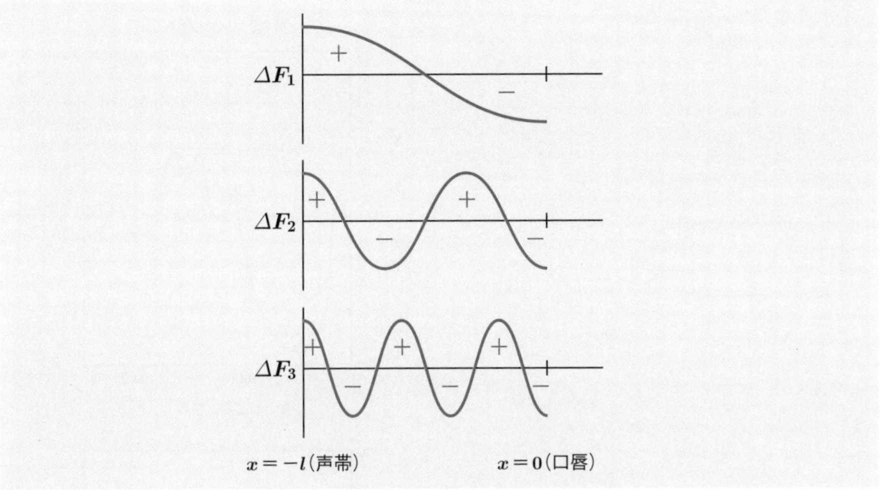

図 4.6　共振周波数の摂動に関する理論

調 音 結 合

人が言葉を話す際には，その言葉に含まれる一つ一つの音素について上記の調音が行われる．その際，ある音素の調音は，それに隣接する音素の調音の影響を受けて単独で発音される場合とは異なる経過部が生ずる．これを**調音結合**（co-articulation）という．これは，人体の組織がその可塑性から連続的に変形せざるを得ないことから生ずる．調音結合があるがゆえに，後述の**線形予測符号化**による高能率圧縮が可能になったり，音声合成において調音結合を考慮することにより**波形編集方式**の品質を向上させたりすることができる．調音結合こそ，音声の人らしさそのものであるといえる．

4.1.4　空気中への放射

調音された声帯音源は，鼻腔を通る経路と口腔を通る経路を通って空気中に**放射**される．放射時の周波数特性は，一般に +6 dB/oct と高い周波数ほど増幅される．2.1 節および 2.3.1 項で述べたように，音声をマイクロフォンで記録しパルス符号変調により離散化を行った波形の例を図 4.8 に示す．

なお音波が媒質中を伝わる速度は媒質の種類によって異なり，空気の場合約 340 m/s であるのに対してヘリウムでは約 970 m/s である．したがって，ヘリウムガスを吸い込むと肺や声道中のヘリウム濃度が高くなるが，そこで声を発すると空気の 3 倍弱の速度で伝わるため，音声の基本周波数，図 4.5 (b) のフォルマント周波数共に

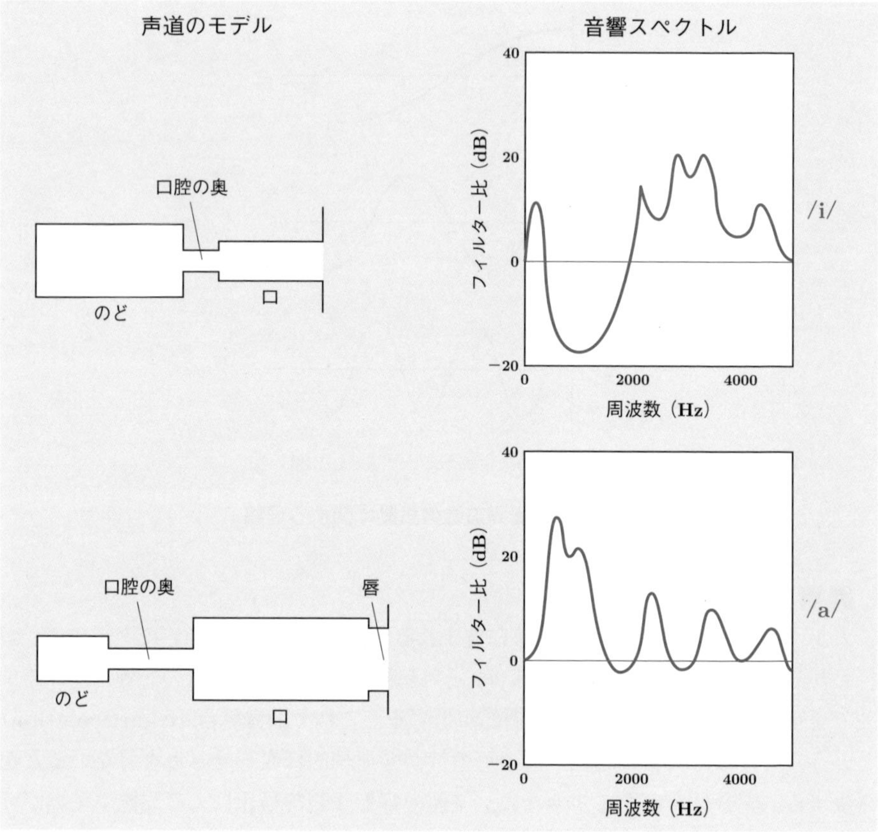

図 4.7　/**i**/と/**a**/のフォルマント例

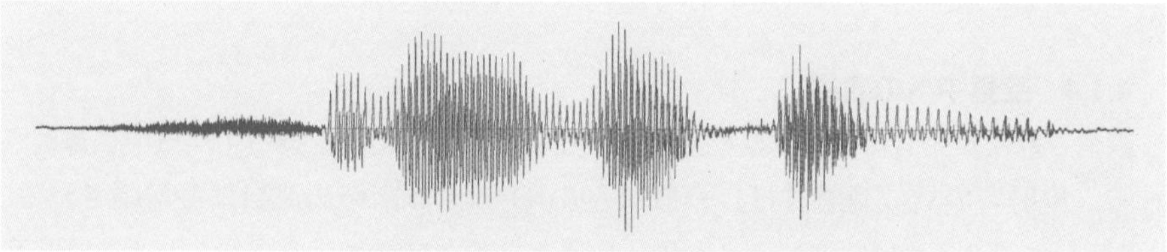

図 4.8 「しろざかな」の波形例

高くなる．逆に二酸化炭素では音波を伝える速度が約 275 m/s であり，音声の周波数は低くなる．

4.2　音声現象の計算モデル

4.2.1　音声の線形分離等価回路モデル

声帯音源ならびに放射に関して，その周波数に依存する伝播特性を指摘したが，基本的に声帯音源が調音され，さらに放射される過程は，声帯音源に含まれる周波数成分に関する演算の連鎖である．特に，声帯音源の生成過程とそれが調音される過程とが線形に分離できるとした音声生成全体のモデルが，図 4.9 に示す**線形分離等価回路モデル**である．図 4.9 において，声帯音源，摩擦音源，破裂音源を含めた音源の周波数特性を $G(\omega)$ で表す．そして，声道における調音の周波数特性を $H(\omega)$，放射特性を $R(\omega)$，そしてその結果生成される音声を $S(\omega)$ と表すと，

$$S(\omega) = G(\omega) \cdot H(\omega) \cdot R(\omega) \tag{4.1}$$

という関係にある．

4.2.2　線形予測分析

4.1.3 項で述べた調音結合に代表されるように，音声の調音は常に前後の影響を受けている．言い換えると，音声のディジタル信号のサンプル間には強い相関がある．そこで，現在のサンプル値 $x[n]$ を過去 p 点 $x[n-1], x[n-2], \ldots, x[n-p]$ から線形予測することを考え，その予測値と真値の差，すなわち**予測残差** $\varepsilon[n]$（residual error）を定式化すると，式 (4.2) が成立する．

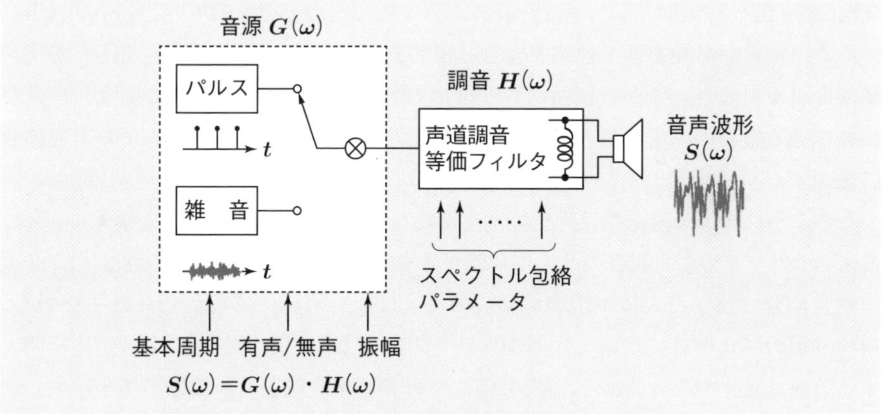

図 4.9　音声の線形分離等価回路モデル
（広中平祐 編集委員会代表「第 2 版 現代数理科学事典」（丸善，2009）より転載）

$$x[n] - (a_1x[n-1] + a_2x[n-2] + \cdots + a_px[n-p]) = \varepsilon[n] \quad (4.2)$$

$a_0 = 1$ を現在のサンプル値に乗じると共に，過去 p 点の負符号を結合係数に含めると，

$$\begin{aligned} & a_0x[n-0] + a_1x[n-1] + a_2x[n-2] + \cdots + a_px[n-p] = \varepsilon[n], \\ & \sum_{i=0}^{p} a_ix[n-i] = \varepsilon[n] \end{aligned} \quad (4.3)$$

となる．ここで $\varepsilon[n]$ は平均値 0，分散 σ^2 の無相関な確率変数であり，結合係数 a_i を**線形予測係数**（linear prediction coefficients；LPC）と呼ぶ．この予測残差 $\varepsilon[n]$ を最小にするような線形予測係数 a_i を推定する．式 (4.3) の両辺を 2 乗すると左辺は線形予測係数の 2 次関数となるから，これを各係数で偏微分した結果を 0 とする連立方程式を解く方法がある．

さて，式 (4.3) を z 変換で表すと式 (4.4) が導かれる．

$$\begin{aligned} & X(z) + a_1X(z)z^{-1} + a_2X(z)z^{-2} + \cdots + a_pX(z)z^{-p} = E(z), \\ & X(z)\{1 + a_1z^{-1} + a_2z^{-2} + \cdots + a_pz^{-p}\} = E(z), \\ & X(z) = \frac{E(z)}{1 + a_1z^{-1} + a_2z^{-2} + \cdots + a_pz^{-p}} = E(z)A(z) \\ & \text{ここで，} A(z) = \frac{1}{1 + a_1z^{-1} + a_2z^{-2} + \cdots + a_pz^{-p}} \end{aligned} \quad (4.4)$$

$A(z)$ は，予測残差 $E(z)$ を通して音声 $X(z)$ を生成することから声道の**伝達関数**（transfer function）であり，極（poles）のみを持つため**全極モデル**（all-pole model）である．声道が鼻腔を通る経路を含むと反共振特性（零（ゼロ）点，zeros）が現れ極零モデルで表されるが，伝達関数が全極モデルで表されるということは，声道が口腔を通る経路のみを含むことを意味する．なお，極の位置がフォルマント周波数に相当する．

このように線形予測係数は声道特性を反映しているのに対して，**残差信号** $\varepsilon[n]$ は，過去のサンプル値から現在のサンプル値が予測できない成分であり，それは，4.1.3 項の調音結合で述べた人体組織の可塑性のおよばない成分である．それはすなわち，声帯励振のプロセスにおいて，ベルヌーイの力によって閉鎖された声帯が再び開大する急激な変化の成分である．図 4.10 に，母音音声の残差信号波形の例を示す．繰返し波形の 1 周期が基本周期に相当する．

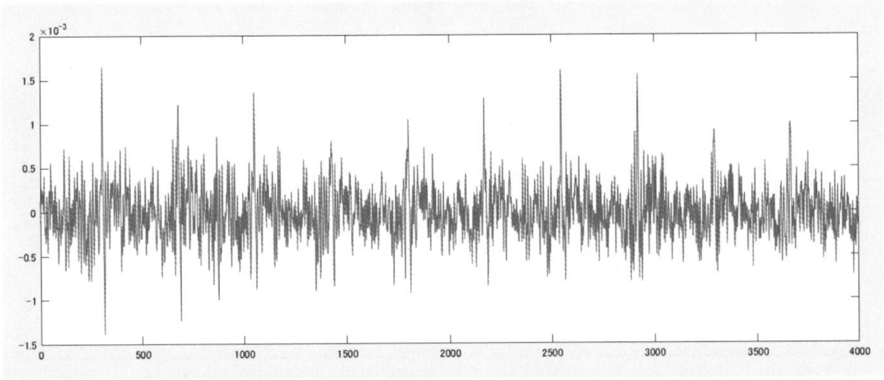

図 4.10　残差信号波形の例（男性/a/，44.1 kHz，LPC 次数 = 64）

4.2.3　ケプストラム分析

4.2.2 項の線形予測分析における全極モデルにとって，線形予測係数はそのモデルを決定する**モデルパラメータ**である．すなわち，線形予測分析は音声信号に当てはめられる全極型の**自己回帰モデル**のモデルパラメータを推定する分析方式であり，こういったモデルを仮定した分析方法を**パラメトリック分析**と呼ぶ．一方で，そういったモデルを仮定せずに音声の分析を行う方法（**ノンパラメトリック分析**）の 1 つに**ケプストラム分析**がある．

線形分離等価回路モデル（図 4.9）では，音声生成のプロセスを声帯音源の生成とその調音の 2 つに分け，それらそれぞれの周波数特性の積の形で音声信号の周波数特性が説明できるとしている．これは図 4.11 のように，音声の**スペクトル密度**（図 4.11 (a)）が，声帯音源の周波数特性である**スペクトル微細構造**（図 4.11 (c)）と，声道の周波数特性である**スペクトル包絡**（図 4.11 (b)）の積になる様子を図で見れば直感的に納得がいくであろう．ここでスペクトル微細構造とスペクトル包絡の概形に注目すると，前者が周波数軸に沿って急峻に，また等間隔に変動しているのに対して，後者は緩やかに変動している様子がわかる．そこで，これら周波数信号を，あたかも時間信号に行うがごとく，周波数軸を時間軸に見立ててフーリエ変換すれば，その結果，周波数スペクトルでいうところの高域にスペクトル微細構造の成分，低域にスペクトル包絡の成分が現れるのではないか？という直感が働く．そこで図 4.12 に示すように，対数変換を用いて両成分を和の形にした上でフーリエ変換を行う．その結果得られるのは，周波数スペクトル（spectrum）ではなく再び時間信号になるため，元の時間波形とは区別して**ケプストラム**（cepstrum）と

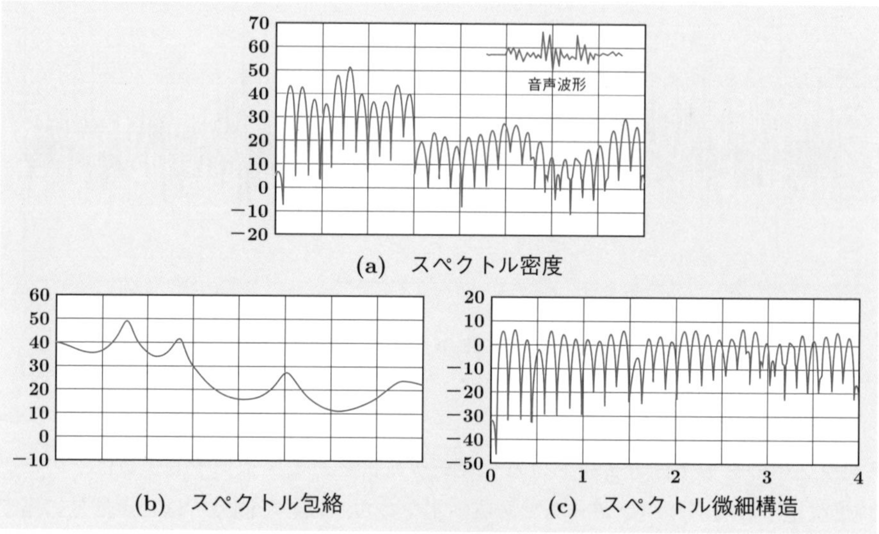

図 4.11　音声の短時間スペクトル
（古井貞熙「音響・音声工学」（近代科学社，1992）より転載）

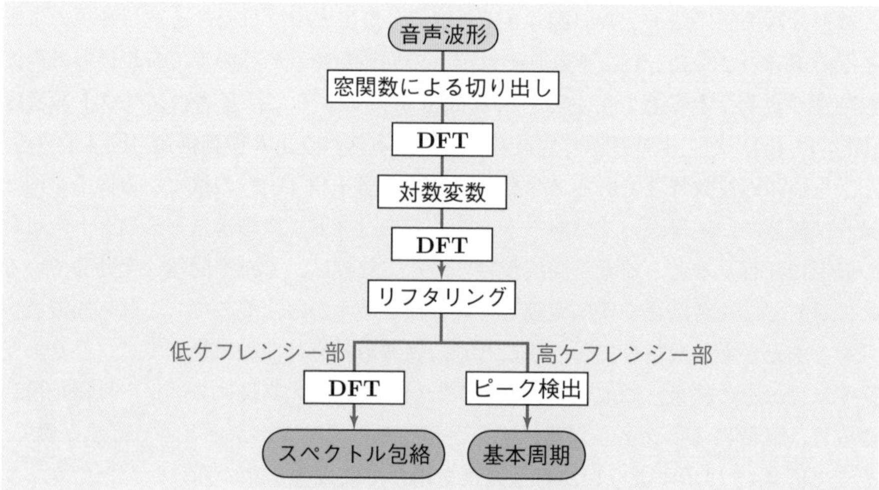

図 4.12　ケプストラム分析

呼ぶ．ケプストラムの横軸も次元は時間だが元の時間軸とは区別して**ケフレンシー**（quefrency）軸と呼ぶ．すなわち，低ケフレンシー部にスペクトル包絡（声道）の成分，高ケフレンシー部にスペクトル微細構造の成分が現れるので，これらを閾値《しきいち》処理によって分割する（フィルタリング（filtering）をもじって**リフタリング**（liftering）と呼ぶ）．そして低ケフレンシー部は逆フーリエ変換することによってスペクトル包絡を求めることができ，高ケフレンシー部は，有声音の場合，声帯音源の基本周期に相当するケフレンシーにピークが現れるので，これを検出して基本周期を求めることができる．

● 無声音の分析 ●

声帯振動を伴う有声音については定式化されているのに対して，無声音となると「乱流」と説明されるに留まり，分析に役立ちそうな定式化も理論もない．このまま何もないままで良いだろうか？

ところで，言葉から子音を抜いて母音のみで発話すると気付くことができるが，子音は音声を時間方向に分節化し言葉たらしめるのに必須である．したがって子音の聴き取りに失敗すると，聴き手にとっての音声の了解性が悪化する．そこで，スピーカから再生される音声に関して，それが分節化されるのに十分な程度に子音の知覚を助けてやろうという工学的な動機が生まれる．人の発話した音声であれば，その中から子音部分を検出して強調する，合成音声であれば，子音部分を強調するといったことが考えられ，特に前者を行うためには，子音（無声音を含む）の特徴が既知でなければならない．

このようにして具体的な課題解決を想定することによって，どういった無声音について知見を得る必要があるかが特定され，おのずと研究課題が明らかになる．言い換えると，これまで無声音に関する知見を必要とするような社会的課題があまり指摘されてこなかったと言えよう．しかし近年の，超高齢社会及びインターネット社会における音声インタフェースの増加は，音声の聴き取り改善を新たな課題として提示しており，これまでなおざりだった無声音の研究が急務となっている．

4.3 音声認識

音声に含まれる情報は，**言語情報**，**パラ言語情報**，**非言語情報**の 3 つに分類される．広義の音声認識は，このように分類される音声情報を音声波形から抽出することを指す．狭義の音声認識は，これらのうち，言語情報を抽出することを指す．

4.3.1 狭義の音声認識

狭義の音声認識は，図 4.13 に示すように，音声波形を入力としてテキストを出力する．伝統的なやり方では，音響的な特徴の時間的連続に言語的な制約を導入し，認識率を上げる方策がとられてきたが，近年では**深層学習**を用いて，音声波形とテキストの直接的な変換を行う，いわゆる **End-to-End**（E2E）モデルによるやり方が一般的になってきた．

前者では，音声波形の分析区間に関する多次元の**音響特徴量**を，その確率分布を考慮に入れて**混合ガウス分布モデル**（Gaussian Mixture Models; GMMs）で表現し，その音声波形全体にわたる時系列を**隠れマルコフモデル**（Hidden Markov Models; HMMs）で表現していた．2010 年くらいから，この GMM に変わって**ディープニューラルネットワーク**（Deep Neural Network; DNN）による音響モデルが導入され，さらに音声の前後関係をモデル化する回帰型ニューラルネットワーク（Recurrent Neural Network; RNN）や，RNN に長期記憶および短期記憶の仕組みを導入した長・短期記憶（Long Short Term Memory; LSTM）により，単語誤り率（Word Error Rate; WER）が学習データ量と共に飛躍的に向上するようになった．

そして後者では，前者で必要であった，発音モデル，言語モデル，音響モデルの詳細な設計が不要となり，Encoder-Decoder モデルにおける入力音声波形から出力されるテキストとの整合性を Attention 機構が全体を最適化する方法になっている．もちろん，ニューラルネットワーク内部で各モデルがどのように実現されているかは明示的でないため，これらを**説明可能**（explainable）な技術が待たれる．

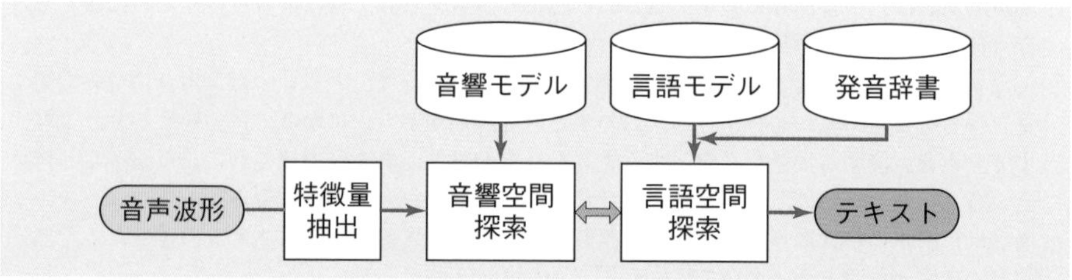

図 4.13　言語制約を含めた狭義の音声認識

4.3.2　話者認識

広義の音声認識が，音声に含まれる情報を言語化することとすれば，どの情報に注目するかによって「○○認識」と呼ぶ技術となる．このとき，その情報の内容に依存して異なるものと，それが変化をおよぼす音声の音響特徴とを明らかにし，計算される音響特徴をあらかじめ既知のデータセットから求めた識別境界と照らし合わせて識別問題を解くことは，どのような認識問題にもおおよそ共通の枠組みである．

その１つが**話者認識**である．話者認識とは，その音声を発した話者をシンボル化することであり，既知の話者名のうちどれが該当するかを識別する場合や，あるいは，性別や年齢，方言といった話者の属性を識別する場合がある．すなわち，話者情報の違いによって異なるもの，すなわち身体的な違いや慣習的な違いがおよぼす**韻律**や**声質**の音響特徴を識別する問題である．さまざまなアルゴリズムが提案されてきたが，そのうちの１つに，図 4.4 に示す第 1，第 2 フォルマントの布置図の上で話者ごとに特定の分布を学習しておき，話者が未知である音声の第 1，第 2 フォルマントの値が，どの話者の分布に近いかを求めるものがある（**最尤推定法**）．

4.3.3　感情認識

感情認識もまた，○○認識のうち，音声に含まれる話者の感情に関する情報を認識しようという技術である．感情認識において最初に明らかにしなければならないのは，誰の感情かということである．すなわち，話者が内面的に抱いている感情を音声信号を解析して言い当てようとするのか，話者がどういう感情を抱いているかではなく，音声自体から聴取者が感じ取る感情をコンピュータで同様に「感じ」ようとするのか，いずれの方向性をとるのかを決める必要がある．近年では，話者が抱いた感情と，その音声から被験者集団が感じ取った感情との間で合意をとり，一致度を考慮に入れて感情認識アルゴリズムの精度を議論するようになっている．

これまで，ほとんどの感情認識が，何らかの感情ラベルの付いた音声データを入力とし，識別結果がラベルと一致すれば正解というような識別問題を解く問題であった．そこでの感情ラベルは，「怒り」や「悲しみ」といった典型的なものだが，日常的な場面で応用を考えた場合，やりとりされる感情ははっきりとカテゴリに分かれるようなものとは限らず，またその強度もさまざまであろう．すなわちこれまでの研究のほとんどは実際的というよりは，言語情報や話者情報のようにカテゴリカルなラベルを感情に置き換えた，単なるトイプロブレムに過ぎないといっても過言ではなく，我々の生活の中で役立てられるような感情認識はこれから取り組まなければならない課題として残されている．

4.4 音声合成

ベル研究所のダドリー（H. Dudley）が 1937 年に世界博覧会に出展した音声合成器 **VODER**（Voice Operating DEmonstratoR）の構成を図 4.14 (a) に示す．これは，線形分離等価回路モデルに基づいて，音源生成部と共鳴制御部に分かれており，訓練を積んだオペレータが手指とペダルを使って楽器を演奏するように一つ一つの発音を行っていく（図 4.14 (b)）．

このように音声を機械的に合成しようとする試みは古くから行われてきたが，その方式は大きく分けて，**規則合成方式**と**波形編集方式**の 2 つに分類される．当初は計算機の計算速度や記憶容量の不足を背景に符号量の削減至上主義であったが，計算機の発展と共に，符号量が増えることは多少許容する音質至上主義に遷移してきた．以下，規則合成方式ならびに波形編集方式に関して概要を述べる．

4.4.1 規則合成方式

図 4.15 に規則合成方式による音声合成の流れを示す．**規則合成方式**は，テキストから音声波形を合成するために，まず文の成り立ちからテキストの読み，単語や文節の境界，品詞等の文法，そして単語の基本アクセントを計算する（文章解析部）．次に，これを合成単位（表 4.1）に分割し，その音韻系列（音声表記）と，その韻律（文節アクセントとポーズ）を計算する（音声合成規則部）．最後に，**ピッチパターン**とフォルマント周波数の時間軌跡から音声波形を合成する（音声合成部）．ピッチパターンを計算する際には，いくつかの単語が連結して作られる文法的あるいは意味的なまとまりごとに**アクセント核**（強拍）が 1 つ現れる傾向があることから（アクセント句と呼ぶ），アクセント句ごとにアクセントパターンを対応付ける．アクセントパターンには，平板型《ひらいた》，頭高型《あたまだか》，中高型《なかだか》，尾高型《おだか》の 4 つがある．また，語幹と助詞が結合して，もともと語幹の持っているアクセントパターンが変化するアクセント結合と呼ばれる現象も考慮する．

4.4.2 波形編集方式

最も単純な**波形編集方式**は，人間の発した音声をそのまま再生することである．次に単純なものは，人間の発した音声を分割し，コラージュを作成する要領で，分割された音声を再びつなぎ合わせて再生することである．これにより，主語と述語，また修飾語といった文法的要素をつなぎ変えて，新たな組合せを合成することが可能となる．この代表的な例が，鉄道駅のアナウンス音声であろう．波形編修方式は，規則合成方式に比べて圧倒的に高品質である．

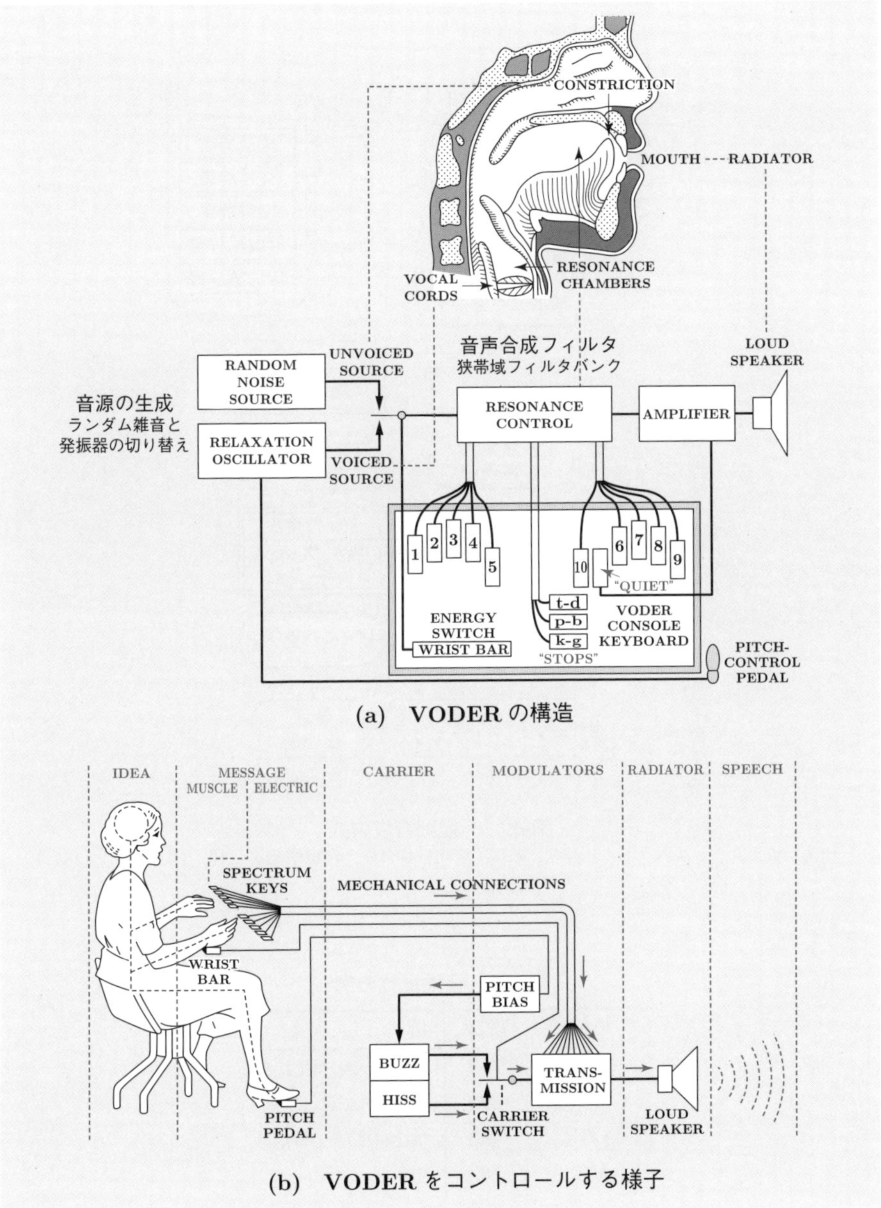

(a) VODERの構造

(b) VODERをコントロールする様子

図 4.14 **VODER**

(出典：(a) Dennis H. Klatt. Review of text-to-speech conversion for English. The Journal of the Acoustical Society of America, Vol. 82, Issue 3, September 1987. より改変, (b) Homer Dudley. The Carrie Nature of Speech. Bell System Technical Journal, XIX(4); 495-515, October 1940. より改変)

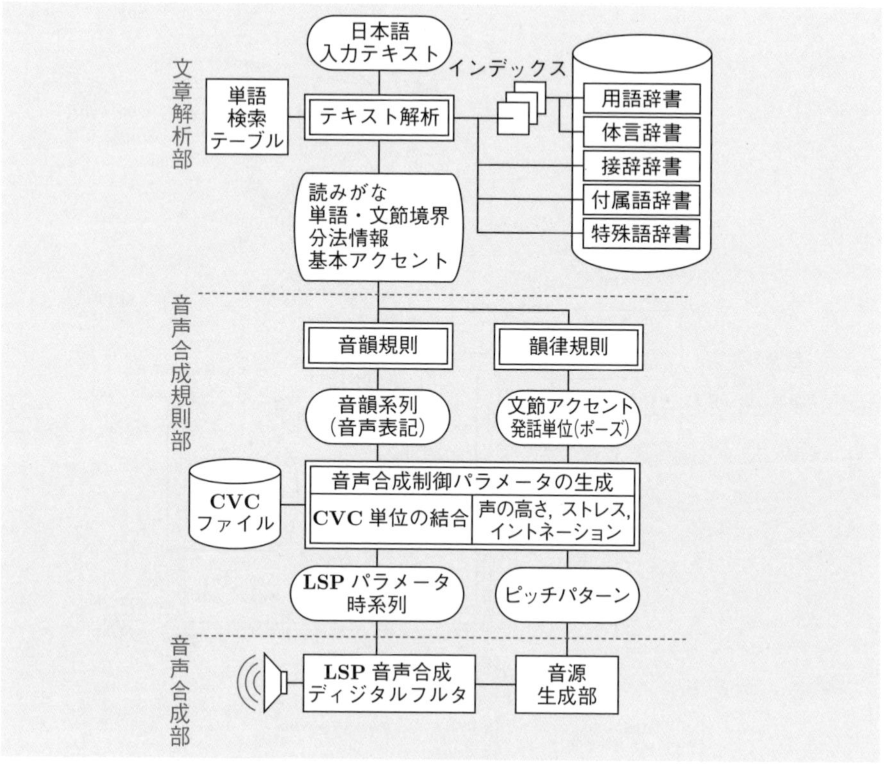

図 4.15　規則合成方式
（出典：板倉文忠．スペクトル符号化に基づく音声分析合成．音響学会誌，37，197-203，1981.）

表 4.1　合成単位の例

単位	総数	例
CVC	795	kar, das, shon, ...
CVMC	229	kans, taik, ...
CV	135	‘a,ke, Fa, pyo, ...
VC	95	ab, im, ew, ur, ...
VV，VN	45	ao, ia, ue, ... am, an, ...
合計	1294	

このように録音した音声波形をそのまま用いる方式（2.3.1 項，パルス符号変調）の代わりに，音声信号を仮定しない適応差分符号化 ADPCM を用いる方法や，音声に特化した 4.2.2 項の LPC 等により分析合成を行う方法（**パラメータ編集方式**），あるいはそれらを組み合わせた方法により，音質を保持したまま符号量を削減しようとする**高能率符号化**が行われる．近年ではさらに，4.2.2 項で述べた LPC のようなマルコフ過程による音声サンプルのモデル化を深層学習を用いて発展させた方法も提案されている．

4.4.3 音声合成技術の応用

機械による音声合成の利点は，人間のような加齢変化や寿命，あるいは疲労，発音上の速度や音高の制約，肺活量の制約が一切ない点，まったく同じ話し方を何度も繰り返すことができる（人間は発話を繰り返すと毎回少しずつ異なる）点である．また，人間同士で他人の行動に関して干渉することは，気分を害したり人間関係を悪化させたりする恐れがあるが，ロボット（例えば，小さな可愛い動物のキャラクタ）であれば，多少行動を促されたり注意されたりしても許容される．

そこでこれらの利点をいかした数多くの応用がなされている．加齢変化や疲労がない利点をいかした応用では，鉄道駅をはじめ，公共施設やイベント内のアナウンス，道案内等，枚挙に暇がないが，実はこれらの応用では，無表情で単調な音声で十分に機能を果たす場合に限定されており，危機感を演出しなければならない防災無線や，快活さが求められる司会は含まれない．これらの応用では合成音声に感情を含ませる必要があり，そのような技術は未だに研究段階である．また，話速や音域，肺活動の制約を受けない利点をいかした応用では，**歌声合成**が挙げられる．特に 2003 年に発表されたヤマハ **VOCALOID** によって，歌唱がリズムや速度，音域の制約を受けていた時代から，他の器楽や MIDI 音楽のようにそれらの制約のない表現手段（楽器）としての合成音声となった．最後に，人間への抵抗感が薄い利点をいかした応用では，**ペットロボット**に搭載された合成音声が挙げられる．福祉施設等で高齢者の話し相手になるロボットは，人間ではないキャラクタであるから誰とでも話し相手になれるという点に加えて，上述のように疲労しないという点を考慮しても，合成音声の有効な応用先であるといえる．

第4章の問題

□ **4.1** 感情や発話意図といった発話スタイルの異なる音声をいくつか挙げ，それぞれ声帯励振，声道における調音の特徴を考察せよ．

□ **4.2** 線形予測分析の式 (4.4) における伝達関数 $A(z)$ は，逆フィルタと呼ばれるが，それはなぜか？

□ **4.3** 音声を分析する際には，性質が十分に均一と見なせる区間を少しずつシフトしながら行うが，調音結合の影響について考察せよ．

第5章

画像認識の基礎

5.1　パターン認識概要

画像や映像に対する認識とは，入力された画像や映像に対して，自動的に何らかのラベル付けをする処理のことをいう．これは4章で説明した音声認識と同じであり，画像や音声などの信号に対してラベル付けすることを一般にはパターン認識という．

パターン認識を行うためには，図5.1に示すように，事前に学習を行うことが必要で，ラベル付きの学習データ，入力データからの特徴抽出，学習データの特徴量に基づく分類器の学習，が必要となる．認識時には，特徴抽出器と事前に学習した分類器を用いて，未知の画像に対してラベル付けを行う．これがパターン認識の基本的な流れである．

「入力データからの特徴抽出」とは，一般に高次元ベクトルで表現される画像や映

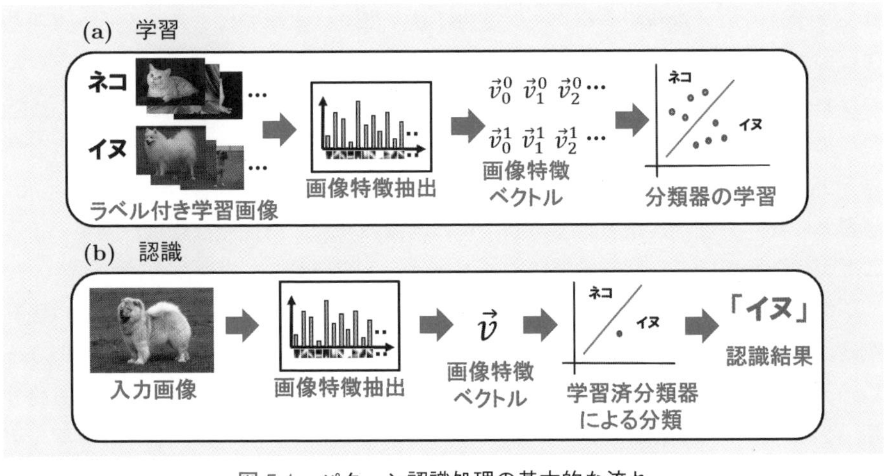

図5.1　パターン認識処理の基本的な流れ

像から分類に必要な情報を元のベクトルよりも低い次元で表現されるベクトルに変換する処理のことである．変換された低次元ベクトルは，分類に必要な入力信号の「特徴」を含んでいるという意味で，「特徴量」と一般に呼ばれている．この特徴量を抽出する処理を「特徴量抽出」もしくは「特徴抽出」という．一般に特徴抽出は表現メディアの種類に依存する．画像，音声，映像などは互いに性質や表現が異なるため，それぞれの対象に合わせて特徴抽出手法が提案されており，使い分ける必要がある．一方，特徴抽出されたあとは，どの場合であっても，一般に低次元ベクトル表現となるため，その後の処理はメディアの種類に依存しないものとなる．つまり，特徴抽出はメディアの違いを吸収するための処理ともいえる．

「特徴量に基づく分類器の学習」は，抽出された低次元な特徴量ベクトルを分類するための，分類モデルを学習するための処理である．分類先は「クラス」と一般に呼ばれ，分類モデルは入力された特徴量を，事前に学習された2つ以上のクラスの中の，1つもしくは複数のクラスに分類する．例えば，1文字のみの手書き数字の画像を分類するならば，クラスは0から9までの数字のクラスとなる．分類モデルが正しく入力ベクトルを分類するには，「学習」が必要になる．学習とはモデル中のパラメータを「分類器学習のためのラベル付き学習データ」を用いてチューニングすることである．分類器もしくは分類モデルは，「機械学習モデル」といわれることもあり，表現メディアの種類によらずベクトルで表現されている特徴量ベクトルを入力することが前提となっているため，対象を限定しない汎用的なものとなっている．

クラス分類モデル以外にも，ラベルなしデータをグループ化するためのクラスタリング手法も広い意味でのパターン認識手法であり，本章ではクラスタリング手法についても簡単に説明する．

なお，特徴抽出の方法を人手で設計し（hand-crafted），分類器のみの学習を行うのが従来のパターン認識の方法であったが，最近は，深層学習によって特徴抽出と分類器を1つのネットワークで同時に学習する（一般にエンドツーエンド（end-to-end）学習という）方法が提案されており，特に画像の場合に高性能な認識が実現できることが示されている．深層学習による方法は，次章において説明する．

本章では，主な特徴抽出法として，(1) カラーヒストグラム，(2) 主成分分析（固有空間法），(3) 勾配ヒストグラムによる表現（Bag-of-Features 表現，HOG，Fisher Vector）について取り上げる．分類手法としては，代表的な手法として，(1) 最近傍分類，(2) 線形分類器，(3) サポートベクタマシン，(4) アンサンブル学習，(5) 確率モデルによる分類について説明する．さらにラベルなしのデータ分類手法であるクラスタリング手法として，(1) 階層的クラスタリング，(2) k-means 法，について説明する．

5.2 特徴抽出

画像の認識や検索において，まず必要になるのが，多数の画素の集合として表現される高次元情報である画像を，より低次元のベクトルで表現するための特徴抽出処理である．抽出されたベクトルのことを一般に特徴ベクトルという．ここで重要なことは，特徴ベクトルは認識や検索で必要となる情報を十分に含んでいるということである．そのために，特に画像認識の研究においては，いかに認識に有用な特徴を抽出するかという観点から，長年，研究が行われてきた．

以下では，人手によって設計された方法による画像特徴抽出方法について説明を行う．近年は，深層学習を利用した学習による特徴抽出方法が主流になりつつあるが，それについては，次章の「深層学習による画像認識」にて説明を行う．

5.2.1 カラーヒストグラム

カラーヒストグラムは，最も簡単な画像に関する特徴抽出方法の 1 つである．カラー画像を対象として，色の分布のヒストグラムを作成する．RGB 画像で，各色が 0 から 255 までの整数値で表現されているとすると，まず画素値を定数で除算することによって，R，G，B の要素をそれぞれ 0 から $n-1$ までの整数値に変換する．そして，n^3 個のビンをもつヒストグラムを作成し，これを n^3 次元特徴ベクトルとして利用する．なお，ヒストグラムの作成は具体的には，各ビンに対応する色の頻度をカウントすることで行う．図 5.2（口絵 2 参照）は，$n=4$ として，通常，0 から 255 の整数値で表現される R，G，B の各値を 64 で割って小数点以下切り捨てとして 0 から 3 の整数値に変換し，64 次元（$=4^3$）のカラーヒストグラムを生成した例である．図の例では，画像サイズに依存しない特徴量とするために，最後に総画素数でヒストグラムの全要素を除算し，要素の合計値が常に 1 となるように正規化している．

画像間の類似性を測る指標としては，ベクトル間の距離として最も一般的なユークリッド距離や，2 つのヒストグラムの重複した部分の割合を表すヒストグラムインターセクションにより求められる類似度が利用される．カラーヒストグラムでは，画像の色分布のみを表現するため，一般には，画像の意味内容ではなく，全体的な雰囲気が似た画像同士が類似していると判定される．

5.2.2 主成分分析

主成分分析（Principal Component Analysis; PCA）は，ベクトル表現されたデータの圧縮方法である．したがって，厳密には特徴抽出手法ではないが，画像をそのままベクトルと見なし，主成分分析によって低次元ベクトルに変換し，それを画像特徴量として扱う手法が広く知られているため，ここでは特徴抽出手法の 1 つとして紹介する．

主成分分析では，データの分散が最大になるように，順次，直交する軸を設定した空間に写像して，その部分空間でデータを表現する手法である．計算としては，分散共分散行列の固有値が大きい上位の固有値ベクトルの線形和で入力画像を表現し，元の画像よりも大幅に低次元であるその重みベクトルを画像特徴ベクトルとして扱う．分散共分散行列の固有値が上位の固有ベクトルは，分散が大きい方向を表しており，主成分分析による圧縮では，データの違いをできるだけ保存したまま次元削減を行うことが可能となる．

図 5.3 は，青い点で表されるデータ点の第 1，第 2 主成分を示している．データの分散の最大方向が第 1 主成分，それに直交する 2 番めの最大方向が第 2 主成分となる．例えば，第 1 主成分の方向に軸をとって，その座標によってデータを表現することで，2 次元のデータの違いをできるだけ表現したまま 1 次元で表現することが可能となる．図は 2 次元であるが，一般には高次元空間となる．

m 次元ベクトルのデータ $\mathbf{x}_i$（$i = 1, \ldots, N$）の平均を $\boldsymbol{\mu}$ とした場合，その分散共分散行列 S は以下のように求まる．なお，S の固有値と固有ベクトルをそれぞれ λ_i，$\mathbf{u}_i$ とする．

$$S = \frac{1}{N}\sum_{i=1}^{N}(\mathbf{x}_i - \boldsymbol{\mu})(\mathbf{x}_i - \boldsymbol{\mu})^{\mathsf{T}}, \tag{5.1}$$

$$S\mathbf{u}_i = \lambda_i \mathbf{u}_i \tag{5.2}$$

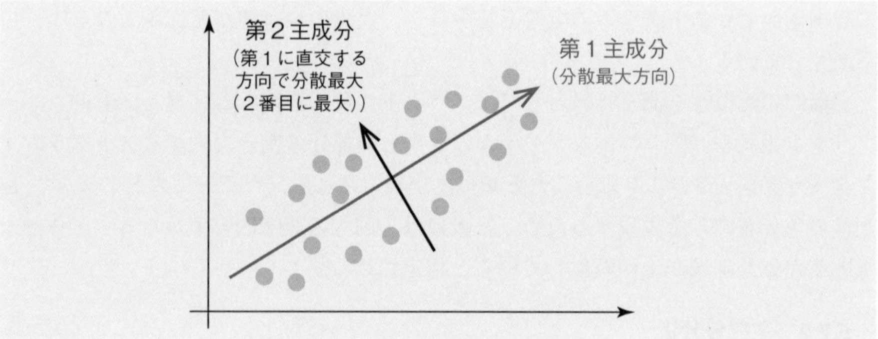

図 5.3　主成分分析の概念図

固有値と対応する固有ベクトルが固有値の大きい順に並んでいるとすると，$\mathbf{u}_1$ は第 1 主成分となり，以下，$\mathbf{u}_i$ は第 i 主成分となる．各主成分がどれだけデータの分布を表現しているかを表す指標である寄与率は，各主成分の固有値の値を固有値の合計値で割った値 $\frac{\lambda_i}{\sum_{j=1}^{m}\lambda_j}$ で表現される．

特徴抽出においては，一般に次元圧縮することによって，有用な情報を抽出することを行う．その場合は，固有値の上位 k 個の主成分の寄与率の累積寄与率 $\frac{\sum_{j=1}^{k}\lambda_j}{\sum_{j=1}^{m}\lambda_j}$ が，例えば，90 %や 95 %となるように上位 k 個の主成分を選択し，A を列ベクトルが 1 から k 番めまでの固有ベクトルである $m \times k$ 行列とすると，

$$\mathbf{y} = A^{\mathsf{T}}(\mathbf{x} - \boldsymbol{\mu}) \tag{5.3}$$

によって，元の m 次元データ $\mathbf{x}$ を k 次元ベクトル $\mathbf{y}$ に圧縮することができる．主成分分析は一般的な統計解析の手法であるが，特にパターン認識において用いられる場合は，KL（Karhunen-Loeve）展開と呼ばれることもある．

画像をベクトルと見なして主成分分析を適用する方法で最も知られているのは，顔画像の認識の手法の固有顔（eigenface）である．なお，主成分分析自体はベクトルの次元圧縮の手法であるため，多くの特徴抽出手法で持ち合わせている位置やスケール，回転に関する不変性を持ち合わせていないため，利用する場合は，事前に画像の位置やスケール，回転を正規化しておく必要がある．固有顔の場合は，顔の目鼻口の位置を事前に統一しておくことが必須である．固有顔については，7.1.2 項「顔画像検出」でも説明する．

他にも，人手による手法で特徴量を抽出し，主成分分析を適用し次元削減することは広く行われている．また，2 次元に圧縮して，データ点を 2 次元平面上で可視化する場合も利用されることがある．なお，現在においては高次元データの可視化には，線形変換である主成分分析よりも，非線形変換である t-SNE（t-Distributed Stochastic Neighbor Embedding）と呼ばれる次元圧縮可視化手法が広く用いられている．

5.2.3 局所特徴に基づく特徴量

同一カテゴリの物体には，共通するパーツ含むことが多い．例えば，自動車ならタイヤとフロントグリル，ヘッドライド，自転車ならタイヤとハンドル，といった具合である．同じ種類のパーツは，たとえ自動車の車種が違っても共通するパターンを持っていることが一般的で，そのため，局所的なパターンの集合体として画像を表現することができると考えられる．この考えに基づいて特徴抽出した特徴量が，

局所特徴の分布に基づく特徴量である．これを BoF（**Bag-of-Features**）特徴表現という，代表的な局所パターンに関する局所特徴量のヒストグラムを構築して，それを画像全体の特徴量として利用する方法である．

3.3.2 項で説明した SIFT 法や SURF 法に代表される局所特徴量は，画像中の特徴的な点の周辺パターンをベクトルで記述した特徴量のことで，もともと画像同士の対応点を探索するために提案された手法である．画像のパターン認識に利用する場合は，通常は 1 枚の画像から数百個の局所特徴量が抽出されるために，そのままでは認識には利用できない．そこで，BoF では，1 枚の画像から抽出された局所特徴量の分布をベクトル量子化によって表現する．通常のスカラー値の量子化は，アナログ値を離散的なディジタル値で表現することであるが，ベクトル量子化では代表的なベクトルを求めて，各データを最も類似した代表ベクトルで表すことによってデータ分布を表現する．局所特徴量の場合は，局所特徴量が表現する局所的なパターンの代表を使って，画像全体の特徴を表現する．つまり，代表的な局所パターンのヒストグラムを作っていることになる．基本的なアイデアは，カラーヒストグラムと同じであるが，色分布を表現する代わりに局所パターンの分布を表現している点が異なる．

通常は，クラスタリング手法である k-means 法を用いてデータを指定した数のグループに分割し，それぞれのクラスタの平均ベクトルを代表ベクトルとする．これらを codeword とし，図 5.4 に示すように，最も近い codeword に投票することによって，多数の局所特徴量を 1 つのベクトルにする．画像の場合は，codeword は視覚的な単語に相当すると考えることができるため，visual word と呼ばれることがある．画像認識で利用する場合，通常は visual word は学習データから求めておいたものを，未知の認識対象画像をコーディングする場合にも利用する．

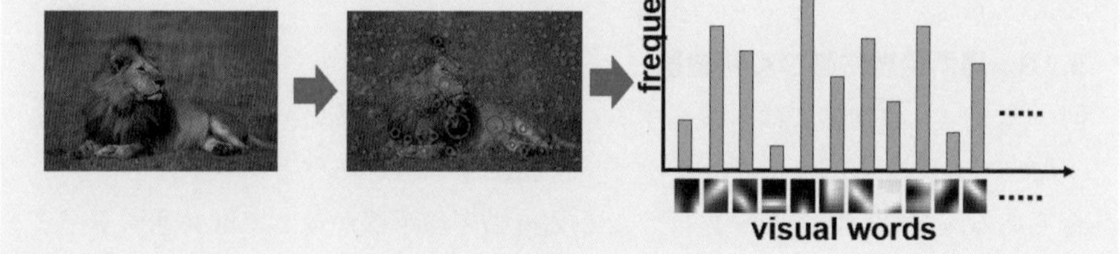

図 5.4　**BoF 特徴の作り方**

BoF ベクトル作成の手順は以下の通りとなる．

(1) 学習画像から局所特徴を抽出し，それらをまとめる．数が多い場合は，10 万～100 万点程度になるようにサンプリングする．
(2) 抽出した特徴点集合に対して k-means を実行し，k 個の visual word を求める．
(3) 画像ごとに，抽出されたすべての局所特徴について，最も距離が近い visual word に投票し，局所特徴量のヒストグラムを作成し，それを BoF 特徴ベクトルとする．

なお，ここまで局所特徴量は SIFT もしくは SURF を用いることを前提としていたが，本来はこれらの局所特徴量は画像の部分間のマッチングを目的としており，マッチングに都合のよい特徴点を選んでそれをベクトル化していた．そのため，濃淡変化のない，例えば，自動車のボンネットや，シーン中の空などの濃淡変化が少ない領域からは特徴点が検出されず，特徴ベクトルを得ることができないという問題がある．そこで，図 5.5 に示すように，従来の SIFT の DoG によって特徴点を抽出する以外に，ランダムやグリッドで機械的に特徴点を抽出する方法が提案され，実際にこちらの方が認識精度が高くなることが示された．DoG などの特徴点検出手法による局所特徴の抽出は，画像によって特徴点の数が決まってしまい，変化の少ない領域からは特徴点が抽出されないため sparse sampling という．一方，ランダムやグリッドで抽出する場合は dense sampling といい，特徴点数をいくらでも多くすることができる特徴がある．実際，特徴点を大幅に増やすことで，sparse sampling よりも dense sampling の方が高い性能を示すことが実験から確認されている．

図 5.5 **BoF** 表現のための特徴点サンプリング方法

BoFは，数多くのvisual wordから1つだけを選んで投票していた．ほぼ距離が等しい複数のvisual wordがあったとしても，僅かな差でどれか1つのvisual wordを選ぶ必要があった．これをhard votingという．それに対して，距離に応じて，1票を1未満に分割して複数のvisual wordに投票することをsoft votingという．soft votingでは，1つだけ選ぶhard votingの場合に比べて，量子化誤差を減らすことができ，分布をより忠実に表現できるようになる．kernel codebookと呼ばれるsoft votingの手法では，各局所特徴量をすべてのvisual wordに関してガウスカーネルによって求められる特徴量の類似度に応じて，1以下の値をsoft votingする．visual word w_k に投票される値 c_k は以下の式で求められる．

$$c_k(\mathbf{x}_i) = \frac{\exp(-\frac{\gamma}{2}\|\mathbf{x}_i - \mathbf{w}_k\|^2)}{\sum_{j=1}^{K}\exp(-\frac{\gamma}{2}\|\mathbf{x}_i - \mathbf{w}_j\|^2)} \tag{5.4}$$

γ はカーネルのバンド幅で，通常は検証用データを用いてチューニングされる．

一方，**VLAD**（Vector of Locally Aggregated Descriptor）では，BoFと同様に特徴点を最も類似した1つのvisual wordに割り当てるが，votingを行わず，代わりに各visual wordと割り当てられた局所特徴ベクトルとの残差ベクトルの合計を各visual wordについて求め，それらをつなげて，1つのベクトルとすることで，局所特徴量の分布を表現するベクトルとする．通常のBoFの特徴ベクトルの次元はcodebookのサイズ k と等しくなるが，局所特徴量の次元数を d とすると，VLADの場合，次元数が kd となり，例えば，SIFT特徴量の場合は $128k$ となってしまうので，$k=16$ などのようにcodebookサイズを小さくするのが一般的である．

visual wordを k-meansで求める代わりに，確率分布表現である混合ガウス分布（Gaussian Mixture Model; GMM）を用いて表現するFV（Fisher Vector，フィッシャーベクトル）も提案されている．FVでは，画像の局所特徴量の分布が，混合ガウス分布で表現される標準的な局所特徴量分布からどれだけ平均的にずれているかをFisher kernelによって求めて，それを特徴表現としている．FVは，深層学習登場以前は物体カテゴリ分類において，最も高い性能を示す特徴量であった．

BoF，VLAD，FV，さらにはカラーヒストグラムは，画像全体の局所特徴量や色の分布を表現しているために，どの特徴がどの場所にあるという位置情報がすべて捨てられてしまっている．そこで，位置を考慮するために，空間ピラミッド（spatial pyramid）と呼ばれる方法で，図5.6に示すように，画像全体，画像を縦方向に3分割，画像を4分割した部分画像について，それぞれBoFなどを抽出し，それらをつなげて1つの特徴ベクトルとして扱うことが性能を上げるために行われる．

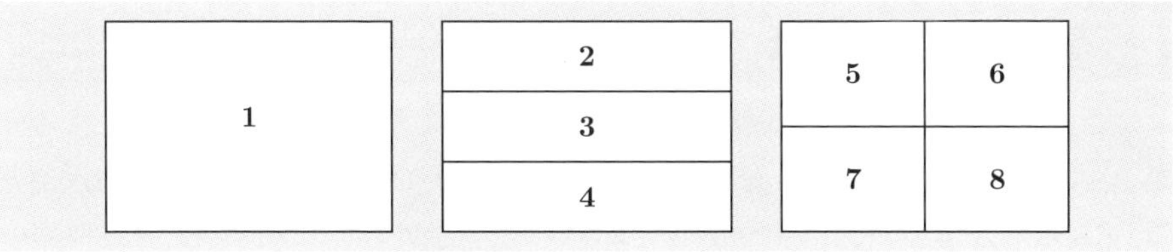

図 5.6 位置を考慮するための空間ピラミッド

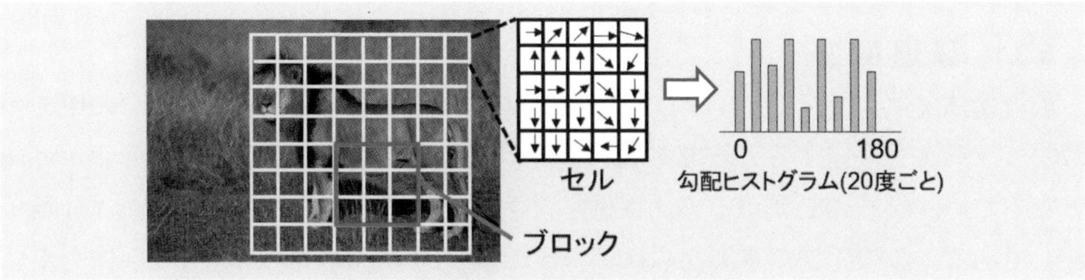

図 5.7 **HOG** 特徴量の抽出方法

BOF や FV は，codebook を用いた特徴表現であるが，SIFT などの局所勾配ヒストグラムで用いられている表現をそのまま画像表現として物体検出に利用される特徴量である HOG（Histograms of Oriented Gradients）特徴量についても最後に説明する．HOG は，画像の指定した矩形範囲を表現する，SIFT 特徴量と同様の勾配ヒストグラムに基づく特徴量である．ただし，SIFT のような回転，拡大縮小に関する不変性はなく，図 5.7 に示すように通常は 5 ピクセル四方のセルと呼ばれる正方領域ごとにセルを設定して，セルごとにその中の各画素の輝度勾配に関して，0 度から 180 度の間で 20 度ごとに分割した 9 次元のヒストグラムを作成する．9 次元の輝度勾配ヒストグラムは 3×3 のセルブロック内で L2 正規化し，81 次元ベクトルとする．それを，HOG の矩形領域すべてで作成し，結合させると **HOG 特徴量**となる．HOG の矩形領域が 10×10 のブロックで構成されていれば，8100 次元ベクトルが HOG 特徴量となる．次元数はブロックのサイズによって異なってくる．BoF 特徴量と違って，局所特徴量であるセルおよびブロック特徴量をコーディングせずに，そのまま結合しているため，空間情報を保持した特徴量であるといえる．HOG 特徴量は，深層学習による手法の登場前には，物体検出，特に人物検出においてサポートベクタマシンと組み合わせて広く用いられていた．

5.3 分類手法

ここでは，ラベル付きの特徴ベクトル集合を用いて学習を行う機械学習による分類手法について説明を行う．分類手法としては，代表的な手法として，(1) 最近傍分類，(2) 線形分類器，(3) サポートベクタマシン，(4) アンサンブル学習，(5) 確率モデルによる分類，について説明する．また，最後に分類結果の評価方法についても説明する．

5.3.1 最近傍法

最近傍法とは，テストデータに類似した学習データを k 個探索して，その中の多数決でラベルを決定する方法である．学習データを単に検索することで分類が可能となるため，学習の必要がなく「機械学習手法」とはいえないが，立派な「分類手法」である．この手法で重要なのはデータの量である．30億枚のWeb画像を用いて，最近傍法で未知画像にラベルを割り当てたところ，高い精度が得られた研究があることが知られており，十分にデータの量があれば，有効な方法である．3クラス以上のマルチクラス分類にも対応可能である．

ただし，十分な性能を発揮するには，大量のデータに対して検索を行う必要があるため，大掛かりなサーバ設備がない限り利用が容易でないという問題点がある．逆に，少ないデータでは，あまり実用的には利用することができないため，現在においては認識の目的で用いられることはなく，類似データの検索において主に利用されている．なお，高速な最近傍検索を行う方法に関しては，7.1.4項「画像検索」で説明を行う．

5.3.2 線形分類器

線形分類器とは，線形関数によってデータ集合の空間を2つに分割することによって，2クラス分類を行う分類器である．例えば，2次元の場合は，図5.8 (a) に示すように，直線で空間を分割することによって，2つのクラスを分類する．この例の場合は「線形分離可能」となっているが，図5.8 (b) の例のように複雑に2つのクラスのデータが分布している場合は，直線では分離できない．こうした場合は「線形分離不可能」と呼ばれる．

一般に画像特徴ベクトルは高次元ベクトルになるため，超平面によって分割することになる．次元によらず，超平面によって2つのクラスが分離できるかどうかによって，「線形分離可能」もしくは「線形分離不可能」が決まる．

これを数式で表現すると，入力ベクトル $\mathbf{x}$ と重み $\mathbf{w}$ の内積にバイアス値 b を足し

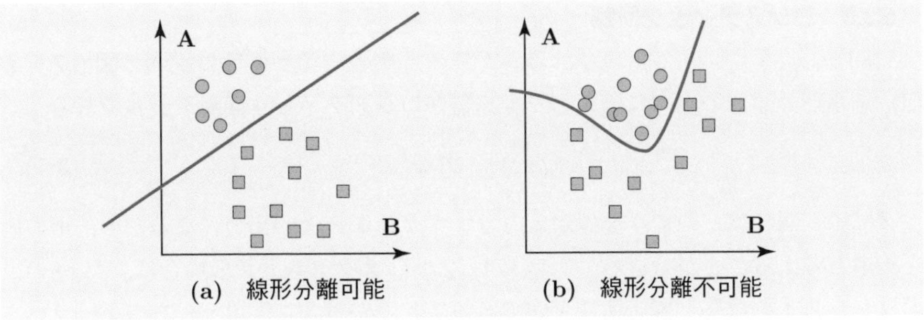

図 5.8 **2 クラス分類において線形分離可能と線形分離不可能な場合**

た出力値の符号によって，分類クラスが決まることになる．

$$f(x) = \mathbf{w}^\top \mathbf{x} + b \tag{5.5}$$

$f(x)$ の出力が 0 以上ならクラス 1，それ以外ならばクラス 2 として分類を行う．なお，この式は $\widetilde{\mathbf{w}} = (\mathbf{w}, b)$，$\widetilde{x} = (\mathbf{x}, 1)$ とおくと，$f(x) = \widetilde{\mathbf{w}}^\top \widetilde{x}$ と表現できるので，以後は，このバイアス項のない形式で扱うこととする．

この $\widetilde{\mathbf{w}}$ を求めることが，線形分類器の学習ということになる．線形分類器の学習にはさまざまな方法が提案されている．

最も単純な方法は，最小二乗法を用いる方法である．$y = f(x)$ としたときに，クラス 1 の場合は 1，クラス 2 の場合は -1 が出力されることとする．学習データが N 個あるとして，学習サンプル $X = (\widetilde{x}_1, \cdots, \widetilde{x}_N)^\top$，正解ラベル $\mathbf{t} = (t_1, \ldots, t_N)^\top$，とすると，二乗誤差 $E(\mathbf{w}) = (\mathbf{w}^\top X - \mathbf{t})^\top (\mathbf{w}^\top X - \mathbf{t})$ を最小とする重み $\mathbf{w}$ を求めればよいこととなる．そのためには，$\frac{\partial E}{\partial \mathbf{w}} = 0$ としたときに導出される正規方程式 $\widetilde{\mathbf{w}} = (X^\top X)^{-1} X^\top \mathbf{t}$ より，重み $\mathbf{w}$ を求めることができる．しかしながら，$(X^\top X)^{-1}$ の計算には大きな計算コストがかかるので，画像の場合は適用が難しく，勾配法による反復解法で求める方が容易である．反復解法の場合は，データ 1 つずつについて計算するので，$E_i(\mathbf{w}) = \frac{1}{2}(\mathbf{w}^\top \mathbf{x}_i - t_i)^2$ より，

$$\begin{aligned} \mathbf{w}^{(\tau+1)} &= \mathbf{w}^{(\tau)} - \eta \frac{\partial E_i}{\partial \mathbf{w}} \\ &= \mathbf{w}^{(\tau)} - \eta (y_i - t_i) \mathbf{x}_i \end{aligned} \tag{5.6}$$

の更新式で重みパラメータを学習可能である．η は学習率，t_i は正解ラベルで 1 もしくは -1 の値をとる．ただし，$y_i = \mathbf{w}^{(\tau)\top} \mathbf{x}_i$ である．なお，この方法は外れ値の影響を受けやすく，次に示すロジスティック回帰の方がより実用的である．

5.3.3　ロジスティック回帰

$\sigma(a) = \frac{1}{1+\exp(-a)}$ で表現されるシグモイド関数（深層学習の説明の図 6.7 を参照）を線形分類器の出力に適用した分類器が**ロジスティック回帰モデル**である．

$$f(x) = \sigma(\widetilde{\mathbf{w}}^{\mathsf{T}}\widetilde{x}) \tag{5.7}$$

シグモイド関数はどのような値が入力されても 0 から 1 の出力になるため，出力値を確率と考えることができる．クラス 1，2 への 2 クラス分類の場合は，$f(x)$ の出力はクラス 1 の確率と考えることができる．したがって，学習データの正解ラベルは，クラス 1 の場合は $t_i = 1$，クラス 2 の場合は $t_i = 0$ となる．つまり，線形判別モデルでは，-1，1 の出力値を直接推定していたが，ロジスティック回帰では確率を推定することになる．

ロジスティック回帰の誤差関数は，$y_i = f(x_i)$ とした場合の尤度関数 $L(\mathbf{w}) = \prod_{i=1}^{N} y_i^{t_i}(1-y_i)^{1-t_i}$ の負の対数尤度で表されるバイナリクロスエントロピー関数 $E_i(\mathbf{w}) = -t_i \log y_i - (1-t_i)\log(1-y_i)$ となる．先ほどと同様に勾配法によって解くと，

$$\mathbf{w}^{(\tau+1)} = \mathbf{w}^{(\tau)} - \eta(y_i - t_i)\mathbf{x}_i \tag{5.8}$$

となる．この式は，式 (5.6) とほぼ同じであるが，シグモイド関数の有無で y_i の計算式と正解出力 t_i が異なっている．式 (5.6) では，出力値の直接の差分が含まれているのに対して，式 (5.8) ではシグモイド出力の差分で値の範囲が限定されており，外れ値に影響されにくくなっている．

5.3.4　パーセプトロン

パーセプトロンは古典的な線形分類手法で，ニューラルネットワークの基礎となる人工ニューロンをモデル化した分類手法である．入力信号と学習重みの内積 $f(x) = \widetilde{\mathbf{w}}^{\mathsf{T}}\widetilde{x}$ の符号によって 2 クラス分類を行う．

学習は，出力を誤ったサンプルに対してのみ，出力値の絶対値の大きさに応じてペナルティを与えるパーセプトロン基準による損失を利用する．

$$E = \begin{cases} 0 & \text{if } t_i\mathbf{w}^{\mathsf{T}}\mathbf{x} \geq 0 \\ -t_i\mathbf{w}^{\mathsf{T}}\mathbf{x} & \text{otherwise} \end{cases} \tag{5.9}$$

これを勾配降下法に適用すると，

$$\mathbf{w}^{(\tau+1)} = \mathbf{w}^{(\tau)} - \eta \begin{cases} 0 & \text{if } t_i{\mathbf{w}^{(\tau)}}^{\mathsf{T}}\mathbf{x}_i \geq 0 \\ -t_i\mathbf{x}_i & \text{otherwise} \end{cases} \tag{5.10}$$

となる．この学習方法は，パーセプトロンの学習規則と呼ばれている．

5.3.5　サポートベクタマシン

サポートベクタマシン（Support Vector Machine; SVM）は，線形分類器の一種ではあるが，非線形カーネルを利用することで，一般に線形分類器に比べて高い分類性能を示す非線形分類が可能となる特徴があるため，深層学習登場前までは画像クラス分類において最も広く使われていた分類器である．

これまでの 2 クラス分類器では，分類境界面は 2 クラスのサンプルを分離する以上の強い制約を定めずに求めていたが，サポートベクタマシンでは，図 5.9 に示すように識別境界面の上下に，間にサンプルが存在しないようにそれと平行な 2 つの境界面を識別境界面から等距離に設定し，その境界面同士の距離をマージン（margin）として，そのマージンの大きさを最大化するように境界面を決定するという，マージン最大化制約に基づいて識別境界面を求める．マージン内には学習サンプルは存在せず，マージンを構成する 2 つの境界面上に存在する数個のサンプルによって，分類境界面が決定されることになる．このサンプルのことを，サポートベクタと呼ぶ．これがサポートベクタマシンの名前の由来になっている．識別境界面に最も近いサポートベクタのみが分類に重要で，それ以外は利用しないというのがサポートベクタマシンの基本的な考え方である．直感的には，マージンをできるだけ大きくとった境界面を設定することによって，余裕をもった分類が可能となり，高い分類性能が期待できることになる．

$\mathbf{w}^{\mathsf{T}}\mathbf{x} = 0$ を分類境界面として場合，2 つのマージンを構成する境界面は，学習サンプル $\mathbf{x}_i$ に対して正解ラベル $t_i = 1$ もしくは $t_i = -1$ とすると，

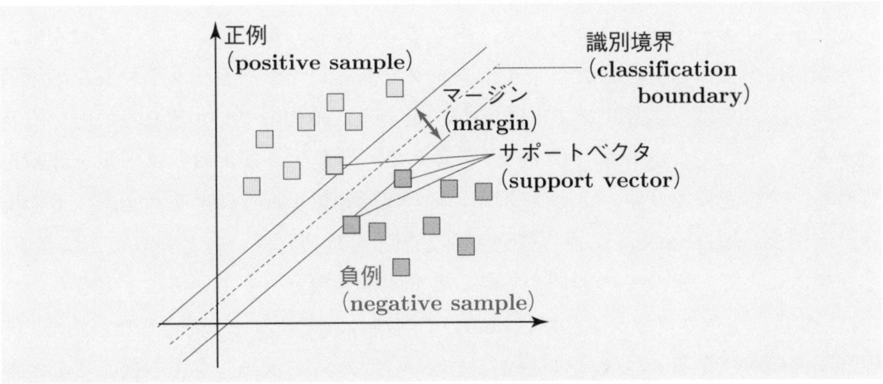

図 5.9　サポートベクタマシン

$$t_i(\mathbf{w}^\mathsf{T}\mathbf{x}_i) \geq 1 \tag{5.11}$$

と表現できる．この場合，マージンは $\frac{2}{\|\mathbf{w}\|}$ となり，これを最大化するような $\mathbf{w}$ をもつ線形分類器をハードマージンサポートベクタマシンと呼ぶ．実際には，$\|\mathbf{w}\|^2$ を最小化するという定式化をすることが一般的である．

$$\min_{\mathbf{w}} \|\mathbf{w}\|^2, \quad \text{ただし}\ t_i(\mathbf{w}^\mathsf{T}\mathbf{x}_i) \geq 1, \quad \forall i = 1, \cdots, N \tag{5.12}$$

ただし，ハードマージンでは，線形分離可能であることが仮定される．実際にはこのような仮定は成り立たないことが多いため，一部のサンプルが分類境界面の反対側に位置することを許容するソフトマージンサポートベクタマシンが使われることが多い．ソフトマージンでは，誤差 $\boldsymbol{\xi} = (\xi_1, \cdots, \xi_N)^\mathsf{T}$ を許容することとし，次の式を最小化する．

$$\begin{aligned} &\min_{\mathbf{w}} \left[\|\mathbf{w}\|^2 + C \sum_{i=1}^{N} \xi_i \right], \\ &\text{ただし}\ t_i(\mathbf{w}^\mathsf{T}\mathbf{x}_i) \geq 1 - \xi_i, \quad \xi_i \geq 0, \quad \forall i = 1, \cdots, N \end{aligned} \tag{5.13}$$

C は誤差の許容具合を決める正の定数で，C が大きいほどソフトマージンがハードマージンに近づくことになる．

サポートベクタマシンは，上記の最適化問題を解くことによって学習パラメータ $\mathbf{w}$ を求めることができる．この最適化問題は，目的関数が2次で制約が線形である2次計画問題の標準的な形式になっている．そのため，解くためのアルゴリズムや計算ライブラリは優れたものが存在している．ここでは詳細は省略するが，ラグランジュ関数を導入して，より解きやすい双対問題に変換してから解くことが一般的である．

これまでサポートベクタマシンは，あくまでも線形分類器であった．これを非線形分類器に拡張する方法がカーネルトリックである．サポートベクタマシンの学習アルゴリズムでは，学習サンプルは $\mathbf{x}_i{}^\mathsf{T}\mathbf{x}_j$ という内積の形でしか現れないという特徴がある．そこで，非線形写像 $\phi(\mathbf{x})$ を考えて，学習サンプルのベクトルを非線形変換し，その空間でサポートベクタマシンで線形分類を行うことを考える．その場合，内積を $\phi(\mathbf{x}_i)^\mathsf{T}\phi(\mathbf{x}_j)$ に置き換えて，分類器を求めればいいということになる．そうすることで，元の $\mathbf{x}$ の空間から見ると非線形分類を行っていることとなる．さらに，サポートベクタマシンの解法において内積の形式のみしか登場しないため，非線形写像の内積を $K(\mathbf{x}_i, \mathbf{x}_j) = \phi(\mathbf{x}_i)^\mathsf{T}\phi(\mathbf{x}_j)$ とおいて，$\mathbf{x}_i^\mathsf{T}\mathbf{x}_j$ を置き換えることができる．これはカーネル関数と呼ばれる．カーネル関数を用いると，ベクトルであ

る $\phi(\mathbf{x}_i)$ を明示的に求めることなく，内積値，つまりスカラー値であるカーネル関数 $K(\mathbf{x}_i, \mathbf{x}_j)$ の計算のみを行えばよいことになる．つまり，非線形写像を実際には行わずに，写像したあとの空間での内積を計算するカーネル関数の値を求めるだけで，非線形写像を行った場合の非線形分類が可能となる．これをカーネルトリックと呼ぶ．

非線形カーネルとしては，RBF（Radial Basis Function）関数がよく利用される．

$$K((x_i),(x_j)) = \exp(-\gamma\|\mathbf{x}_i - \mathbf{x}_j\|^2) \tag{5.14}$$

この関数に対応する写像 ϕ は特徴ベクトルを無限次元に写像しているということが知らており，平均的に性能が高いため，非線形カーネルとしては最も一般的に用いられる．なお，γ はカーネルパラメータで，大きいほど境界がなめらかになる．γ やソフトマージンパラメータ C はサポートベクタマシン利用時に事前に決めておく必要があるハイパーパラメータで，高い性能を上げるためには対象データごとに適した値を求めることが必要である．γ と C の値を数通りずつ用意して，それらの組合せの中で最も良いものを，検証データを用いてグリッド探索することがしばしば行われる．

なお，カーネルは 2 つの入力をとって，1 つの値を返す関数ならば，どのようなものでもよいとされているため，ベクトル以外の文字列やグラフなどを入力とするカーネルも提案されている．また，応用ごとに個別のカーネルも提案されており，画像認識では，特に BoF 表現に対して，以下の式で表現されるカイ二乗 RBF カーネルがしばしば利用される．

$$K((x_i),(x_j)) = \exp\left(-\gamma\sum\frac{(x_{i,k} - x_{j,k})^2}{x_{i,k} + x_{j,k}}\right) \tag{5.15}$$

5.3.6 アンサンブル学習

アンサンブル学習とは，単純な分類器を多数組み合わせて，強力な非線形分類器を構築する学習方法である．ブースティングやランダムフォレストが代表的な手法である．一般にアンサンブル学習では，ランダムよりもよい結果を出す弱分類器を多数組み合わせることで，高い性能が実現できるとされている．

まずは，最も基本的なアンサンブル学習である**バギング**（bagging）について説明する．一般に最適化を用いる学習手法では，同じ学習データからは常に同じ分類器が得られるため，それを組み合わせても意味のある結果は得られない．そこで，学習データをランダムでサンプリングし，異なる学習データ集合を使って複数の分類器を構築する．この元のデータ集合から繰り返しランダムでサンプリングして多様な学習データのサブセットを構築することを**ブートストラップ法**という．クラス分類の場合は，多数の分類器の結果から最も多くの分類結果を得たクラスに分類する．

バギングでは，各弱分類器はそれぞれ独立に学習していたため，並列に学習可能であるという利点はあったが，あとから学習した分類器が，それまでに学習した分類器の弱点を補うようなことは不可能であった．そこで，**ブースティング**（boosting）では，弱分類器を逐次的に学習することによって，前段で学習した分類器で誤分類されたデータに大きい重みを付けることによって，後段の学習では誤分類されたデータをより重視して学習するようにする．通常は弱分類器を複数用意して，各ステップで最も誤り率 e が小さい弱分類器を選択する．各分類器の出力は誤り率に基づく信頼度（$\ln \frac{1-e}{e}$）で重み付けされ，最終的に統合される．重み付けがあるので，出力値を -1，1 の 2 値として，最終的な出力値の符号で判定する．

ブースティングの弱分類器としては，学習時間のかからないごく簡単な手法が一般的に用いられる．例えば，2 クラス分類ならば 2 つのクラスの重み付きの重心間の垂直 2 等分の超平面を分類面とする分類器や，各軸に垂直な 2 等分超平面に関して最も誤分類が少ない軸を選ぶ，など単独では通常用いられることがない簡単な方法が一般的に採用される．ブースティングは，繰返しごとに最も分類精度の良い分類器を選択するため，異なる特徴に基づく分類器を用意することで，特徴選択も可能となっている．第 7 章で説明する顔検出手法では，そのブースティングの特性を利用して，深層学習登場以前に，高速かつ高精度な顔検出が実現されている．

なお，アンサンブル学習では次章で説明する深層学習でも一般的に利用されている．深層学習はオンライン学習であり，同じ学習データを利用しても学習されるモデルは，学習データの順序や学習パラメータの初期値に依存して決まる．通常は学習データの順序や初期値はランダムで決められ毎回異なるため，何度学習しても同じモデルが学習されることはなく，毎回異なるモデルとなる．そのため，ブートストラップ法を用いることなく，アンサンブル学習が可能である．アンサンブル学習を用いると深層学習においても性能が向上することは多くの実験から確認されていて，実際に広く用いられている．

ランダムフォレスト（図 5.10）は，決定木という分類手法にバギングを導入したものである．決定木は階層的にデータを分類していく手法で，毎回ベクトルの要素を分岐の前後でノード内のクラス分布のばらつきが減少するようにエントロピーやジニ係数を用いて選んで，閾値《しきいち》で 2 つに分類していく．それを階層的に繰り返して，各ノードが単一のクラスのデータのみを含むようになるまで分割することで，末端ノードがラベルを持つ木構造を構築する．認識時には，その木構造をたどれば分類

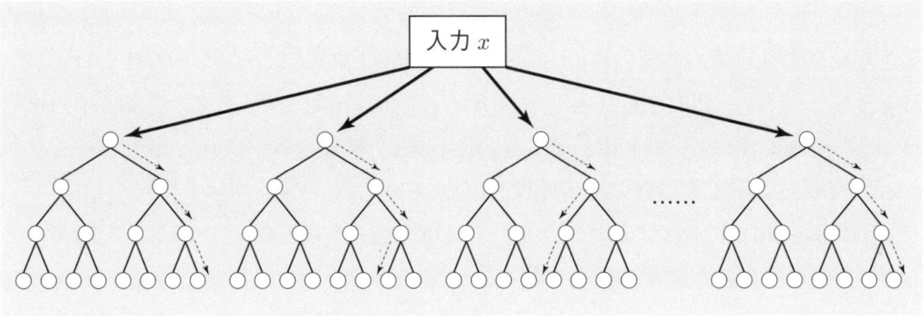

図 5.10 ランダムフォレスト

ラベルにたどり着く．これで，バギングを行うのが，ランダムフォレストということになる．

5.3.7 確率モデルによる分類

これまで紹介した学習手法は，クラスの境界を推定する手法であった．それに対して，各クラスの分布密度関数を求めて，それに基づいて入力データの各クラスの確率を推定し，事後確率が最大となるクラスに分類する確率モデルによる分類手法も存在する．

確率モデルによる分類手法は，ベイズの定理に基づくクラス予測である．ベイズの定理では，事前確率から事後確率を求める．画像のクラス分類の場合は，$P(C_i)$ をクラス C_i が発生する確率（事前確率），$P(I|C_i)$ をクラス C_i とした場合に画像 I が発生する確率（一般には，画像 I のクラス C_i に関する尤度という）とすると，画像 I が $P(C_i|I)$ クラス C_i である確率（事後確率）は，

$$P(C_i|I) = \frac{P(I|C_i)P(C_i)}{\sum_{i=1}^{|C|} P(I|C_i)P(C_i)} \tag{5.16}$$

と計算できる．ただし，$|C|$ はクラス数である．分母は，分子の項をすべてのクラスについて足し合わせたもので，$\sum_{i=1}^{|C|} P(C_i|I) = 1$ を保証するためのものである．事前確率 $P(C_i)$ は事前の知識があれば，それを用いることもできるが，通常の画像分類では，すべてのクラスの確率が均等として，$P(C_i) = \frac{1}{|C|}$ とすることが多い．その場合は，尤度 $P(I|C_i)$ を求めると，事後確率が求まることになる．

ここでは，**ナイーブベイズ法**による尤度の計算方法について説明する．ナイーブベイズ法はもともと文書分類のクラス分類手法で，メールのスパム分類によく使われる方法である．

文書DがN個の単語W_jから構成されるとすると，ナイーブベイズ法では，各単語の生起確率が独立であるという「ナイーブ」な仮定をして，$P(I|C_i) = P(W_1, W_2, \ldots, W_N|C_i) = \prod_{j=1}^{N} P(W_j|C_i)$とする．各$P(W_j|C_i)$は，クラス$C_i$の文書中の単語$W_j$の生起確率なので，例えばspam/non-spam分類ならば，spam，non-spamそれぞれの文章のすべての単語の出現頻度をカウントして，$\frac{\text{spam における単語 } W_j \text{ の出現回数}}{\text{spam の全単語数}}$を$P(W_j|\text{spam})$とすればよい．ただし，一度も発生しない単語があると尤度が0となり，その単語を含む文章の尤度も積によって求めるため0になってしまう．そこで，出現回数をカウントするときにすべての単語に関して出現回数に1を加算するラプラススムージングを行うのが一般的である．つまり，$\frac{\text{spam における単語 } W_j \text{ の出現回数 } + 1}{\text{spam の全単語数 } + \text{ 単語の種類数}}$ということになる．

画像で行う場合は，BoFのvisual wordを考える．BoFでは，画像は局所特徴のvisual wordの集合体で表現されると考えることができるので，文章と同様の考え方で，各visual wordの出現回数をクラスごとにカウントして，visual wordの生起確率を求めて，実際の未知の画像のvisual wordの出現分布に応じてかけ合わせれば，その画像の各クラスに関する事後確率が求まることになる．最終的に，事後確率が最も高いクラスに分類することとなる．

実際にナイーブベイズを利用する際は，単語の尤度をかけ合わせると極めて小さな値になってしまうため，分子の対数をとって，積を和の計算に変換する．そして，分母の計算を省略し，分子が最も大きなクラスに分類することとなる．つまり，分類クラスは以下の式で求めることができる．

$$\arg\max_{i} \log P(I|C_i) = \sum_{j=1}^{N} \log P(W_j|C_i) \tag{5.17}$$

5.3.8 分類結果の評価方法

画像分類を行ったら，その結果を何らかの客観的指標で評価し，分類性能を確認することが重要である．画像分類を行うためには，特徴抽出と分類器が必要であるが，その組合せは多数存在し，また同じ手法の組合せでも分類器のパラメータによって認識結果は変化するため，最適な手法を探すためにも，性能評価は不可欠である．

クラス分類には，2クラス分類，3クラス以上の多クラス分類の2通りがある．

まず，2クラス分類の場合について述べる．2クラス分類の場合は，正例（positive sample），負例（negative sample）の2種類のサンプルがあるが，それぞれの認識結果が正しい（true）か，誤っている（false）によって，4通りの結果に分類される．図5.11に示すように正しく認識された正例，負例はそれぞれ，true positive,

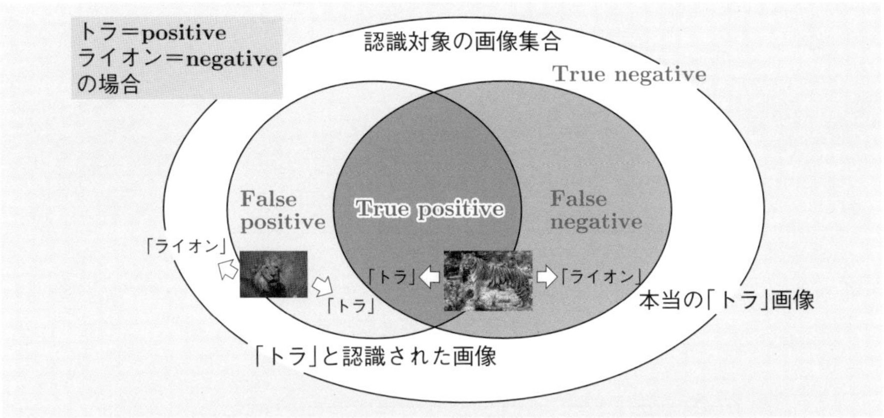

図 5.11 **True/false positive/negative の 4 通りの組合せ**

true negative と呼ばれる．一方，認識結果を誤った場合は，false positive，false negative と呼ばれる．評価を行う場合は，学習に用いなかったテスト専用のサンプルを分類し，その結果の true positive，false positive，false negative の枚数を，tp，fp，fn とすると，**適合率**（precision）は $P = \frac{tp}{tp+fp}$，**再現率**（recall）は $R = \frac{tp}{tp+fn}$ となる．それぞれ，positive sample と分類されたうちの本当の positive sample の割合，positive sample のうち正しく分類された割合，を意味する．一般にはどちらも大きい方がよいが，2 つの指標があると，一般には認識結果の順位付けが難しい．そこで，それらの調和平均を用いた **F 値**，$F = \frac{2PR}{P+R}$ という指標もしばしば利用される．

テストサンプルの認識結果に順位が付けられる場合は，**平均適合率**（Average Precision; AP）が利用可能である．例えば，サポートベクタマシンの場合は分類境界面からの距離，確率的分類の場合は確率値，のそれぞれ降順に順位付けが可能である．平均適合率は，順位付き結果の上位 k 番めの正解サンプルの適合率 Precision(k) の平均値として以下の式で計算できる．

$$AP = \frac{1}{N}\sum_{i=1}^{N} \mathrm{Precision}(k) \tag{5.18}$$

一般に上位の方が正解する可能性が高いので，k 番めまでの正解サンプルの適合率を縦軸，さらに k 番めまでの正解サンプルの再現率も計算して横軸として，プロットすると，図 5.12 に示すような再現率–適合率グラフ（recall-precision graph）を描くことができる．この図のうち，再現率–適合率曲線，x 軸，y 軸で囲まれた領域の面積

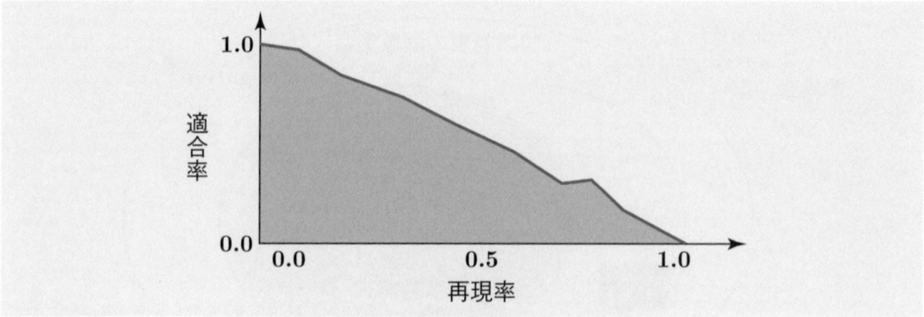

図 5.12　再現率–適合率グラフ

	ライオン	トラ	ネコ	分類先のクラス
ライオン	**70**	**23**	**7**	**70/100**
トラ	**13**	**67**	**20**	**67/100**
ネコ	**5**	**5**	**190**	**190/200**
				再現率
真のクラス	**70/88**	**67/95**	**190/217**	**327/400**
		適合率		分類率

図 5.13　混同行列

が平均適合率ということになる．つまり，0から1の間の値となる．他にも同様の指標で，縦軸に適合率，横軸に negative sample のうち，誤って positive と分類された割合である false positive rate をとって描いたグラフである ROC 曲線（Reciver Operator Charastic Curve）と，その面積の AUC（Area Under Curve）という評価指標もある．

3クラス以上の多クラス分類の場合は，positive/negative の区別はなく，単純に全テストサンプルのうち，正しいクラスに分類されたサンプルの割合を分類率（classification rate）として計算し，評価指標として利用する．分類クラス数が多い場合は，分類クラスを k 個推定して，その中に正解があれば正解と見なす，上位 k 分類率（top-k classification rate）を用いることもある．例えば，ImageNet1k データセットを使った1000クラス分類タスクでは，通常は評価に上位5分類率が利用される．

多クラス分類の場合は，図 5.13 に示すように縦にテストサンプルの真のクラス，横に分類先のクラスを書いて，その分類結果の枚数を表にした混同行列（confusion matrix）をしばしば用いる．対角要素が各クラスに正しく分類された枚数を表し，非対角要素はあるクラスが間違って別のクラスに分類された枚数を示す．これを作成することで，どのクラスがどのクラスに混同しやすいかを容易に知ることができる．なお，各行の対角成分を各行の合計値で割った値がそれぞれのクラスの再現率，各列の対角成分を各列の合計値で割った値がそれぞれのクラスの適合率として各クラスの評価に用いることもある．なお，対角要素の合計値をテストサンプルの総枚数で割ったものが，分類率となる．

なお，データセットによってはすべてのデータがラベル付きデータで，テストデータと学習データが明示的に分かれていない場合がある．そのような場合には，交差検証（cross validation）を用いて評価を行う．交差検証とは，ラベル付きデータ集合を n 分割して，$n-1$ 個で学習，残りの 1 つで評価する，ということを評価に使うグループを n 回交換して実施し，その平均の性能を最終的な手法の評価とする方法である．n には 5 や 10 などの値が通常は用いられる．n が大きいほど学習データ数が多くなるため，性能は上がる可能性があるが，学習回数が多くなるという欠点がある．この方法では，すべてのデータがまんべんなく学習にも評価にも使われるためより正確な性能評価が可能であるが，学習を n 回行わないといけないため，学習に時間がかかる欠点がある．一般に長い学習時間を要する深層学習用のデータセットでは最初から学習用，検証用，テスト用とデータセットが分けられており，交差検証を使わずに同じデータで評価できるように配慮されている場合が多い．

5.4　クラスタリング

ラベルなしのデータ分類手法であるクラスタリング手法として，(1) 階層的クラスタリング，(2) k-means 法について説明する．

クラスタリングとは，互いに類似したサンプルをグループ化することである．教師なし分類とも呼ばれている．グループ化に当たっては，クラスタ数を制御する何らかのパラメータを事前に与えるのが一般的で，そのパラメータを変化させることで，クラスタの構成が変化する．

階層的クラスタリングでは，初期状態では，各サンプルが 1 つのクラスタを構成するとして，クラスタ間の距離が短い順番にクラスタを併合することを繰り返す．図 5.14 では，最初に一番左の画像とその隣りの画像が 1 つのクラスタになって，さらに次々とクラスタが併合されることが繰り返されている．すべてのクラスタが併合されるまで繰り返すと図のようなクラスタ樹形図（dendrogram）が得られる．具体的なクラスタが必要な場合は，距離もしくはクラスタ数に関する閾値《しきいち》を決めておいて，それに達した時点でのクラスタを最終的なクラスタとする．

階層的クラスタリングでは，クラスタ間の距離の計算方法によって異なる結果が得られる．クラスタ間の距離の計算方法の主なものとしては以下の方法がある．この中でも，**ウォード法**が比較的安定しているとされ，併合した場合の中心までの距離変化が小さい順番に併合が行われていく．

最短距離法　2 つのクラスタのサンプル間で最小の距離

最長距離法　2 つのクラスタのサンプル間で最大の距離

重心法　重心同士の距離

平均法　2 つのクラスタの全要素間の距離の平均

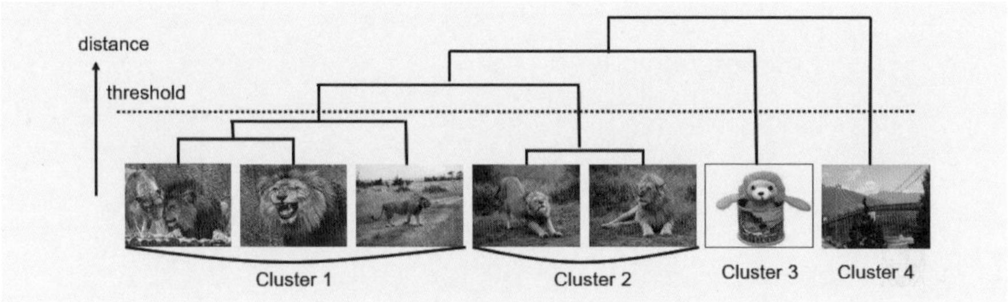

図 5.14　**階層的クラスタリング**

ウォード法 $E(C)$ をクラスタの中心までの距離の二乗和としたときの $E(C1 \cup C2) - E(C1) - E(C2)$

最初はすべてのサンプルが 1 つのクラスタであるため，クラスタ間の距離を求めるために，全サンプル間の距離を求める必要があり，データ数を N とすると計算量が $O(N^2)$ となる欠点がある．

k-means 法では，手法の名前の通り k 個のクラスタ中心を求めて，それらに対して各サンプルを最も近いクラスタに割り当てる，という処理を繰り返して，クラスタリングを行う方法である．

(1) 初期クラスタとして k 個のサンプルを選ぶ．(3) へ行く．
(2) k 個のクラスタの中心ベクトルをそれぞれ求める．
(3) すべてのサンプルを k 個のクラスタ中心のうち最も近いクラスタに割り当てる．
(4) クラスタの割当が前回から変化がない場合は終了．そうでない場合は，(2) から繰り返す．

k-means 法は階層的クラスタリングよりも計算量が少なく，計算量は $O(kN)$ で済む．また，同程度の大きさのクラスタが得られやすい利点もある．ただし，階層的クラスタリングと異なり，結果が初期クラスタに依存するため，初期クラスタのサンプル選択が変わると異なる結果になる．そのために何通りかの初期クラスタでクラスタリングを試み，その中で最も条件に合ったものを選ぶことも行われる．また，途中でクラスタのメンバが 0 になった場合の例外的な処理も必要となる．

階層的クラスタリングと k-means 法は代表的なクラスタリング手法であるが，これ以外にも，密度に基づく方法やグラフを用いた方法など，多数のクラスタリング手法が提案されている．基本的にどの手法もハイパーパラメータによってクラスタ数を調整できるようになっている．

第 5 章の問題

□ **5.1** BoF の基本的アイデアについて説明せよ.

□ **5.2** 線形分類器の学習には多数の方法があるが，最も平均的に性能が高い手法はどれか？ また，なぜ性能が高いのか？

□ **5.3** バギングとブースティングの違いを説明せよ.

□ **5.4** 階層的クラスタリングと k-means 法のそれぞれの長所，短所を述べよ.

第6章

深層学習による画像認識

6.1　深層学習概要

2012年，画像認識業界に激震が走った．1000クラスの画像分類を行うコンペティションであるImageNet Large-Scale Visual Recognition Challenge（ILSVRC）で，これまでどの画像研究者も一般画像に対して適用したことのなかった「深層学習」による手法が突如として現れ，2位以下に圧倒的な大差をつけて1位となった．これが，有名なAlexNetと呼ばれる世界で初めての一般画像向けの大規模深層学習ネットワークである．それまでは，画像クラス分類においては，局所特徴量に基づくBoF特徴量とサポートベクタマシンの組合せが主流であったが，突如，ほとんどの画像認識研究者が注目していなかったニューラルネットワークに基づく手法が，従来手法に比べて著しく高い性能を示すことが示された．従来手法との大きな違いは，特徴抽出から分類までが1つの深層畳込みネットワークで表現され，ネットワーク全体を端から端まで（end-to-end）一気に学習可能である点であった．その後，画像・映像認識のあらゆるタスクに深層学習は導入され，ほぼすべてのタスクにおいて従来手法を上回る性能を達成している．そのため，2012年以降，徐々にほとんどの認識タスクにおいて主な手法が深層学習を用いるものに置き換わるという状況が起きている．

従来の画像認識では，図6.1に示すように画像からの特徴抽出と，機械学習手法による分類が別々のステップになっており，通常は，特徴抽出手法は学習を使わずに人手で構築されたアルゴリズムを利用し，分類のみ学習を使うという2段階の処理になっていた．それに対して，深層学習では，特徴抽出も分類も1つの深層学習ネットワーク内で行われ，深層学習ネットワーク自体もすべて学習でパラメータが決定される．つまり，従来手法は処理の半分しか学習が用いられていなかったが，深層学習ではネットワークの入力から出力までほぼすべての層で一貫した学習（end-to-end training）が行われ，特徴抽出も含めてネットワーク全体が目的に対して最適にな

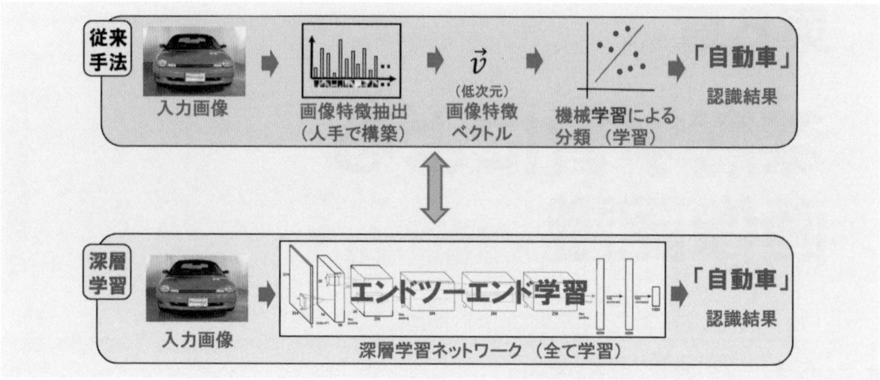

図 6.1　従来手法と深層学習

るという特徴がある．そのため，一般に従来手法よりも深層学習の方が性能が高く，最新の研究では，画像認識およびその関連タスクはほぼすべて深層学習が使われる状況となっている．

深層学習ネットワークは特徴抽出も分類も学習で行うが，そのネットワークの構造は人手で与える必要があり，しかもタスクごとに適した構造は異なるため，利用に当たってはネットワークの構成要素の詳細や，学習を行うための方法について理解する必要がある．本章では，特に画像向けの畳込みネットワークについて，説明を行う．

機械学習手法は，一般にラベル付きの学習データが存在した場合に，入力を x，出力ラベルを y として，$y = f(x)$ となる関数 f を推定する手法の総称である．深層学習もこの定義に当てはまるものである．深層学習では，この f を深層ネットワークによって構成する．ネットワークは，画像認識の場合は，主に畳込み層と全結合層によって構成する．それ以外にも活性化関数や正規化層もネットワークを構成する部品となる．深層学習ネットワークが $f_1, \ldots, f_N$ の N 個の層で構成されると，ネットワークを表す関数 $f(x)$ はそれらの合成関数 $f_N(f_{N-1}(\cdots(f_1(x))))$ で表現される．

学習では，主に畳込み層と全結合層に存在する学習パラメータを，入力画像と出力ラベルのペア $(\mathbf{x}_i, y_i)$ となっている学習データを用いて，$f(\mathbf{x}_i)$ と y_i の誤差が最小になるように調整することで行う．パラメータの学習には，誤差を評価する誤差関数を定義して，その誤差関数を，1 次の関数近似法である勾配法を利用して，最小化することによって行う．その場合，誤差関数に対する各パラメータの勾配値（微分値）が必要になる．それを求めるのが，誤差逆伝播法というアルゴリズムで，これによって多層ネットワークの学習が可能となっている．

6.2　ネットワークの構成

ここでは，画像認識用のネットワークで利用される畳込み層，全結合層，プーリング層，活性化関数，出力関数について説明する．

6.2.1　全結合層

全結合層（fully-connected layer）は，線形識別器が複数集まって出力が多次元ベクトルになったものであると見なすことができる．入力を n 次元ベクトル $\mathbf{x}$，出力を $\mathbf{y}$ とすると，

$$\mathbf{y} = \mathbf{W}\mathbf{x} + \mathbf{b} \tag{6.1}$$

と表現できる．図 6.2 に示すように $n \times m$ の重み行列 $\mathbf{W}$ と m 次元のバイアスベクトル $\mathbf{b}$ が全結合層の学習パラメータであり，合計のパラメータ数は，$(n+1) \times m$ である．

計算は行列計算のみであるのでシンプルである反面，高次元のベクトルを扱う場合はパラメータ数が極端に多くなるという欠点がある．例えば，入出力がそれぞれ 1000 次元だとすると，パラメータ数は $(1000+1) \times 1000$ で，パラメータ数は 1001000 個となる．そのため，入力画像を直接，全結合層に入力することはまれで，通常は畳込み層で次元数を削減してから，ネットワークの後半で全結合層を利用するのが一般的である．

6.2.2　畳込み層

畳込み層（convolutional layer）は，画像認識用の特徴抽出用のレイヤとして提

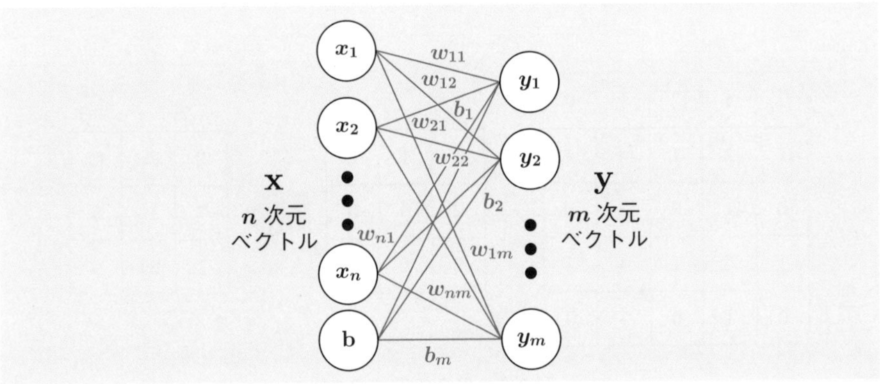

図 6.2　全結合層

案された．畳込み層は，日本人の福島によって 1980 年に提案されたネオコグニトロンを起源として持ち，ルカン（Y. LeCun）らによって 1989 年に文字認識に応用された．その後，20 年近く注目されることはなかったが，2012 年に AlexNet に利用されて一躍画像認識の主役に躍り出た．

「畳込み」とは，3.3.1 項で説明した画像処理におけるフィルタ処理のことである．重み値が 3×3 や 5×5 など 2 次元の正方配列に並んだフィルタを画像内で 2 次元的にスライドさせて，それぞれの場所で内積を計算し，2 次元配列に出力する処理である．フィルタ処理でエッジ抽出などが可能であることからわかるように，フィルタが表現するパターンを含んだ領域に対して大きな値が出力される．このフィルタの重みを学習して，学習されたフィルタのパターンに関する特徴抽出を行うのが畳込み層ということになる．それを何層にも重ねて行うことで，複雑なパターンに関する特徴抽出が可能となるのが，畳込みネットワークである．

図 6.3 では，3×3 フィルタを左上から右，最終的には右下までスライドさせて畳込みを行う例である．図に示すように 3×3 のフィルタは，はみ出しを認めないと，5×5 の画像内では，3×3 の領域しか動けないので，出力も 3×3 の画像となる．計算は内積なので，フィルタの場所を固定して 1 回作用させると，出力値は 1 つだけとなる．よって，出力をフィルタの位置に基づいて 2 次元に並べると 3×3 になる．

畳込みは，2 次元画像を対象としたレイヤであるが，図 6.4 で示すように，入力は 3 階テンソル（3 次元配列）で表現される**特徴マップ**（feature map）で，縦，横，チャネルの 3 つの次元を持っている．RGB のカラー画像の場合はチャネル数は 3，濃淡画像の場合はチャネル数は 1，とすることで，入力画像も特徴マップであると見なすことができる．畳込み層の出力も同様に特徴マップとなる．フィルタは 3×3 のように縦横に大きさを持っており，入力特徴マップと同じチャネル数を持ってい

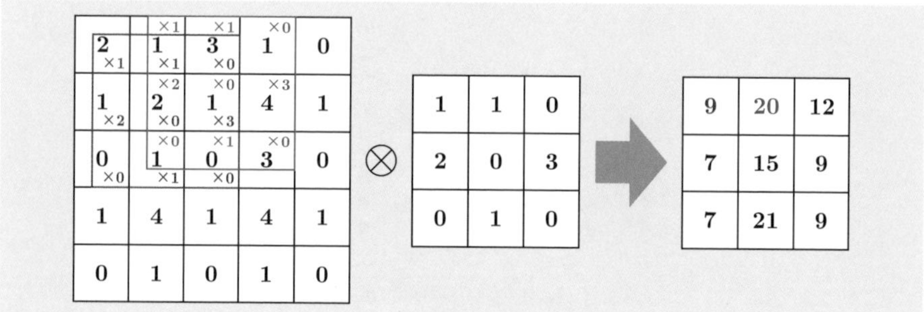

図 6.3　畳込み演算の例

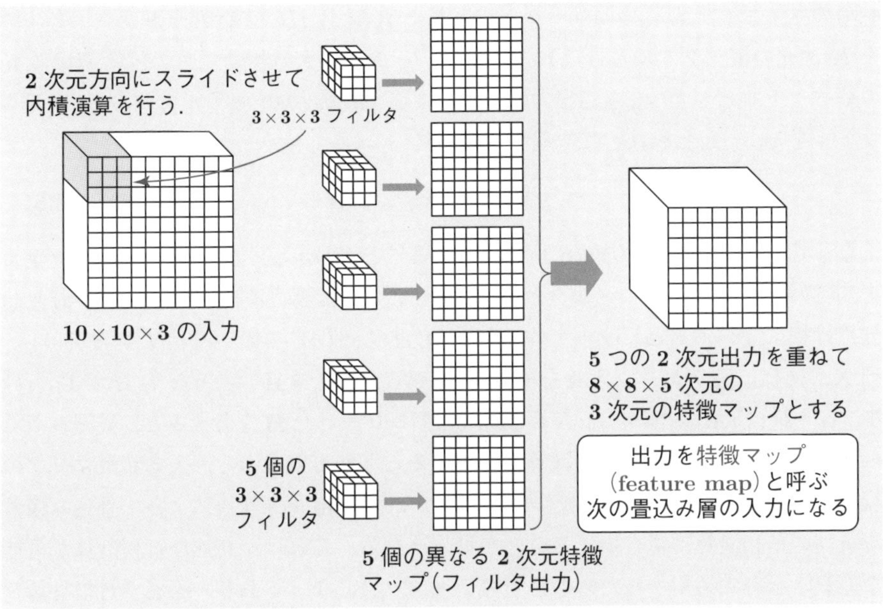

図 6.4 畳込み層による特徴マップの変換

る．さらに，フィルタは複数用意され，フィルタの個数が出力特徴マップのチャネル数になる．全結合層の入出力は多次元ベクトルであったが，畳込み層の入出力は特徴マップであるという大きな違いがある．

入力と出力の特徴マップの各要素を $x_{m,n,c}$，$y_{m,n,c}$ として，k 番めの畳込みフィルタの要素を $f_{k,i,j,c}$，k 番めのバイアス値を b_k とすると，畳込み演算は次の式で表現できる．

$$y_{m,n,k} = \sum_{c=1}^{C} \sum_{j=1}^{H} \sum_{i=1}^{W} f_{k,i,j,c} x_{m+i-1,n+j-1,c} + b_k \tag{6.2}$$

なお，ここでは 1 つのフィルタのサイズを $W \times H \times C$ として，それが k 個あることとしている．この式からわかることは，出力特徴マップの各画素の値の計算は，基本的に全結合の出力ベクトルの各要素の計算とまったく同じで，フィルタの重みと，1 回の演算でフィルタを作用させる部分的な特徴マップとの内積に，バイアス値を加算したものとなっている．つまり，1 つのフィルタのすべての重みを横ベクトルとして，部分特徴マップを縦ベクトルとすると，それらの内積にバイアス値を加算していることになる．これを，K 個のフィルタについてまとめて考えると，k

番めのフィルタを k 行めの横ベクトルとした $K \times WHC$ の行列を $\mathbf{F}$，バイアス値を K 次元の縦ベクトルとした $\mathbf{b}$，座標 (w,h) の部分入力特徴マップを WHC 次元の縦ベクトルとした $\mathbf{x}_{m,n}$，出力特徴マップの (m,n) のチャネル方向の K 次元ベクトルを $\mathbf{y}_{m,n}$，とそれぞれ定義すると，

$$\mathbf{y}_{m,n} = \mathbf{F}\mathbf{x}_{m,n} + \mathbf{b} \tag{6.3}$$

となって，完全に全結合の式 (6.1) と一致することがわかる．さらに，$\mathbf{x}$ の縦ベクトルを，特徴マップにおけるフィルタの適用可能範囲の画素数 $(M-W+1)\times(N-H+1)$ 分だけ横に並べることによって作られた $WHC \times (M-W+1)(N-H+1)$ 行列 $\mathbf{X}$，同様に $\mathbf{x}$ の縦ベクトルを横に並べた $K \times (M-W+1)(N-H+1)$ 行列 $\mathbf{Y}$，$\mathbf{b}$ を横に $(M-W+1)(N-H+1)$ 個コピーした $\mathbf{B}$ を考えると，畳込み演算は $\mathbf{Y} = \mathbf{FX} + \mathbf{B}$ という行列演算で表現することが可能である．入力特徴マップの行列 $\mathbf{X}$ への変換は，im2col 操作と呼ばれていて，im2col 変換によって畳込み演算を行列の積和演算に置き換えることが可能となる．これは，高速な行列計算が可能な GPU を有効活用するための必須のテクニックになっており，深層学習の計算ライブラリでは広く用いられている．

なお，畳込みを繰り返すと，特徴マップのサイズは，例えば図 6.4 の場合，フィルタサイズが 3×3 で，入力が 10×10 だと出力は 8×8 で，縦横 2 画素ずつ小さくなることになる．上記の計算で示したように，$M\times N$ の特徴マップが $W\times H$ のフィルタを畳み込むことによって，$(M-W+1)\times(N-H+1)$ の特徴マップとして出力される．このように，1×1 よりも大きいフィルタで畳込みを行うと特徴マップが縮小されてしまうため，畳込み時に左右上下 p 画素ずつのはみ出しを認める**パディング**（padding）を用いるのが一般的である．3×3 の場合は左右 1 画素ずつのはみ出しを認める，つまりパディングサイズ $p=1$，5×5 の場合は $p=2$ とすることによって，入力と出力の特徴マップの縦横サイズが同一になる．図 6.5 は，3×3 のフィルタにパディング 1 を用いて入出力の特徴マップサイズを同一にした例である．このようにパディングは，特徴マップサイズを縮小することなく複数の畳込みを適用することを可能とするため，畳込みネットワークでは一般的に用いられている．なお，出力特徴マップのチャネル数は，フィルタの数で決まるため，任意の数にすることが可能である．

通常，フィルタは縦横の空間方向に 1 画素ずつスライドさせるが，s 画素（$s>1$）ずつスライドさせることによって，出力する特徴マップのサイズを小さくすることができる．これを**ストライド**（stride）という．$s=2$ のストライドの場合，特徴

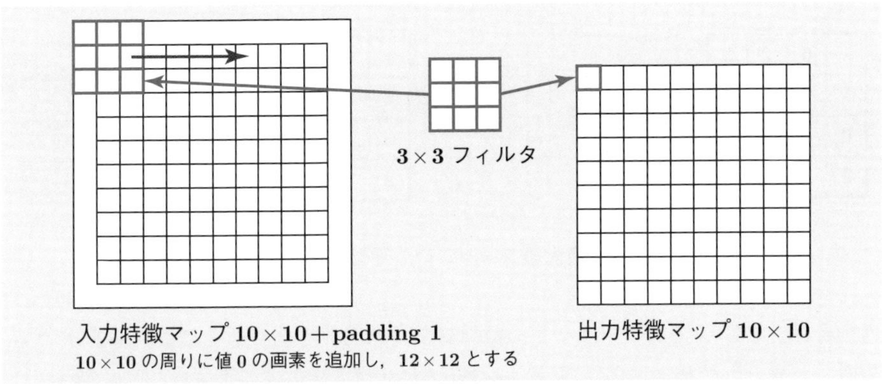

図 6.5　パディングを用いて入出力の特徴マップサイズを同一にした例

マップサイズは $\frac{1}{2}$ となる．

ここで，パディングサイズを p，ストライド量を s とした場合の出力特徴マップサイズ (H_y, W_y, C_y) について計算式を示しておく．なお，$\lfloor x \rfloor$ は，x の小数点以下の切り捨てを意味する．

$$H_y = \left\lfloor \frac{M - H + 2p}{s} \right\rfloor + 1, \tag{6.4}$$

$$W_y = \left\lfloor \frac{N - W + 2p}{s} \right\rfloor + 1, \tag{6.5}$$

$$C_y = K \tag{6.6}$$

フィルタのサイズやチャネル数は，ネットワークの設計時に自由に設定することができるが，一般には後ほど述べる有名ネットワークを参考に設計することとなる．例えば，VGG16/19 というネットワークでは，3×3 畳込みのみを多数重ねてネットワークを設計し，チャネル数は特徴マップのサイズがストライド 2 の畳込みか，次に説明するプーリングによって $\frac{1}{2}$ になるごとに，2 倍になるという設計指針を定めており，それを参考にして設計することが広く行われている．

6.2.3　プーリング層

プーリング層は，特徴マップの縦横のサイズを縮小するレイヤである．特徴マップを縮小することで，特徴マップの面積に比例する畳込み演算の計算量を減少させ，さらには，学習画像とテスト画像での位置のずれを吸収し，画像全体に分散している情報を集約する効果がある．

ストライドが 2 以上の畳込みでも特徴マップのサイズは縮小できるが，プーリング

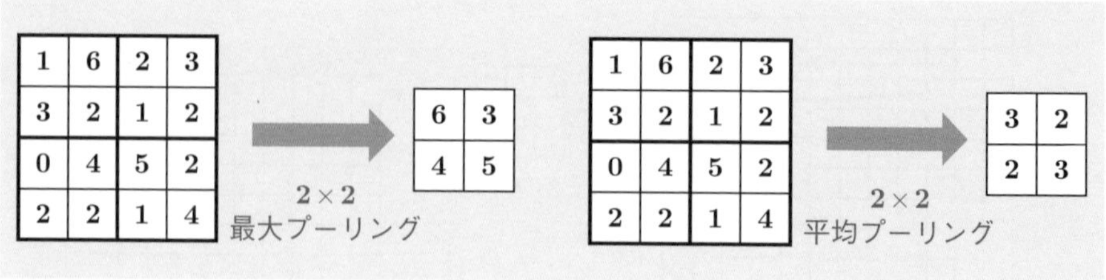

図6.6　最大値プーリングと平均値プーリング

の場合は，学習パラメータはなく，局所的な領域内で平均もしくは最大値を求めて，特徴マップとして出力する．通常は，図6.6に示すように，特徴マップの縦横を半分ずつにする，2×2の領域の中でチャネルごとに最大値をとって，それを出力する最大値プーリング（max pooling），平均をとる平均値プーリング（average pooling）の2通りのプーリングが用いられる．畳込みでは，1つのフィルタをすべての層に適用して，内積を計算し，出力チャネル数はフィルタ数と同じであったが，プーリングではチャネルごとに独立した演算のため，チャネル数は入力と出力で変化しない．

近年のネットワークでは，特徴マップサイズの縮小にはプーリングの代わりにストライド2の畳込みが使われることが多くなっている．その代わり，画像全体に対してプーリングを行う**グローバルプーリング**が，特徴マップをベクトルに変換する手段として広く使われるようになっている．グローバルプーリングでは，各チャネルの値を1つの平均値もしくは最大値として，チャネル数分の次元数をもつベクトルを出力する．例えば，高い認識性能を示すResidual Networkでは，ネットワーク中の畳込み層の連鎖の最後にグローバル平均プーリング（global average pooling）が用いられていて，そのあとに全結合が接続されている．なお，最大プーリングでは学習時に勾配値が最大値を示した画素にしか逆伝播しないため，ネットワークの学習を進みやすくするために，グローバルプーリングの場合は一般的にすべての画素に逆伝播する平均プーリングが用いられる．

6.2.4　活性化関数

これまで説明した全結合層や畳込み層は，線形変換である．線形変換は行列積およびベクトルの和からなる演算であるため，何度繰り返し線形変換を行ったとしても，それは1回の線形変換にまとめてしまうことができる．それでは，ネットワークを深層にする意味がなくなってしまう．そうならないようにするのが**活性化関数**の役割である．活性化関数は非線形変換を行う関数で，線形変換である全結合層や畳込み層

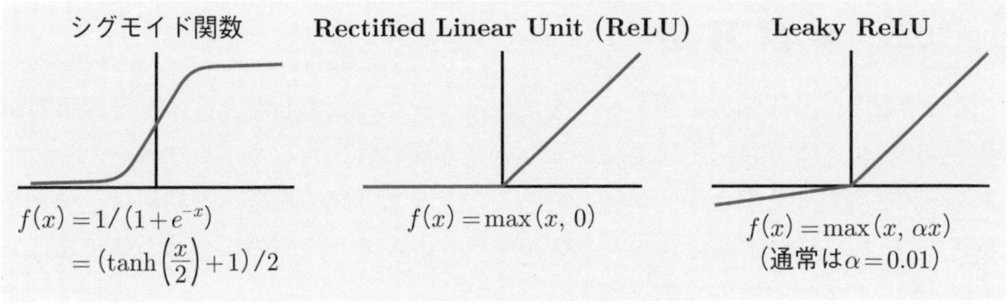

図 6.7　非線形活性化関数

に対して非線形性を与えるためのものである．かつては，シグモイド関数（sigmoid function）が用いられていたが，計算および学習の容易さから，現在の深層ネットワークでは，$y=\max(x,0)$ という式で表現される**正規化線形ユニット**（Rectified Linear Unit; **ReLU**）が広く一般的に用いられる．入力が負ならば 0 を出力し，0 以上ならば入力値をそのまま出力するという極めて単純な非線形関数である．しかしながら，この簡単な非線形関数が，深層ネットワークの中で多数用いられることで，複雑に組み合わさって，あらゆる非線形関数を近似できる能力を発揮する．

ReLU 以外にも，負の場合にも小さな定数をかけて出力する LeakyReLU や 0 未満を e のべき乗で表現する ELU（Exponential Linear Unit）など，0 未満での出力が 0 とならないよう変更した活性化関数が提案されている．

6.2.5　出 力 関 数

出力関数とは，ネットワークの最終層の出力に付加される活性化関数である．

分類問題では，多次元ベクトルの出力の各要素の合計が 1 となって，確率を表現するようにするために**ソフトマックス関数**（softmax function）が一般的に用いられる．

$$f(x_i)=\frac{\exp(x_i)}{\sum_{j=1}^{k}\exp(x_j)} \tag{6.7}$$

2 値分類の場合はシグモイド関数，回帰問題の場合は出力関数を利用せずにそのまま出力する恒等変換が利用されることが多い．また，値の範囲が決まっている場合は，-1 から 1 の間の値を出力する tanh 関数が使われることもある．特に画像生成モデルのネットワークでは，tanh 関数の出力値に 1 を足して 127.5 をかけることで，出力値が 0 から 255 の間になることを保証できるため，広く用いられている．

6.3 学習方法

深層学習では，既知の学習データをネットワークに入力したときに，その出力が理想値に近づくように，主に全結合層と畳込み層に含まれるネットワークの学習パラメータを調整することが「学習」である．クラス分類の場合，理想値は正解クラスが1，それ以外がすべて0のクラス確率ベクトルで，回帰の場合は，理想値はスカラー値もしくはベクトル値となる．

学習器のパラメータを調整するのは，サポートベクタマシンなどの従来の機械学習手法でも同様であるが，深層学習がそれらと異なるのは，事前の画像からの特徴抽出が必要なく，直接，画像を入力とする代わりに，ネットワーク全体に分散する大量の学習パラメータをすべて学習する必要があることである．例えば，最も標準的な画像認識ネットワークのAlexNetは約6000万個の学習パラメータを持っており，それをすべて学習することが，高い認識精度を実現する上で不可欠である．大量のパラメータを適切に学習するには大量の学習サンプルが必要であり，AlexNetの場合は100万枚もの学習画像を用いて学習を行うことが前提となっている．

学習パラメータと学習サンプルの両方が大量であるため，一般に深層学習ネットワークの学習の計算量は極めて大きい．通常は計算機のCPUのみでは時間がかかり過ぎるため，並列に多数の計算を行うことができるGPUを利用することが一般的である．実際に，AlexNetの学習は2つのGPUを使って5日から6日間かかったと公表されている．

具体的には，学習では，学習データに与えられた入出力の正解ペアを用いて，入力を与えたときのネットワーク出力と期待される正解出力の誤差を評価し，その誤差が最小化されるようにネットワークの学習パラメータを繰り返し更新する．

6.3.1 誤差関数

誤差の評価は，**誤差関数**（error function）（**損失関数**（loss function）ともいう）を定義することで行う．学習データ全体に関して誤差関数の出力が最小化されるようにネットワークの学習パラメータ，つまり，全結合層や畳込み層の学習パラメータを更新することで「学習」を行う．

分類問題の場合，出力関数に標準的なソフトマックス関数（softmax function）が利用されているとすると，事後分布の負の対数尤度を表すクロスエントロピー（cross entropy）関数（式(6.8)），回帰問題の場合，出力関数が恒等関数が用いられている（つまり，全結合層の出力がそのままネットワーク出力）とすると，平均二乗誤差関数（mean squared error function）（式 (6.9)），がそれぞれ用いられることが一般的である．

$$E_1 = -\sum_{n=1}^{N}\sum_{i=1}^{C} r_{n,i} \log y_{n,i} \ , \tag{6.8}$$

$$E_2 = \frac{1}{2}\sum_{n=1}^{N}(\mathbf{y}_n - \mathbf{r}_n)^2 \tag{6.9}$$

なお，$\mathbf{y}_n$，$\mathbf{r}_n$ は，それぞれ，ネットワークの出力と正解値である．正解値は，クラス分類の場合，学習サンプルが対応するクラスの要素が 1 で他は 0 の one-hot ベクトル（例えば，5 クラスで 2 番めのクラスが正解ならば，$(0,1,0,0,0)$），回帰の場合は学習データの正解値（スカラーもしくはベクトル）そのものである．

6.3.2 勾配降下法

学習には，誤差関数に対する各パラメータの 1 次微分，つまり勾配に基づく勾配降下法が用いられる．勾配降下法の式は次の通りである．

$$w_{t+1} = w_t - \eta \frac{\partial E}{\partial w_t} \tag{6.10}$$

w_t は学習パラメータで，t は学習の時間ステップである．つまり，この式は学習パラメータが繰り返し更新されることを表している．実際には，この計算をネットワークのすべての学習パラメータについて行う必要がある．図 6.8 に誤差関数の勾配 $\frac{\partial E}{\partial w_t}$ のイメージを示す．勾配方向の逆符号の方向に重みを減少させることで，誤差関数 E の値が減少する．なお，η は学習率であり，0.0001 などの小さい値を通常は設定する．学習率の設定は，経験的に行う必要があるが，大き過ぎると最小値を行き過ぎて振幅してしまい，小さ過ぎると学習に時間がかかるため，学習が進むにつれて段階的に $\frac{1}{10}$ にするなどして，学習の途中で値を少しずつ減少させていくことが一般的に行われる．

なお，実際の学習では，式 (6.10) の勾配降下法がそのまま使われることはなく，モーメンタム付きの勾配降下法が利用される．また，学習 η を適応的に変化させる手法，Adam や RMSProp などが提案されており，こちらの方法を用いることもある．モーメンタムとは慣性項のことで，以下の式で表される．

$$v_{t+1} = \mu v_t + (1-\mu)\frac{\partial E}{\partial w}, \tag{6.11}$$

$$w_{t+1} = w_t - \eta v_{t+1} \tag{6.12}$$

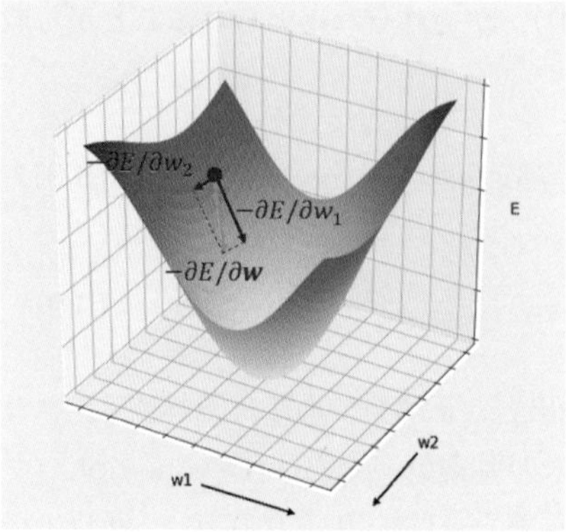

図 6.8　誤算関数の勾配方向

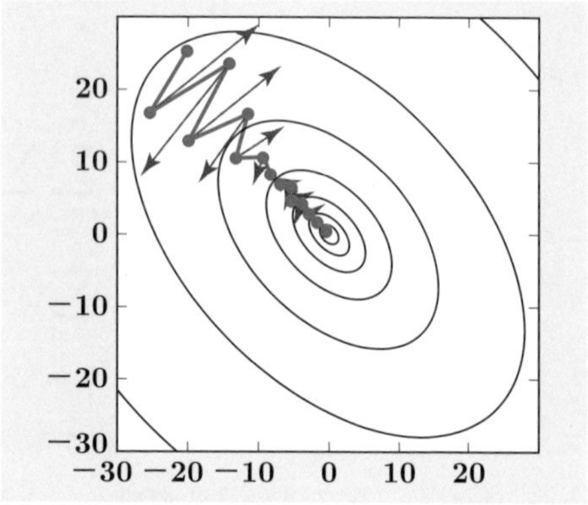

図 6.9　誤差関数の減少イメージ図．青線：慣性項（モーメンタム）による変化．黒線：各ミニバッチでの勾配方向

元の勾配降下法の式（式 (6.10)）では，勾配に学習率をかけた値を直接，学習パラメータから減算していたが，そうすると学習サンプルごとに学習パラメータの変化量が大きく変化し，学習が不安定になる欠点がある．減衰率 μ（通常は 0.9 を用いることが多い）の割合で元の勾配を保存し，$1-\mu$ の割合で新しい勾配を加える慣性項 v_t を導入することで，毎回の変化量が大きく変化することがなくなり，学習が安定化することが知られている．図 6.9 の黒線が勾配方向で，青線が慣性項の方向である．慣性項の方向に重みを減少させることで，安定した学習が可能となる．

さらに学習を安定化させるために，損失関数に重みのノルムの 2 乗の項 $\frac{\gamma}{2}\|w\|^2$ を追加する重み減衰（weight decay）という方法がある．その場合，勾配法の式は，

$$w_{t+1} = w_t - \eta\frac{\partial E}{\partial w_t} - \eta\gamma w_t \tag{6.13}$$

となる．なお，γ には η と同様に 0.00001 などの小さな値を指定するのが普通である．これによって，重みの絶対値が小さくなり，後ほど説明する過学習を抑える効果が得られる．

なお，厳密な勾配降下法の定義では，勾配はサンプルごとに更新するのではなくて，サンプルデータすべてについて同じパラメータのままで，勾配を求めて合計して一気にパラメータを更新することになっているが，深層学習の場合はサンプルデータが極めて多いことが多いため，これは行わない．一方，ランダムにデータを並べ替えて，サンプル 1 つずつについてパラメータを更新する方法を**確率的勾配降下法**（Stochastic Gradient Decent; SDG）という．これも並列計算を得意とする GPU

の長所がいかせず，計算の効率が悪いため，実際にはあまり行われない．

実際に用いられるのは，16〜256 枚程度のサンプルの勾配を同時に求めて，その勾配の合計を用いて，パラメータを更新する，**ミニバッチ確率的勾配降下法**である．一度に勾配を求めるサンプル数を「バッチサイズ（batch size）」という．バッチサイズの枚数分の勾配計算を同時に行うことができるため，計算ユニットを多数持つ GPU を利用して並列に処理するのに適している．なお，勾配降下法では，全学習データを 1 回だけ学習するのではなく，繰り返し学習する．特に確率的勾配降下法とミニバッチ確率勾配降下法では，学習に使うサンプルの順番に結果が影響を受けるので，その影響を減らすために，最初にランダムにサンプルを並べ替えて，全部のデータを学習したら，次に再度ランダムでサンプルの順番を並べ替えて，再度学習を行う．これを何度も繰り返して，深層学習のネットワークの学習が行われる．全サンプルの学習の繰返し回数のことを「エポック（epoch）」と呼ぶ．1 エポックだけで学習を終えることは通常はなく，10〜100 エポックの繰返し学習を行うことが一般的である．このことから，勾配計算は，(パラメータ数) × (サンプル数) × (エポック数) だけの回数行う必要があり，膨大な回数となる．

6.3.3 誤差逆伝播法

以上のように勾配法を用いた学習のためには，誤差関数 E に対する各学習パラメータ w_i の 1 次微分値である勾配 $\frac{\partial E}{\partial w_i}$ をすべてのパラメータに関して求める必要がある．誤差関数 E はネットワークの出力のあとで定義されるため，各パラメータとは直接，単一の式で関係が表現されているわけではない．しかしながら，各レイヤ間の関係は各層の変換式で表現されており，その連鎖を逆にたどることによって，誤差関数 E と任意の学習パラメータの間で，勾配値を計算することが可能である．これを行う方法が，**誤差逆伝播法**（back-propagation）である．

図 6.10 に示す 3 つの全結合層（f_0，f_1，f_2）からなるネットワークを用いて説明する．左の $\mathbf{x}$ が入力で，出力は $\mathbf{y}$ である．さらに誤差関数 E があるとする．ここでは，平均二乗誤差関数を E とし，$\mathbf{r}$ は学習データとして与えられる $\mathbf{x}$ に対する正解出力値とする．実際には非線形活性化関数が，各全結合層のあとに入るが，ここでは説明を簡単にするために省略する．

このネットワークは，3 つの全結合の合成関数 $\mathbf{y} = \mathbf{f}_2(\mathbf{f}_1(\mathbf{f}_0(\mathbf{x})))$ として表現できる．それぞれの $\mathbf{f}_i$ は，図中の全結合の式 $f_i(\mathbf{u}_i) = \mathbf{W}\mathbf{u}_i + \mathbf{b}_i$ で表現される．ただし，$\mathbf{u}_0 = \mathbf{x}$ とする．さらに，学習のために，誤差関数 $E = \frac{1}{2}(\mathbf{y} - \mathbf{r})^2$ が出力の y の関数として定義されている．

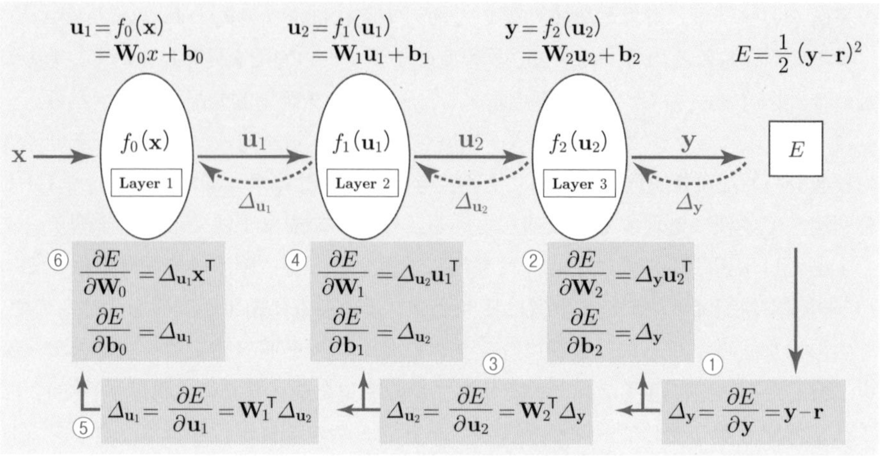

図 6.10　誤差逆伝播法の説明図

ここで，勾配法の式を再度見てみよう．更新後のパラメータを w_i' とすると

$$w_i' = w_i - \eta \frac{\partial E}{\partial w_i} \tag{6.14}$$

$\frac{\partial E}{\partial w_i}$ という学習パラメータ w_i に関する E の勾配をすべての i に関して求める必要がある．w_i はネットワーク中の任意の学習パラメータであるため，E と任意の学習パラメータの関係を求めることが必要になる．ここでの学習パラメータは全結合層の重み $\boldsymbol{W}_i$ とバイアス $\mathbf{b}_i$ である．$\mathbf{f}_0$，$\mathbf{f}_1$，$\mathbf{f}_2$，E はすべて簡単な数式で表現され微分可能であり，それらは中間活性値ベクトル $\mathbf{u}_1$，$\mathbf{u}_2$，$\mathbf{y}$ でつながっている．

順伝播は入力層から順番に計算していくが，勾配を求める逆伝播は誤差関数 E に近い出力側から順番に求めることになる．まず誤差関数 E と直接関係している y の関係について考える．図の①に示すように，誤差関数 E の y に関する偏微分 $\frac{\partial E}{\partial \mathbf{y}}$ は $\mathbf{y} - \mathbf{r}$ と簡単に計算できる．この E の y に関する偏微分は，$\mathbf{y}$ を介して E と関係している変数の偏微分を求めるのに必要であり，1 つ手前にレイヤ 3 に伝える必要がある．ここでは，逆伝播時に手前のレイヤに伝わる勾配位置を Δ（デルタ）を使って表現することとし，$\frac{\partial E}{\partial \mathbf{y}}$ は y に関する勾配なので $\Delta_{\mathbf{y}}$ と表現することにする．

次に，3 番めのレイヤについて考える．全結合層 $\mathbf{y} = \mathbf{W}_2 \mathbf{u}_2 + \mathbf{b}_2$ なので，学習パラメータとして $\mathbf{W}_2$ と $\mathbf{b}_2$ が存在している．勾配法を用いて学習するためには，これらのパラメータに関する E の偏微分が必要になる．微分の連鎖律から，

$$\frac{\partial E}{\partial \mathbf{W}_2} = \frac{\partial E}{\partial \mathbf{y}} \frac{\partial \mathbf{y}}{\partial \mathbf{W}_2} \tag{6.15}$$

および

$$\frac{\partial E}{\partial \mathbf{b}_2} = \frac{\partial E}{\partial \mathbf{y}} \frac{\partial \mathbf{y}}{\partial \mathbf{b}_2} \tag{6.16}$$

となる．なお，実際には $\frac{\partial \mathbf{y}}{\partial \mathbf{W}_2}$ は，ベクトルについての行列に関する偏微分であり一般には使われない表記であるが，$\mathbf{y}$, $\mathbf{W}_2$ の各要素を y_i, $w_{2,i,j}$ とすると，$\frac{\partial y_i}{\partial w_{2,i,j}} = u_{2,j}$ となることより，ここでは便宜的に用いることとし，

$$\frac{\partial \mathbf{y}}{\partial \mathbf{W}_2} = \mathbf{u}_2^\top \tag{6.17}$$

とする．一方，$\frac{\partial \mathbf{y}}{\partial \mathbf{b}_2}$ は，ベクトル同士の偏微分で，ヤコビ行列と呼ばれる行列になる．一般に m 次元ベクトル $\mathbf{u}$ と n 次元ベクトル $\mathbf{v}$ を考えたとき，$\frac{\partial \mathbf{u}}{\partial \mathbf{v}}$ は $\frac{\partial u_i}{\partial v_j}$ を要素として持つ $m \times n$ 行列となる．ここでは，$\mathbf{y}$ と $\mathbf{b}_2$ の次元数が同じことに留意して，

$$\frac{\partial \mathbf{y}}{\partial \mathbf{b}_2} = I \qquad (I\text{ は単位行列}) \tag{6.18}$$

となる．これらをまとめると，図の②に記したように，

$$\frac{\partial E}{\partial \mathbf{W}_2} = \varDelta_{\mathbf{y}} \mathbf{u}_2^\top, \tag{6.19}$$

$$\frac{\partial E}{\partial \mathbf{b}_2} = \varDelta_{\mathbf{y}} \tag{6.20}$$

となる．これで，レイヤ 3 の学習パラメータの勾配が求まったことになる．

次に，さらに 1 つ前のレイヤへ伝わる勾配 $\varDelta_{\mathbf{u}_2}$ について考える．連鎖律から

$$\varDelta_{\mathbf{u}_2} = \frac{\partial E}{\partial \mathbf{u}_2} = \frac{\partial \mathbf{y}}{\partial \mathbf{u}_2} \frac{\partial E}{\partial \mathbf{y}} = \frac{\partial \mathbf{y}}{\partial \mathbf{u}_2} \varDelta_{\mathbf{y}} \tag{6.21}$$

となり，一般に行列演算 $\mathbf{y} = \mathbf{W}\mathbf{x}$ の微分は $\frac{\partial \mathbf{y}}{\partial \mathbf{x}} = \mathbf{W}^\top$ のように転置行列になることから，

$$\frac{\partial \mathbf{y}}{\partial \mathbf{u}_2} = \mathbf{W}_2^\top \tag{6.22}$$

となる．よって，③に示すように，

$$\varDelta_{\mathbf{u}_2} = \mathbf{W}_2^\top \varDelta_{\mathbf{y}} \tag{6.23}$$

となる．この勾配が 1 つ前のレイヤ 2 に逆伝播することになる．

次にレイヤ 2 であるが，こちらも全結合であるため，図の④⑤に示すように，レイヤ 3 の式の $\varDelta_{\mathbf{y}}$ を $\varDelta_{\mathbf{u}_2}$ に置き換えた式となり，ほぼ同じである．④がレイヤ 2 の学習パラメータの勾配であり，⑤はレイヤ 1 へ逆伝播する勾配となる．さらに，レイヤ 1 の学習パラメータの勾配も同様で⑥で表される式となる．

ここでは，3つのレイヤからなるネットワークを例に説明したが，ネットワークが深くなっても同様である．ネットワーク中を勾配 Δ が上位から下位へ逆伝播する中で，各レイヤにおいて勾配法の学習で必要となる学習パラメータの勾配を計算し，最終的にすべての学習パラメータの勾配が求まる仕組みになっている．

このように深層学習のネットワークでは，微分の連鎖律をベースとする誤差逆伝播法を用いることによって，すべての学習パラメータに関する誤差関数の偏微分を容易に求めることができる．実際には誤差そのものが伝わるのではなく，誤差の勾配が伝播しているが，一般に「誤差逆伝播法」と呼ばれている．誤差逆伝播法は多層ニューラルネットワークの学習における基本的なアルゴリズムで，深層学習が広まる遥か昔の1986年にモーメンタム付き確率的勾配降下法と同時に提案されており，35年近く経った現在においても深層学習の最も重要な学習アルゴリズムとして利用されている．

● 深層学習フレームワーク ●

深層学習を実際に利用する場合は，深層学習フレームワークを用いるのが一般的である．大部分の深層学習フレームワークはPython言語のライブラリとして記述されており，利用する際はPython言語でプログラムを記述することになる．主なフレームワークには，Facebookが開発しているPyTorch，Googleが開発しているTensorFlow，TensorFlowをより初心者向きにしたKerasなどが広く使われている．フレームワークを使うと，ネットワークの定義，GPUを利用した学習，学習したネットワークの利用などが，わずかなプログラミングの手間で可能となる．

本節では深層学習の学習に関して概要を説明したが，実際に深層学習を利用するときに誤差逆伝播法によるネットワークの学習はすべて深層学習フレームワークが計算するため，畳込みや全結合などフレームワークが用意している基本的なレイヤを使ってネットワークを構築する場合は逆伝播の計算を意識する必要はない．フレームワークが基本レイヤの，順伝播時の式に加えて，逆伝播時の式も含まれており，逆伝播する勾配 Δ からレイヤ内の各学習パラメータの勾配を計算する数式がフレームワークのコード内に記述されている．

6.4　深層学習ネットワークの学習の実際

ここまで述べたように，深層学習を用いた画像認識では，全結合と畳込み，出力関数，活性化関数を組み合わせてネットワークを設計し，学習パラメータを誤差逆伝播法と確率的勾配降下法で学習する，という流れになる．

各学習パラメータの初期値は，ランダム値で初期化する．通常は，正規分布に基づく乱数である．逆伝播の数式からわかるように，重み W を勾配の逆伝播の計算時に利用しているため，重みをすべて 0 で初期化しておくと，勾配が伝播せずに，初期値の 0 から重みが変化しなくなって，まったく学習ができないということになる．そのため，重みをランダム値で初期化することは重要である．なお，バイアス値に関しては，逆伝播の計算時に利用しないため，0 で初期化することが一般的である．

重みの初期化には，前層のノード数が n 個の場合，平均 0，分散 $\frac{1}{n}$ もしくは $\frac{2}{n}$ の正規分布が用いられる．分散 $\frac{1}{n}$ の場合は提案者の名前をとって Xavier の初期値といわれていて，活性化関数がシグモイドや tanh の場合に適しているとされている．一方，活性化関数として一般的である ReLU が用いられるときは，分散 $\frac{2}{n}$ の He の初期値がより適している．

次に，学習の様子を可視化した学習曲線（training curve）を図 6.11 に示す．上下に 2 つのグラフがあるが，上が学習がうまく行った場合，下が失敗した場合である．縦軸は誤差関数（損失関数）の値および認識精度，横軸はエポック数となっている．損失関数を最小化するように学習を行うため，学習が進むにつれて，損失値は減少し，逆に認識精度は向上していく．

認識精度は，学習データとは別に用意した検証データを用いて評価した値である．下図は順調に認識精度が上昇し 80％程度のところで頭打ちとなった．一方，上図では，50％程度で改善が見られなくなっている．学習データで認識精度を評価すると一般には 100％近くの高い値になってしまい，意味のある値とならないので，学習モデルの汎化性能を評価するために学習に使っていない検証データで評価を行う．例えば，ラベル付き画像データが 1000 枚あったとすると，そのうち 100〜300 枚程度を検証データとして利用することが一般的である．なお，学習データは多ければ多いほど学習モデルの性能が上がるのが一般的であるので，検証データは少ない方がいいが，正しく評価するためには検証データは多い方がいいので，問題や状況によって適切に検証データの枚数を検討する必要がある．なお，従来の機械学習手法では，データを n 分割して，$n-1$ 個で学習，1 個で検証して，検証データを交換

してそれを n 回行う交差検証法（n-fold cross validation）が広く用いられていたが，深層学習では 1 回の学習に時間がかかるために交差検証を行うことは一般的ではない．

損失値（誤差値）は，学習データでの損失値と，検証データでの損失値の両方が書かれている．図では，学習データでの損失値の曲線は青色，検証データは黒色で書かれている．図 (a) の学習が成功した場合には，どちらの損失値とも，同じように減少している．一方，図 (b) では，10 エポック前後から学習損失値と検証損失値の乖離《かいり》が始まり，学習損失値は低下するものの，検証損失値は一定値から減少しなくなっている．同時に，認識精度も 50％で頭打ちとなっている．これは，モデルが学習データに対して過剰に適合して，検証データに対してはうまく対応できていない状態で「**過学習**」と呼ばれる状況が発生している．

学習においては，「過学習」を避けて，図 (a) のように学習損失値と検証損失値が同じように減少して，十分な認識精度が得られることが望ましい．深層学習では，一般にパラメータが多いため，過学習が起こりやすい．「過学習」が起こる原因は，データとモデルが互いに適合していないということがあるが，学習時のさまざまな工夫によって，それはある程度，回避することができる．すでに説明した「重み減衰」や，学習損失値と検証損失値の乖離が始まったらその前に学習を終了してしまう「早期終了」などもその方法の一種である．その他の代表的な方法について，次節で説明する．

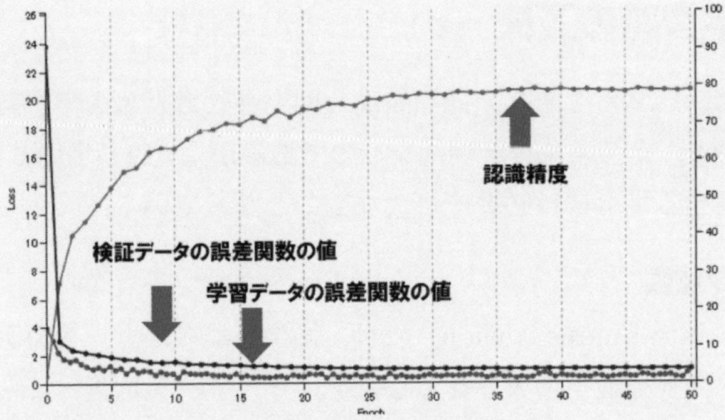

(a)　学習成功例

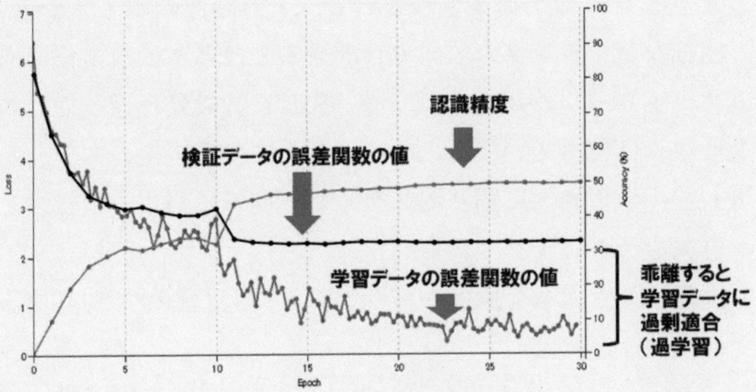

(b)　学習失敗例

図 6.11　誤差関数値の減少の様子

6.5　学習時の工夫

深層学習では，過学習を防ぎ，認識精度を向上させるための学習時の工夫が様々に提案されている．その多くは経験的なものであるが，実際の場面では有用であり，深層学習を利用する場合には必要不可欠なものとなっている．

6.5.1　データ拡張

データ拡張（data augmentation）とは，画像認識の場合，入力画像に変化を加えて学習データの多様性を増大させることをいう．データ拡張によって，認識精度の向上が期待できる．主に学習時に行うが，認識時に行う場合もある．学習時に行うことは過学習を防ぐことにも役立つ．

方法にはさまざまなものが提案されている．入力画像の明るさや色合いの変更，拡大，縮小，回転などをランダムで組み合わせるのは基本的な方法である．画像認識では畳込みネットワークが用いられるが，SIFT 特徴量と違って，スケールと回転には不変な仕組みは持っていないため，代わりに学習画像のスケール，回転をランダムに変更して，学習画像に関してスケールと回転に関する多様性を増大させることは必要不可欠なテクニックである．

また，入力画像よりも大きな画像からランダムで入力画像を切り取るランダムク

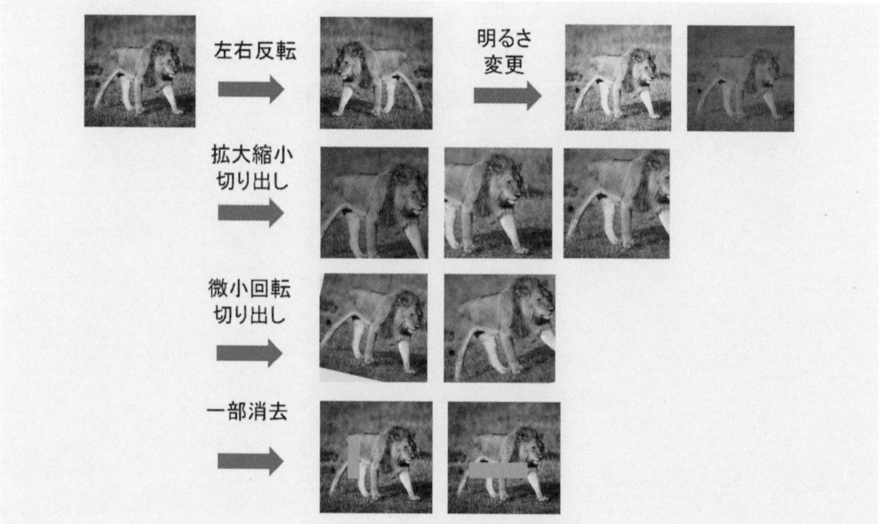

図 6.12　データ拡張の例

ロップ，左右を反転させるフリップも一般的によく用いられる．他には，画像にノイズを加える方法，画像の一部を黒塗りしてしまう cut-out，2 つの画像を重ね合わせる mix-up，画像の一部に別の画像を埋め込む cut-mix など，一見，有効性がわかりにくいような手法も提案されているが，すべて実験によって，その有効性が確認されている．図 6.12 にデータ拡張の例を示す．

データ拡張の中でも，ランダムクロップは認識時にも使われることがある．認識時に 1 枚の画像をランダムクロップすることで，複数回認識し，その出力の平均をとって，最終出力とすることによって，精度向上が期待できる．

6.5.2　ドロップアウト

過学習を防ぐ方法として提案されたのが，**ドロップアウト**（drop-out）である．ドロップアウトとは，全結合層や畳込み層で，指定した確率でネットワーク中のノードをオフにして，その出力を 0 として，学習を行うことである．通常はミニバッチ単位でオフにするノードを変更する．

これによって，N 個のノードを持つネットワークでは，2^N 通りの組合せのサブネットワークが学習されることになる．ノードのランダム選択は学習時のみに行い，テスト時にはすべてを有効にして順伝播を行うと，結果的に多数のサブネットワークの出力の和がネットワーク全体の出力となり，結果的にアンサンブル学習の効果が得られて，過学習を防ぐ効果がある．ただし，確率 p で利用するノードを選択してネットワークを学習し，そのままテスト時に利用すると出力値が平均的に学習時より大きくなり，$\frac{1}{p}$ 倍となってしまうので，ドロップアウトを適用したノードに関しては，学習で得られた重みをテスト時には p 倍する必要がある．

ドロップアウトはレイヤごとに適用でき，畳込み層に入れることもできるが，出力層に近い全結合層で利用することが多い．

6.5.3　バッチ正規化

逆伝播で各重みの勾配を求めるときに，各層の順伝播時の中間活性値を利用する．そのため，中間活性値が極端に大きくなったり，小さくなったりすると，学習がうまくいかない原因となる．また，要素ごとに値の範囲が大きく異なることも望ましくない．そこで，学習時のミニバッチ内で中間活性値の平均が 0，分散が 1 となるように正規化を行う**バッチ正規化**（batch normalization）が提案されている．畳込みの場合は特徴マップのチャネルごとに同一ミニバッチ内で，全結合の場合はベクトルの要素ごとに同一ミニバッチ内で，それぞれ正規化する．中間活性値が常に一定の範囲内に収まるので，学習を安定させる効果があることが知られている．

バッチ正規化では，平均 0，分散 1 に正規化したあとに，さらに，学習パラメータ γ，β によって分散と平均を調整する．初期値は，$\gamma = 1$，$\beta = 0$ とする．変換式は以下の通りである．

$$y_i = \frac{\gamma(x_i - \mu)}{\sqrt{\sigma^2 + \varepsilon}} + \beta \tag{6.24}$$

μ，σ^2 は，それぞれバッチ内の平均，分散で，ε は分母が 0 にならないようにするための小さい値（例えば，0.00001）をもつ定数である．

なお，バッチ正規化のレイヤは，通常は畳込み層や全結合層と活性化関数の間に挿入されるが，活性化関数のあとの方が性能が向上するという結果もあり，最近は活性化関数のあとに挿入されることもある．

6.5.4 アンサンブル学習

アンサンブル学習とは，複数のモデルを学習して，その出力の平均を最終出力とする方法である．従来の機械学習でも，学習データをランダムサンプリングして，複数の異なるモデルを学習して，平均出力を全体の出力とするアンサンブル学習手法の一種であるバギングという手法が存在した．それに対して，深層学習の場合は，学習時に初期値が正規分布に基づく乱数で初期化され，確率的勾配降下法によってエポックごとに学習サンプルがランダムにシャッフルされる．このようにランダムな要素が多く含まれるので，複数回同じ学習データで同じネットワークを学習したとすると，毎回異なる学習パラメータに収束する．そのため，モデルを複数個学習し，認識時に出力の平均をとるだけで，バギングと同じ効果が得られる．また，異なる構造のネットワークのアンサンブル学習も性能向上に有効である場合が多い．

6.6 事前学習とファインチューニング

CNN による画像認識は，ImageNet の 1000 クラス各 1000 枚の計 100 万枚の画像を学習することで実用的な性能を達成した．しかしながら，ImageNet の画像以外の認識を行いたい場合，各クラスについて 1000 枚もの画像を用意するのは困難である．そこで，一般的に利用されるテクニックが，ImageNet の 100 万枚で事前学習したモデルを目的の認識タスクに適応させる**ファインチューニング**（fine-tuning）と呼ばれる方法である．通常は，ランダム値で初期化されたネットワークから学習を開始するが，ファインチューニングでは ImageNet のような大規模データセットで学習済のネットワークを初期値として，例えば，食事画像 100 種類各 100 枚のような小規模なデータセットで再学習を行う．このようにすることで，少ない学習データでも，CNN による高性能な認識の恩恵に預かることができる．

ファインチューニング時には，図 6.13 に示すように，ネットワークのすべての層を学習するのではなくて，出力層に近い部分のみを学習することが広く行われる．ImageNet のような大規模画像データセットには多様な画像が含まれているため，汎用性のある特徴抽出器がすでに学習できていると考えることができ，出力層に近い分類器部分のみの再学習で，BoF などの従来手法や，ゼロからネットワークを学習した場合に比べて，高い精度を達成することが可能である．なお，ネットワークの出力層に近い部分のみを学習する場合は，誤差逆伝播は学習対象の層内のみで打ち止めとするため，学習時間は短縮される．

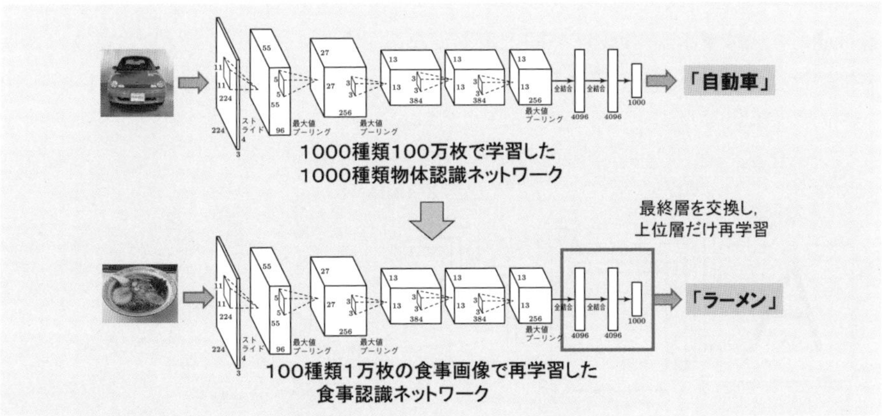

図 6.13 ファインチューニング

6.7　代表的な認識ネットワーク

深層学習では学習アルゴリズムは決まっていて，学習パラメータを学習することは容易であるが，誤差関数を含むネットワークの設計はすべて人手で行う必要がある．層の組合せや，誤差関数の選択，全結合層の入出力サイズ，畳込み層のチャネル数とフィルタサイズなどのハイパーパラメータを事前に決める必要があるが，自由度が高くゼロから構築することは容易ではない．そこで，高い精度を達成したネットワークをそのまま用いるか必要に応じて改変して利用することが広く行われている．そのため，代表的な畳込みネットワークを知っておくことが重要である．

ここでは，代表的なネットワークとして，LeNet, AlexNet, NIN, VGG, GoogleNet, ResNet，SE-Net を説明する．

6.7.1　LeNet

LeNet は，畳込みネットワークを提案したルカンが 1998 年に構築した最も初期の畳込みネットワークである．手書き数字の認識を目的としていた．図 6.14 にネットワーク図を示す．図に示すように，畳込み，プーリングが 2 回繰り返され，そのあと，全結合 2 層と出力関数が続いている．これは，前半に畳込み，後半に全結合という構成になっており，AlexNet などの初期の深層学習ネットワークに影響を与えている．当時は活性化関数の ReLU が提案されていなかったため，シグモイド関数を活性化関数として利用していた．

入力画像は 32×32 の 1 チャネルとなっており，1 層めの畳込み後にチャネル数 6，2 層めの畳込み後にチャネル数 16 となっており，GPU などがなかった当時に学習可能とするために，計算量を抑えるような設計となっている．なお，最後のガウス接続は通常の softmax 関数とは異なり，手前の層の出力の 84 次元ベクトルを 10

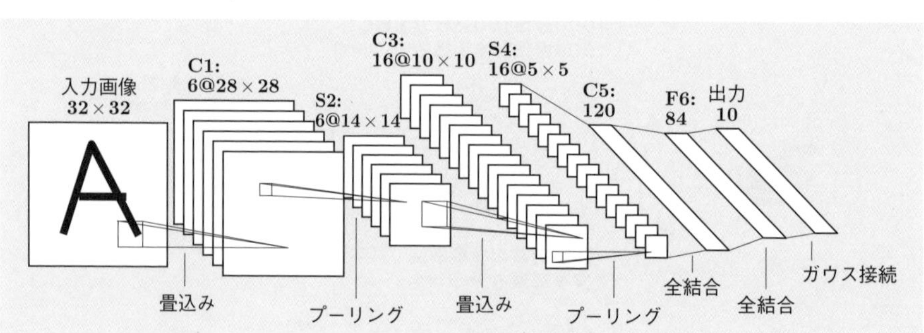

図 6.14　**LeNet**[22]

クラス分の正解サンプルのベクトルとの差分をとってガウス関数を適用したものである．

6.7.2　AlexNet

図 6.15 に示す AlexNet は，深層学習が広まるきっかけとなった ImageNet Large-Scale Visual Recognition Challenge（ILSVRC）2012 で，2 位に大きな差を付けて優勝したトロント大の SuperVision チームが提案したネットワークである．パラメータは大幅に増えているものの，基本設計は LeNet を受け継いでおり，前半に畳込み，後半に全結合層を保持している．

なお，実際に ILSVRC2012 に参加したネットワークは，2 つの GPU にモデルを分割するモデル並列による並列実装を行っていた．そのため，各畳込み層はチャネルが半分ずつに分割され，2 つの GPU にまたがって実装されていた．この実装はメモリが少ない当時の GPU で 6000 万パラメータもの AlexNet を学習するための特殊な対応で，現在の GPU では特に分割の必要がないため，図 6.15 に示すように 1 つのネットワークとして記述することが一般的である．

6.7.3　Network-in-Network

AlexNet の登場後，ILSVRC2013 も含めてしばらくの期間は AlexNet をベースにネットワークを改良する試みが続けられていたが，2013 年 12 月に発表された Network-in-Network は，AlexNet とは大きく異なるアーキテクチャを採用していることで，その後の認識ネットワークの構成に大きな影響を与えた．(1) 全結合層を一切持たない，(2) グローバル平均プーリングの採用，(3) 1×1 畳込みの利用，という 3 つの大きな特徴を持っている．認識精度は同程度であるが，全結合層がないためにネットワークパラメータが AlexNet の $\frac{1}{8}$ 程度で済んでいるのが特徴である．

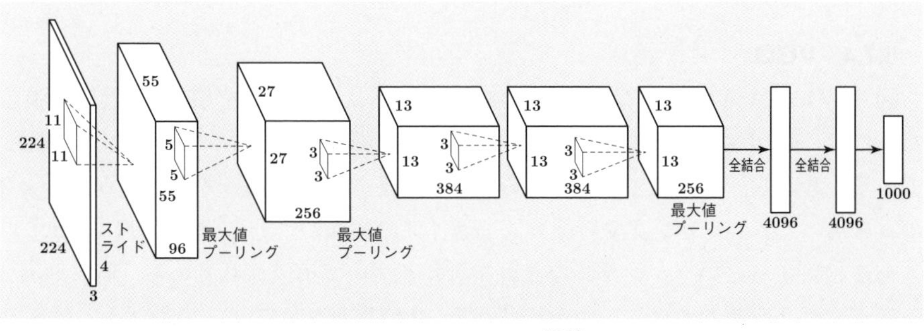

図 6.15　**AlexNet**[21]

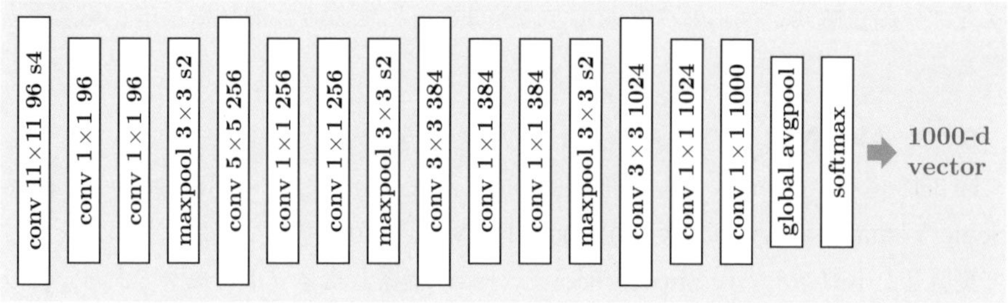

図 6.16 **Network-in-Network**[24]．**s2**，**s4** はそれぞれストライドが **2**，**4** であることを示す．

図 6.16 に示すように通常の畳込みのあとに 1×1 畳込みを 2 層挿入し，それらの 3 つの畳込みで 1 つのブロックを構成する．それを 4 つもしくは 5 つ重ね，最後の 1×1 畳込みで出力チャネル数を分類クラス数に調整しておいて，最後にチャネルごとに空間方向に平均値を求めるグローバル平均プーリング操作を行い，クラス数と同じ次元の出力ベクトルを得る．1×1 畳込みは，チャネル方向の全結合と等価で，これをグローバル平均プーリングの手前で用いることで，全結合が不要となっている．

このアイデアは現在の最新のネットワークにも利用されており，後ほど説明する GoogleNet や ResNet などでも，1×1 畳込みは特徴マップのチャネル数の変更に用いられ，グローバル平均プーリング（Global Average Pooling; GAP）を最後に行うことで，全結合層を省略している．なお，実際には，1×1 畳込みを行って，直後にグローバル平均プーリングを行うことは，グローバル平均プーリングを行ってから 1×1 畳込みと同じ重みで全結合層の演算を行うことと等価で，後者の方が計算量が少ないので，GoogleNet 以降のネットワークでは，最後にグローバル平均プーリングを行って，そのあとに，全結合層を 1 層だけ入れるというのが標準になっている．

6.7.4 VGG

図 6.17 に示す VGG16 は AlexNet の 8 層のネットワークを倍の 16 層に拡張したもので，最後に全結合が 3 層あるなど，基本的な構成は LeNet や AlexNet に従っている．しかし，複数サイズの畳込みを用いるそれらとは違って，畳込みは 3×3 のみを用いて，プーリングで特徴マップサイズの縦横が半分になるたびにチャネル数を 2 倍にするというシンプルな設計指針に基づいて構成されている．特に 3×3 の畳込みを 2 つ重ねれば，5×5 と等価で，3 つ重ねれば 7×7 の畳込みと等価であるという主張は広く受け入れられて，現在の最新のネットワークでは，3×3 と

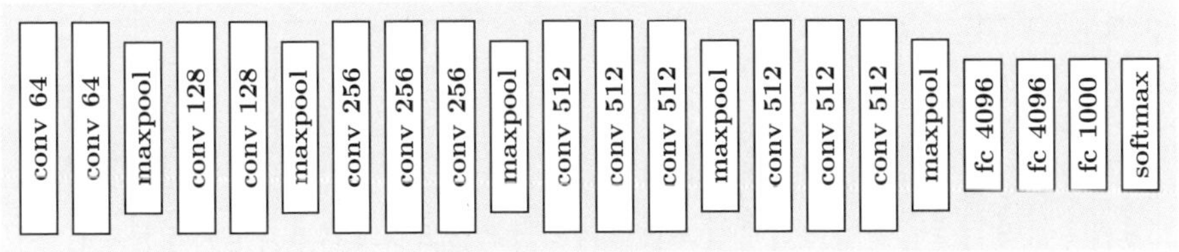

図 6.17　**VGG16[39]**

1×1 以外のフィルタサイズが使われることはほぼなくなっている．

ネットワークがシンプルであるが，深い分，学習は難しく，スクラッチから ImageNet データを学習するとうまく学習できないことが多い．論文には徐々にネットワークを深く学習したと書かれているが詳細は不明なため，公開されているネットワーク重みを利用して，ファインチューニングを行うのが一般的である．19 層の VGG19 も存在し，同様に学習済の重みパラメータが公開されている．

6.7.5　GoogleNet

図 6.18 に示す GoogleNet では，図左下に示す 1×1，$1 \times 1 + 3 \times 3$，$1 \times 1 + 5 \times 5$，ストライド 1 の特徴マップを縮小しない最大プーリング $+ 1 \times 1$ の操作を並列に行い，それらの出力の特徴マップをチャネル方向に重ねて，特徴マップ出力とするインセプションモジュール（inception module）を提案し，その連鎖でネットワークを構築している．AlexNet では，11×11，5×5，3×3 のように徐々にフィルタサイズを小さくしていっていたが，GoogleNet では，常に並列に 5×5，3×3，1×1 の畳込みを行う特徴があり，AlexNet の精度を改善した．また，ネットワークには，学習時のみに用いる途中の 2 つの補助出力を含めてソフトマックス関数出力が 3 つ付いており，それぞれにクロスエントロピー誤差関数を適用して学習するため，ネットワークが深いにもかかわらず，前述した VGG16/19 よりも学習が容易であるという特徴がある．

なお，ネットワークの出力付近の構成は，Network-in-Network の節で説明したように，グローバル平均プーリング（GAP），全結合層（FC）1 層，さらには出力関数としてソフトマックス関数，という構成になっている．具体的には，$7 \times 7 \times 1024$ の特徴マップをグローバル平均プーリングで 1024 次元ベクトルにして，1024×1000 の FC で 1000 次元の出力としている．ネットワークの最終部分の GAP と FC の組合せは，現在のネットワークの標準的な形となっている．

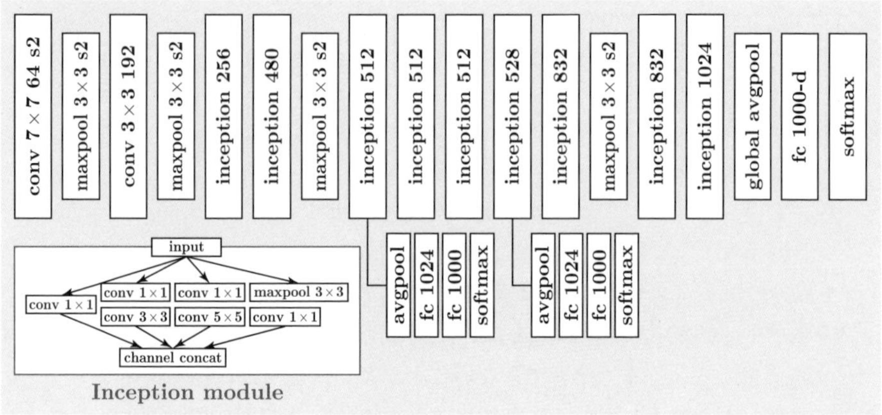

図 6.18 **GoogleNet**. 各レイヤの数値はチャネル数，**s2** はストライド **2** によって特徴マップサイズが半分になるダウンサンプリング層となっていることを示す.

6.7.6 ResNet

ResNet（Residual Network，残差ネットワーク）では，図 6.19 (a) に示すように，2 つの 3 × 3 畳込みに対して，並列に値をそのまま伝播するスキップ接続を導入した残差ブロック（Residual Block，ResBlock）を提案し，残差ブロックの連鎖によってネットワークを構築した．残差ブロックでは，入力の活性値が出力へスキップして，2 つの 3 × 3 畳込みの出力に加算される．つまり，入力と出力の差を 2 つの畳込みで計算していることになるため，残差ブロックという名前になっている．この残差ブロックにおけるスキップ接続では，入力がそのまま出力へつながっているため，微分値が 1 となる．つまり，逆伝播時の勾配計算において，もし畳込み部分で勾配が小さくなったとしても，スキップ部分の勾配が常に 1 であるため，前のブロックに勾配が確実に伝わり，学習が困難になることが起きにくいという性質がある．VGG16 がそうであったが，ネットワークが深くなればなるほど，勾配消失のために学習が難しくなるのが，ResNet 以前の常識であったが，スキップ接続を用いることで，それがなくなり，いくらでも深いネットワークの学習が可能となった．実際に，ResNet を提案した論文では，1,024 層のネットワークが学習できたことが示されている．

さらに ResNet では，図 6.19 (b) に示すように 3 × 3 畳込みを 2 つの 1 × 1 畳込みで挟み込むボトルネック構造の残差ブロックも提案されている．こちらは計算量としては 3 × 3 畳込み 2 つの通常の残差ブロックと同じであるが，深さは 1.5 倍で，

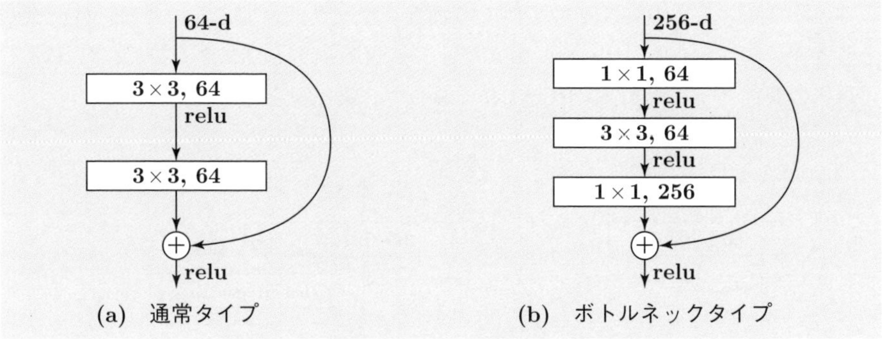

図 6.19 残差ブロック（**ResBlock**）[13]

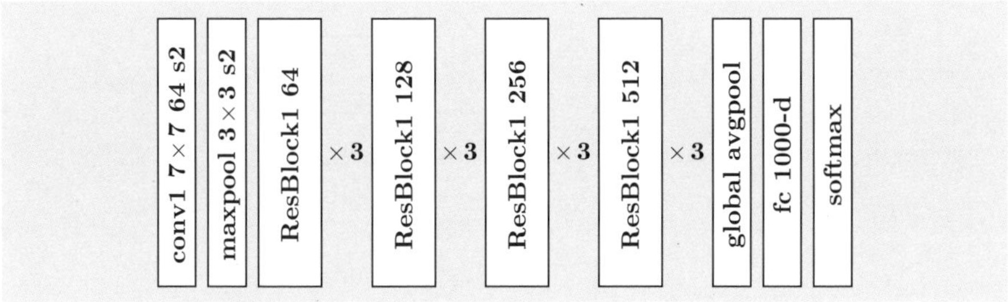

図 6.20 **ResNet**．残差ブロックが通常の場合は **34** 層（**ResNet-34**），ボトルネックタイプだと **50** 層（**ResNet-50**）となる．

図 6.20 に示す 34 層の通常の残差ブロックからなる ResNet をボトルネックの残差ブロックに置き換えることで 50 層の ResNet になり，計算量はほぼ同じで性能が向上できることが示されている．

6.7.7 SE-Net

畳込み演算では，どのフィルタも同様に計算するため，入力に応じてフィルタの強弱を付けるメカニズムを持っていないという問題点があった．そこで，SE-net（Squeeze-and-Excitation Networks）では，図 6.21 の左に示すように，チャネルと同じ次元数をもつベクトルを，グローバル平均プーリング，全結合 2 つ，シグモイド関数からなる枝分かれした部分ネットワーク（ブランチ）で計算し，特徴マップの各チャネルにかけ合わせるチャネル単位のアテンション機構を導入した．シグモイド関数は 0 から 1 の値を出力するので，チャネルごとに 0 から 1 の重みをかけることによって，結果的に各フィルタ出力を調整していることになる．SE-Net では，この SE ブランチを ResNet のすべての残差ブロックに追加することで，性能を向上させた．SE-Net は，ResNet およびその拡張のネットワークを抑え，ILSVRC の最後の開催となった ILSVRC2016 において，第 1 位となった．

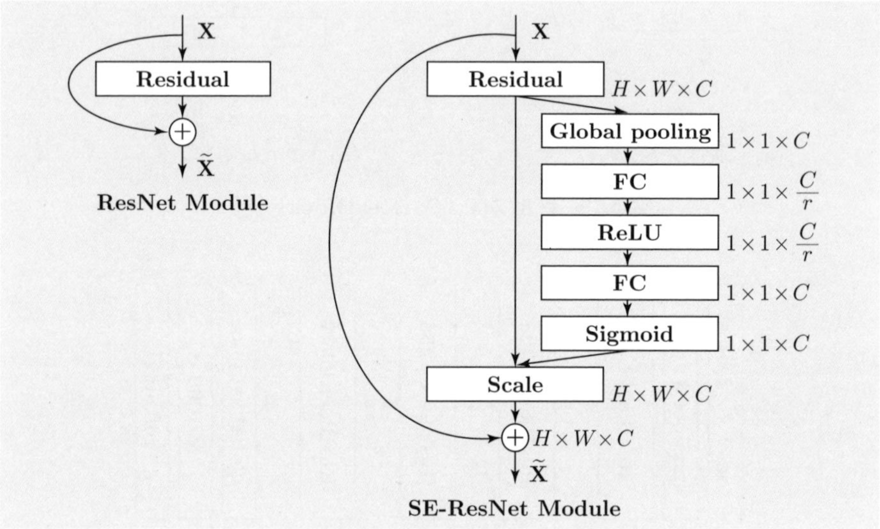

図 6.21　**SE-net**[15]

第6章の問題

□ **6.1** 深層学習とそれ以前の画像認識の方法の違いについて述べよ．

□ **6.2** 深層学習で，特徴マップのサイズを変えずに畳込みを連続的に行うにはどうすればよいか？

□ **6.3** 深層学習で，非線形活性化関数を用いないとどうなるか説明せよ．

□ **6.4** 深層学習で，過学習を防ぐ方法を列挙せよ．

□ **6.5** 深いネットワークの学習を容易にした手法について説明せよ．

第7章 画像認識応用と映像認識

7.1 画像認識応用

7.1.1 物体検出

画像や映像における物体検出とは，シーン内に写っている個別の物体を，それをちょうど含む四角形であるBB（Bounding Box，バウンディングボックス）で検出することを指す．このため，物体検出は，画像分類とセグメンテーションの中間の処理ともいえる．また，映像の物体検出においても，各フレームで独立に物体検出を行う場合は，画像における物体検出と同じアルゴリズムであり，現在それが一般的である．時間方向に処理を拡張することで性能を上げる研究もされている．また，物体検出の中でも，重要かつニーズの高い対象として人に関するものが挙げられるが，これについては次節で詳しく説明するものとし，本節では一般の物体検出について解説する．

歴史的に一般物体の検出は，5.2.3項で述べた局所特徴に基づく特徴量による実現が目指されてきた．特にHOGは画期的であり，多くの物体検出で利用された．その後，物体検出においても深層学習による大きな進展が見られた．当初，深層学習では画像内に例えば「猫」や「犬」などが写っていることを判定することはできても，それが「どこに」写っているのかはわからなかった．このため，深層学習は画像分類はできても物体検出に利用することはできなかった．そこで画像内に，ある大きさの四角形の窓を設定し，その窓内に対してのみ深層学習による物体認識を実施することで，その窓の中に物体が写っているかどうかを判定することを，図7.1（口絵3参照）に示すようにSelective Searchと呼ばれる深層学習ではない方法でBB候補を大量（最大2000個）抽出し，それらのすべてのBB候補に適用したものが，RCNNと呼ばれる物体検出手法である[12]．しかし，大量のBB候補があるため窓同士に重なりがあり，同じ物体が複数の窓で検出されることが一般に生じるため，これを1つに絞る必要がある．そこで，NMS（Non-Maximum Suppression）アルゴリズムにより，BB 同士の重なりである IoU（Intersection over Union）がある閾値《しきいち》を超えたものの中で，スコアの最も高い BB 1 つに絞り込むことで，高い精度で物体検出を結果を 1 つに絞り込むことが行われる．しかし，RCNN はバウンディングボックスの検出性能を上げるために，窓のサイズを変えながら何度も画像上でスライディングウィンドウで検出する必要があるため，非常に重い処理であり，これをオンラインで使用することは困難であった．そこで，最初に一度だけ CNN を画像全体に適用し，その出力の特徴マップから BB 候補に対応する特徴量を RoI プーリングで抽出し物体検出を実施することで高速化を実現した Fast RCNN[11] が提案された．その後，BB 候補生成を CNN で行うことでさらに高速化した Faster RCNN[32] も提案されている．これに対して，RCNN などと異なり BB 候補生成を用いず，最初にシーンを分割し各ブロックで一度だけ信頼度を計算する YOLO[31]/SSD[25] などの手法が提案され，リアルタイムに近い性能を達成した（図 7.2（口絵 4 参照））．以上の発展により，画像に対する物体検出は，現在では高速・高精度で実現可能な技術となりつつある．

7.1.2　顔画像検出

画像から検出する対象となる物体として重要な対象の 1 つが顔画像である．ディジタルカメラやスマートフォンでは，顔検出の結果を用いてフォーカスを合わせたり，シャッターのタイミングを決定したりする用途に使われている．また，監視カメラでは，顔検出は人の追跡や個人認証の基礎となっている技術である．

顔認識の方法として従来よく用いられる方法にビオラ–ジョーンズ法[47] がある．この方法では，Haar-like 特徴と呼ばれる矩形パターンで表されるフィルタ（図 7.3 (a)）と画像の相関で顔の特徴を表す．図 7.3 (b) に示されるように目の部分と頬の明るさの差は横長の矩形のパターンで明るさで表すことができ，目と鼻の明るさの差は黒白黒と横に並んだパターンで表すことができる．どのようなパターンを用いれば顔の特徴を表せるか，アダブースト（Adaboost）と呼ばれる手法に基づいてパラメータを学習する．アダブーストは 5.3.6 項で説明したアンサンブル学習の 1 つであり，弱識別器と呼ばれる比較的単純な識別器を複数組み合わせることにより，能力の高い強識別器を構成する．図 7.4 (a) の 1 つのモデルが弱識別器を表しており，1 つの Haar-like 特徴によって顔かどうかを判断する識別器である．弱識別器の結果の重み付き和を計算することにより，強識別器による顔かどうかの判断を行う．アダブーストでは弱識別器の重みを学習で決定する．また，すべての特徴について弱識別器を計算するのではなく，識別器をいくつかのグループに分け，顔ではないと

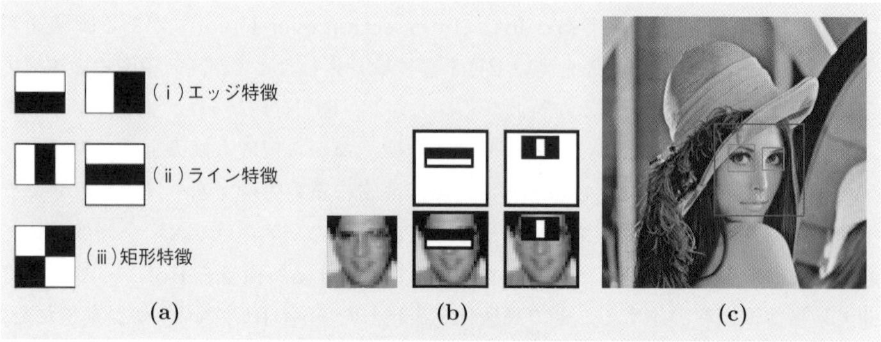

図 7.3 **Haar-like** 特徴 [48]
(出典：(a), (b) Paul Viola, Michael J. Jones: Robust Real-Time Face Detection, International Journal of Computer Vision, Vol.57, Issue 2, pp.137-154, 2004. より改変)

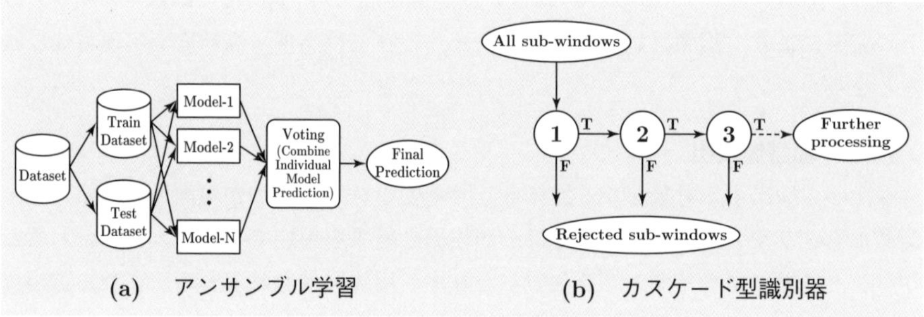

図 7.4 アダブースト

判断された部分は処理を終了し，候補に残った部分は次のグループの識別器にかけるカスケード型識別器（図 7.4 (b)）を用いることで計算時間を節約する工夫を加えた．学習の正解ラベルとして顔の他に，目や上半身といった別のラベルについて学習することもでき，図 7.3 (c) は顔と目について検出した例である．

顔の特徴の表現方法で従来から用いられている方法として固有顔 [45] が知られている．顔の位置がそろった多数の顔画像があるとし，各画像は N 画素のモノクロ画像であるとする．各画像は N 次元ベクトルと見なすことができるが，すべての画像が顔を表すことから，N 次元よりもずっと小さい空間（部分空間）に分布すると期待される．その分布を知る方法として，N 次元ベクトルの集合に対して 5.2.2 項で説明した主成分分析を行う方法が知られている．N 次元ベクトルの集合から計算される共分散行列の固有値を計算し，固有値が大きい方からいくつかの固有ベクトルを選ぶと，元の顔画像は固有ベクトルの重み付き和として表すことができる．すなわち，各画像の顔の特徴はその重みとして表され，多くの場合数個の固有ベクトルで十分であるため，N と比べてずっと少ないパラメータ数で顔の特徴を表すことができる．図 7.5 は，主成分分析によって計算された固有ベクトルを可視化した固有顔である．

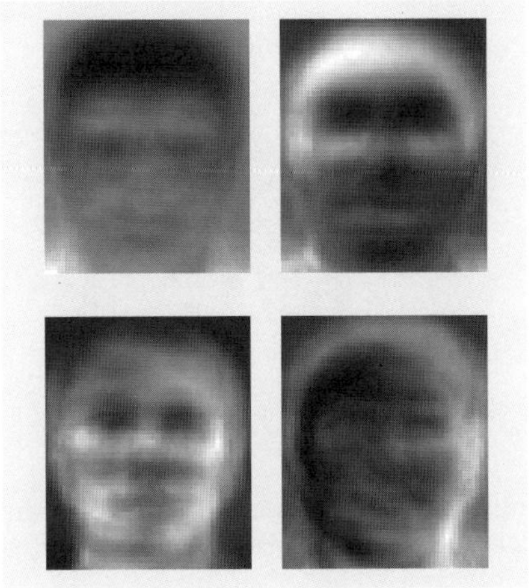

図 7.5　固有顔
（出典：AT & T Laboratories Cambridge）

深層学習に基づいた特徴量を計算するアプローチも提案されている．FaceNet[37]（図 7.6）では，Inception モデルと呼ばれる CNN のモデルに基づいて特徴量を計算する手法が提案されている．計算された特徴ベクトルを用いて顔の類似性を計算する方法が提案されており，比較には特徴ベクトルのユークリッド距離が用いられる．同一人物の画像間の距離を小さくし，異なる顔の距離を大きくするように深層学習のパラメータを学習することにより，顔の識別に利用可能な特徴ベクトルを得る．また，RetinaFace[7]（図 7.7）では，学習の際の誤差評価において顔の範囲を示すバウンディングボックスを用いるのに加えて，目，鼻，口の特徴点を同時に推定する，顔の 3 次元形状を推定しレンダリング誤差を評価する，という要素を導入し，性能向上を図った．

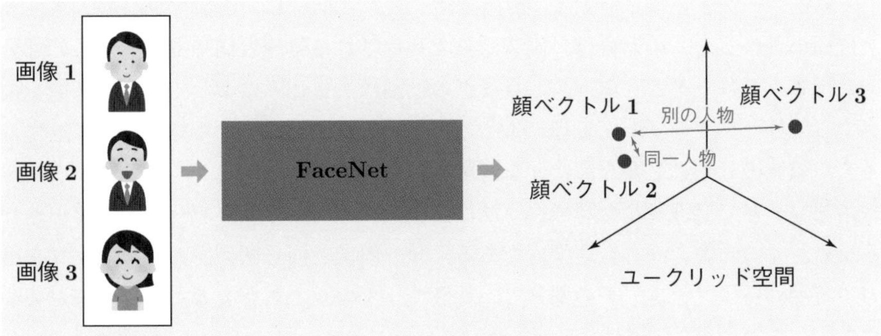

図 7.6　FaceNet

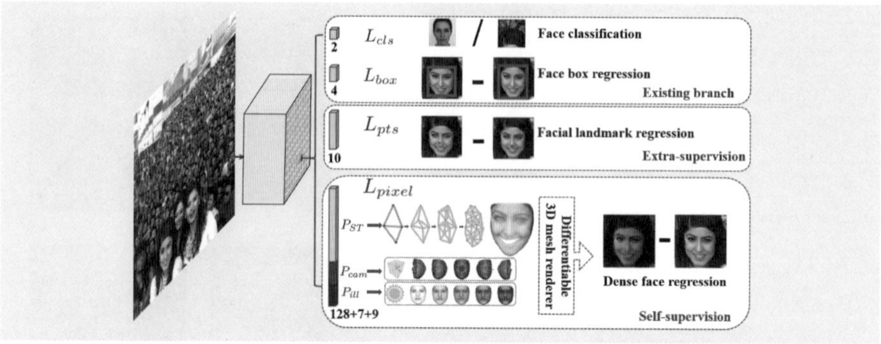

図 7.7　**RetinaFace**
（出典：Xu Guo, Jisheng Nie, Face Recognition System for Complex Surveillance Scenarios, 2020 Journal of Physics: Conference Series. 1544 012146.）

7.1.3　セマンティック領域分割

画像を入力データとして，領域の意味的なクラス分類（車領域，人領域，建物領域など）を画素ごとに与える処理は，セマンティックセグメンテーション（意味的領域分割）と呼ばれる．

画像全体に対して N 種類のクラスの分類を行う場合，出力は N 次元ベクトル 1 個でよいが，セマンティックセグメンテーションを実現するには，入力画像と同サイズの N チャネル特徴マップの画像を出力する必要がある．

このような出力を得るために一般的に用いられるのが，エンコーダ・デコーダモデルである．このモデルでは，入力画像が与えられると，2 次元畳込みとプーリング処理を繰り返すことで，順次低解像度の特徴ベクトルが計算される．

2×2 プーリングにおいては，画像認識タスクと同様に，特徴マップの大きさが $\frac{1}{4}$ に縮小される．この過程は，画像認識で利用される処理と同様であり，この部分の処理をエンコーダと呼ぶ．エンコーダの役割は，畳込みによって 2 次元特徴を抽出する処理と，プーリング処理によって広範囲の特徴を統合する処理を繰り返すことで，領域の分類に必要な高次元な特徴を抽出することである．

エンコーダで処理された特徴マップは，複数回のプーリングでサイズが縮小されるため，元の画像よりも低解像度である．元の画像と同じ解像度の特徴マップを出力するためには，デコーダの部分で，特徴マップのサイズを大きくする処理が必要になる．このような処理は，アップサンプリング，アンプーリング，転置畳込み，と呼ばれる処理で実現される．これらの処理は，プーリング処理とは逆に，$N \times N$ のサイズの特徴マップを，$2N \times 2N$ の解像度のマップに変換する．

アップサンプリングでは，$N \times N$ のサイズの特徴マップの値を $2N \times 2N$ の解像度のマップに配置する．アンプーリング処理はいくつかの方法があるが，いずれも学習パラメータは含まれていない．1 つの方法ではマックスプーリング処理と対になっており，エンコーダ部分のマックスプーリング処理において，どの部分の画素が選ばれたかをプーリングインデックスとして記録しておき，アンプーリングの際には，対応する画素の位置に前段の特徴マップの値を代入する．別のアンプーリングの方法では元画像のピクセル値を 2×2 の右上のみに配置し，他の 3 ピクセルは 0 とし，その後，3×3 などの通常の畳込みで 0 の部分を補間することを行う．転置畳込み処理では，畳込み処理と同様に「フィルタ」を用意するが，畳込み処理とは逆に，入力特徴マップの各値をフィルタの値をかけ，広げた領域を重ねていく（図 7.8）．

アンプーリングや転置畳込みなど，低解像度特徴マップから，高解像度特徴マップを得る処理では，領域の区切りなどの高解像度な情報が抜け落ちるため，得られる領域分割の位置精度の解像度が低くなる場合が多い．これに対応するための工夫として，セマンティックセグメンテーションのためのアーキテクチャである SegNet（図 7.9）では，エンコーダ部でプーリングインデックスを記録し，デコーダ部でのアンプーリング処理に利用する．また，U-Net（図 7.10）では，デコーダで計算された各解像度の特徴マップ（N チャネル）と，転置畳込みされた特徴マップ（M チャネル）をそのまま接続し，$N+M$ チャネル特徴マップとすることで，高解像度の特徴マップとする方法が提案されている．この構造では，転置畳込みによって低解像度特徴マップから得られた広範囲の意味的情報と，プーリングによって低解像度化される前の特徴マップを両方利用することで，高解像度な領域分割が実現される．

U-Net のように，特徴マップの処理を順次行うばかりでなく，あるレイヤの処理結果を，直後のレイヤよりもあとのレイヤの処理に利用する手法は，一般にスキップコネクションと呼ばれ，多くの CNN アーキテクチャで利用される．

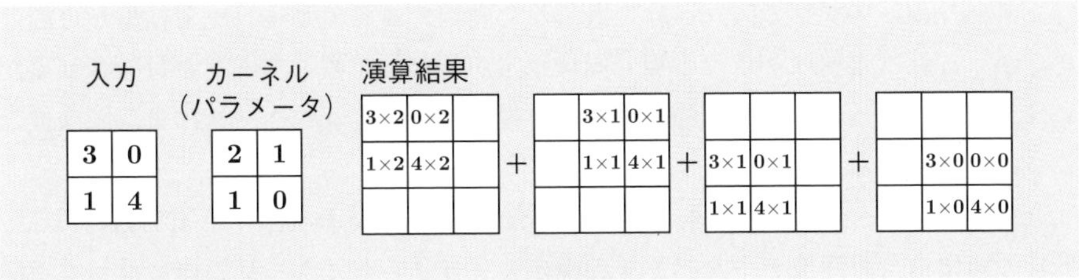

図 7.8　転置畳込み

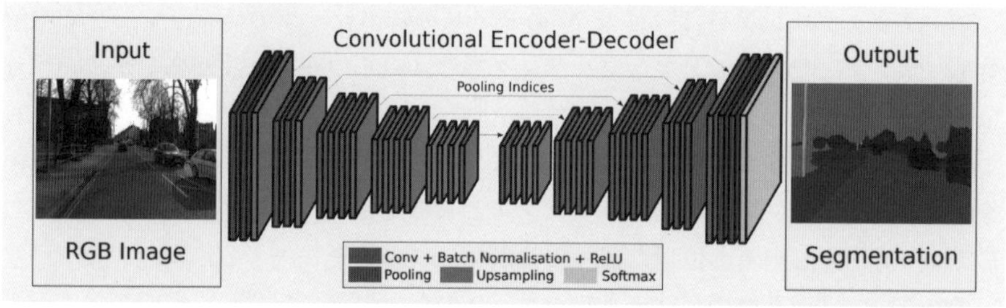

図 7.9　**SegNet** アーキテクチャ

（出典：Vijay Badrinarayanan, Alex Kendall, Roberto Cipolla, SegNet: A Deep Convolutional Encoder-Decoder Architecture for Image Segmentation, IEEE Transactions on Pattern Analysis and Machine Intelligence, Vol. 39, No. 12, December 2017.）

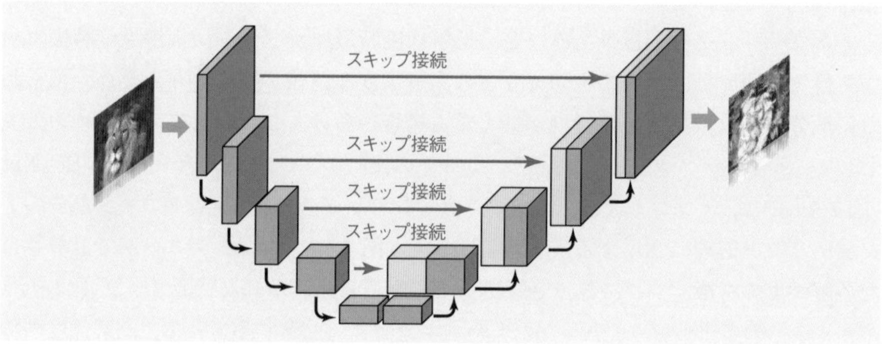

図 7.10　**U-Net** アーキテクチャ

7.1.4　画像検索

画像検索は，事前に画像にキーワードなどの付加データを付与しておいてそれによって検索するメタデータによるサーチと，画像特徴量を用いるコンテンツベースによるサーチの2種類が存在する．キーワード検索のために，画像認識を行って事前にキーワードを付与しておくことも可能である．実際，iPhoneの写真アプリやGoogle Photoアプリでは，自分の撮影した画像に対してキーワード検索が可能であるが，これは事前にクラウド側で画像認識が行われてキーワードが付与されるために，可能となっている．本節では，主に後者のコンテンツベースによる画像検索について説明する．

コンテンツベースト画像検索（Content-Based Image Retrieval; **CBIR**）とは，多数の画像を含む画像データベースの中から，与えられたクエリ画像に対して画像全体もしくは部分的に類似している画像を探し出すことをいう．パターン認識では，事前に決められた「クラス」もしくは「カテゴリ」に画像を分類するのが目的で，そのためにはクラスラベルが付与された学習データが必要であった．一方，画像検索では，類似した画像を探すのが目的であるため，クラスラベルは不要で，特徴ベクトルが近い画像を探すことによって実現される．5.1 節では画像のパターン認識が，「特徴抽出」と「パターン分類」の 2 つのステップから成り立っていることを述べたが，画像検索も同様に「特徴抽出」と「特徴量に基づく検索」の 2 ステップから成り立っている．

画像検索の中でも，特に同一の物体を検索するタスクがある．例えば，金閣寺の写った画像を検索する，というような場合である．これは，「インスタンス認識」や「特定物体認識」といわれる認識タスクの一種と見なされる．この場合は，物体の細かい部分までが同一であることが重要なので，局所特徴量が重要な役割を果たす．なお，一方，これまで説明したクラスへの分類は，「カテゴリ認識」「一般物体認識」と呼ばれる認識タスクである．

本節では，画像検索のための特徴量，局所特徴量によるインスタンス認識，高速な検索のためのインデキシング，について説明を行う．

特徴量に基づく検索は，基本的にデータベース中の画像とクエリ画像の距離もしくは類似度を求めて，距離の場合はできるだけ小さい画像を，類似度の場合はできるだけ類似度が高い画像をデータベース中から探すことになる．一般にユークリッド距離（L2 距離）が用いられることが多いが，L1 距離やヒストグラムインターセクションが用いられることもある．

特徴量としては，1 枚の画像から 1 つの特徴ベクトルが抽出されるタイプの特徴量であれば，どのようなものでも利用可能である．5.2 節で説明したカラーヒストグラム，BoF，FV などはどれも画像検索の特徴量として利用可能である．

最近は，ImageNet などの大規模データセットで学習済の認識用畳込みネットワーク（CNN）に，画像を入力したときの途中の活性化信号を画像特徴として利用することも行われている．例えば，6.7 節で説明した AlexNet や VGG の場合は 2 つめの全結合層の出力の 4096 次元ベクトル，ResNet の場合はグローバル平均プーリング層の出力ベクトル 2048 次元を特徴量として使う．これらは CNN 特徴量と呼ばれていて，従来の人手で構築した特徴量と違って，認識結果を出力するためのネットワークの途中の信号であるため，画像のカテゴリを分類するための意味的な情報が含まれている特徴量として利用可能である．従来の特徴量は見ためが似ている画像を探すことはできても，見ためが似ているが意味的には異なる画像の区別，例えば，猫と犬の区別は難しかったが，CNN 特徴量を用いることでそれが可能となった．

さらに，CNN を用いることで特徴抽出器自体を任意に学習可能である．類似している positive 画像ペアと類似していない negative 画像ペアを多数用意することで，距離学習（distance learning）が可能となる．ImageNet で学習した CNN での特徴抽出では，赤いリンゴと青いリンゴの距離は小さいが，赤いリンゴ同士，青いリンゴ同士はそれぞれ positive pair，赤いリンゴと青いリンゴは negative pair として距離学習を行えば，赤リンゴと青リンゴの間の距離が大きくなる特徴ベクトルを出力する CNN を学習することが可能である．距離学習のための方法としては，サイアミーズネットワーク（Siamese network）やトリプレットネットワーク（triplet network）が用いられる．距離学習には通常はカテゴリ情報を用いて，positive/negative pair を決定するが，最近は，カテゴリラベルを必要としない自己教師あり特徴量学習（self-supervised feature learning）も行われるようになってきている．自己教師学習では，さまざまな画像の水増し（augmentation）（色変化や部分のランダム切り出し，画像のぼかしなど）を学習画像に対して行い，元が同じ画像は positive pair，異なる画像は negative pair として，距離学習を行う．これを事前学習済モデルとして，ファインチューニングすると，ImageNet で事前学習したモデルを使った場合とほぼ同等の精度が得られることが示されている．

7.1.5　局所特徴によるインスタンス認識

インスタンス認識では，SIFT や SURF などの局所特徴量が用いられる．また最近では，CNN で学習した局所特徴量も提案されており，LIFT（Learned Invariant Feature Transform）などが代表的な CNN ベースの局所特徴量である．

局所特徴量は 1 枚の画像から数百から数千個の特徴ベクトルが抽出される．それを用いて画像検索を行う場合は，以下の手順となる．(1) 局所特徴量ベースの手法ではすべてのデータベース画像から事前に局所特徴を抽出し，局所特徴データベースを作成する．(2) クエリ画像から局所特徴を抽出し，それぞれの局所特徴についてデータベース中で最も類似している局所特徴を検索し，その局所特徴量の抽出元の画像に投票を行う．(3) 最も多くの投票を得た画像が類似画像である．この方法は単純ではあるが，比較的よい性能を出すことが知られている．しかしながら，特徴数は画像枚数の数百から数千倍になるため，膨大となってしまう欠点がある．

そこで高速な検索のための方法がさまざま提案されており，近似最近傍探索，LSH，プロダクト量子化などが主な方法である．詳細は 7.1.6 項で説明する．

また，ベクトル量子化に基づく局所特徴量の分布表現である BoF をインスタンス認識に適用することも可能である．5.2.3 項で述べた BoF はクラス分類のための特徴量であったため，BoF を構成する visual word は，それぞれのカバーする範囲が広くなるように 1000 個程度となっていた．それに対してインスタンス認識で用いる BoF の visual word は各 word のカバーする範囲を極力狭くして，同じ visual word は同じ局所パターンである可能性を極力高くするために，数は 100 万個などの極めて大きな数となる．手法としては同じであるが，visual word の数のオーダを変えることで，クラス表現特徴量が，インスタンス表現特徴量に変化する．

インスタンス認識のために，100 万オーダの大規模 visual word を利用する場合は，単純に k-means 法で visual word を求めると，k-means の計算が $O(kN)$ のオーダであるため，計算量が膨大になってしまうという問題がある．そこで，提案されたのが階層的 k-means 法である．例えば，100 万の visual word を求めるのに，$k = 100$ の k-means を 3 段階で行う．最初に 100 個に分割し，それぞれを 100 個，さらにそれぞれを 100 個に分割することで，100 万の visual word を得ることができる．つまり，100 個に枝分かれするノードが 3 段ある木構造で表現される階層的な visual word 構造が構築される．これを vocaburary tree と呼ぶ（図 7.11）．このときの計算量は，2，3 段階めの各クラスタ内でのデータ量が $\frac{N}{100}$，$\frac{N}{10000}$ となることから，$O\left(100N + 100\left(\frac{N}{100}\right) \times 100 + 100\left(\frac{N}{10000}\right) \times 10000\right) = O(100N \times 3)$ となり大幅に削減ができることとなる．また，局所特徴に visual word を割り当てる際は，vocaburary tree を上から，最も近いクラスタ中心をたどって 3 段めのノードまで探索すれば，割当が完了し，100 個の探索を 3 回行うだけで済む．単純に行えば 100 万個の visual word への探索を行わないといけないので，大幅な削減となる．

なお，局所特徴を visual word 化したあとに，画像への投票を行う必要があるが，

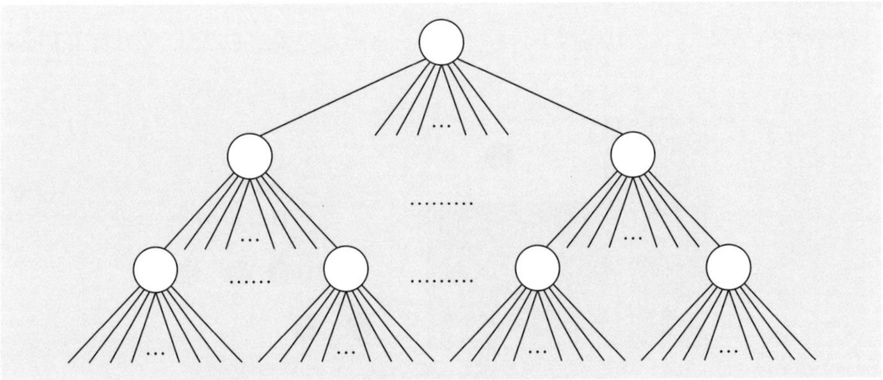

図 7.11　**階層的 k-means 法により生成された vocaburary tree**

それには，単語からその単語を含むWebページを探すときに用いられるテクニックである転置インデックス（inverted index）を用いる．visual wordごとにそのvisual wordを含む画像のIDをリストアップしておいて，その画像IDすべてに投票し，画像1枚分の全visual wordを投票したあとに最多の投票を得た画像を検索された画像とする．なお，実際には閾値《しきいち》を設定して，一定以上の投票があった場合のみを類似画像として出力する．

7.1.6　高速検索のためのインデキシング

大量の画像，もしくは大量の局所特徴を探索する場合には，単純な方法ではすべてのデータベース中のサンプルとの距離計算をして，最短距離のサンプルを探す必要がある．

この計算量を削減し，高速化する工夫が提案されている．なお，これは画像データのみならず，高次元ベクトルで表現されるデータに対して利用可能な一般的な方法である．ここでは，代表的な手法として，近似最近傍探索，LSH，プロダクト量子化の3つについて説明する．

近似最近傍探索（Approximate Nearest Neighbor; ANN）は，近似的に最近傍探索を行う手法である．一般に全データを探索すれば，$O(N)$ の計算量となるが，空間を再帰的に分割すれば $O(\log N)$ の計算量となる．再帰的な分割は，図7.12に示すように2分木であるkd-treeを作成することで行う．通常は最も分散の大きな軸（ベクトルの要素）を選んで，中央値を求めて，左右にサンプル点の数が均等になるように分割する．これを再帰的に繰り返し，すべての最終ノードが1サンプルになるまで繰り返すとkd-treeとなる．図の例では5つのサンプルが左右の図の1から5までのノードに対応する．

探索するときは，クエリ特徴を含むノードを求める必要があるが，それはkd-tree

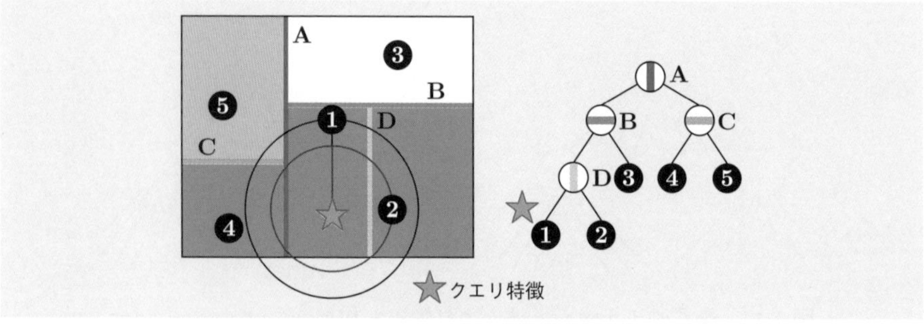

図7.12　近似最近傍探索

をルートからたどるだけで済む．図の例では，クエリがサンプル 1 に含む領域（セルと呼ぶ）に含まれていることが示されている．しかしながら，実際にはクエリが同一セルのサンプル 1 よりも，隣接セルのサンプル 2 やサンプル 4 などの方が近い可能性もある．そこで，クエリとサンプル 1 の距離の円（高次元の場合は超球）に含まれるセル中のサンプルに関しても距離を求めて比較する必要がある．この場合は，サンプル 2，4，5 についても距離計算が必要となる．最終的クエリはサンプル 1 のセルにあるにもかかわらず，サンプル 2 が最近傍ということになる．このように，kd-tree で簡単にクエリの属するセルがたどれても，実際には隣接セルのサンプルも距離計算しないと最近傍を求めることはできない．これは高次元のときにより大きな問題となる．高次元の場合は隣接セル数が多いので，場合によってはほとんどのサンプルと距離計算が必要になってしまう場合がある．

そこで，図の，クエリから同セルのサンプル 1 までを半径とする黒い探索範囲を 0.9 倍などとして少し小さくすることによって，隣接セルが減少して，距離計算が必要なサンプルが減少する．これは次元が上がれば上がる程，効果的である．ただし，最近傍を見落としてしまう可能性があるため，「近似」最近傍探索という名前が付いている．

LSH（Locality Sensitive Hashing）は，ハッシュによって近似最近傍探索を実現する手法である．近傍にある点同士ではハッシュ値が一致する確率が高く，遠い位置にある点同士ではハッシュ値が一致する確率が低くなるようなハッシュ関数を複数ランダムで定め，クエリと同じハッシュ値になった回数の多いサンプルのみを最近傍候補として，実際に距離計算をする方法である．

プロダクト量子化（Product Quantization; PQ）は，ベクトル量子化を利用した BoF で大量の visual word が必要になった問題点を解決する手法として提案された．PQ では，サンプルを表現するベクトルを分割してサブベクトルとして分割し，それぞれでベクトル量子化を行う．各サブベクトルの visual word をつなげることで，ベクトル全体の visual word となる．個々のサブベクトルのコードブックを小さくしても組合せで多様なベクトルを表現できるために，全体としてのコードブックは小さくすることができる．

7.2 映像の認識

第3章で説明したように映像は，多数の画像のシーケンスとして表現されるため，映像は短時間であっても静止画像に比べて膨大なデータ量となる．一般的な 30 fps のフレームレートの場合，1秒間の映像が30枚の画像列で表現されるため，1分間で1800枚，1時間では108000枚もの画像列となる．ただし，まったく異なる画像が多数集まっているわけではなく，一般に隣接するフレーム間の変化は小さく，表現する内容はほぼ同じであるが，その変化は映像中の対象の「動き」を表す．そのため，映像の認識では，個々の画像の認識に加えて，映像における「動き」を認識する必要がある．「動き」を抽出するには，オプティカルフローが用いられる．また，トラッキングによって移動する同一物体を映像中で追いかけることができる．

映像を認識するときは，動作認識（action recognition）がその中心タスクとなる．動作主体は大半の場合は人間であるが，動物や自動車などもその対象となる．動作認識は一般に「歩く」「切る」「混ぜる」などの単体の動作であるが，「卵焼きを作る」「タイヤを交換する」などの複合的な動作はイベント認識（event recognition）と呼ばれる．イベント認識には，さらに抽象的な「結婚式」や「卒業式」などのイベントを認識する場合も含まれる．イベント認識は，単に動作認識の組合せだけはなく，物体認識，シーン認識とも組み合わせて実現するのが一般的である．

また，1つの映像に複数の動作主体が含まれて，別々の動作を行っている場合もある．その場合は，物体検出と同様に動作主体の位置と動作内容を同時に推定する動作検出（spatial action localization）が行われる．また，同じ検出でも，長時間のビデオの中から，動作の時間を検出する時間方向の動作検出（temporal action localization）もあり，さらにその両方を組み合わせたタスクも存在する．

一般に，映像にはさまざまなシーンが含まれている．そこで，通常は前処理として，認識を行う前に3.4.3項で述べたカット検出で，映像を同一シーンのみからなるショット（shot）に分割することが一般的に行われる．動作の認識が行われる場合はショットを対象に行うことになる．ただし，カット変化がゆっくりであったりする場合は検出が難しい場合もあるので，一定時間を単位として機械的にショット分割を行う場合もある．なお，ショットを構成する画像をフレーム画像，もしくは単にフレームと呼ぶ．

映像認識には，フレームに対して行う画像認識と，ショットに対して行う動作認識の2種類がある．物体やシーンを認識する場合は前者で，技術的には通常の画像認識とまったく同じである．一方，後者の動作認識では，映像に含まれる動き情報も考慮した認識を行うため，画像認識とは異なるテクニックが必要となる．そのため，本節では，後者の動作認識に限定して，説明を行う．

動作認識は，通常，ショットに対して行うが，特徴抽出，分類という処理の流れは，通常の画像認識とまったく同じである．本節では，深層学習以前の特徴抽出方法である時空間特徴量による動作認識と，深層学習を用いたend-to-endな動作認識について述べる．さらに，そのあとに，映像検索，映像要約についても簡単に説明する．

7.2.1 時空間特徴量による動作認識

まず，深層学習以前の動作認識のための方法について述べる．ここでは，物体認識に用いられていた局所特徴量を映像に拡張した時空間局所特徴量について説明する．これ以外にも9.2.2項で述べる人物のポーズ推定結果を利用して，動作の認識を行う方法もある．

時空間特徴量とは，静止画用の局所特徴量を時間方向に拡張した特徴量である．代表的な時空間特徴量としては，図7.13に示すような，HOGを時間方向に拡張した時空間HOG，オプティカルフロー画像に対してフローの方向をヒストグラム化したHOF（Histograms of Optical Flow）がある．初期は，ハリス特徴点検出器を動画用に拡張したSTIP（Spatial Temporal Interest Points）でスパースサンプリングすることが行われていたが，のちにdense trajectoriesと呼ばれる多数の点をトラッキングした軌跡の点から時空間特徴量をdense samplingすることが行わ

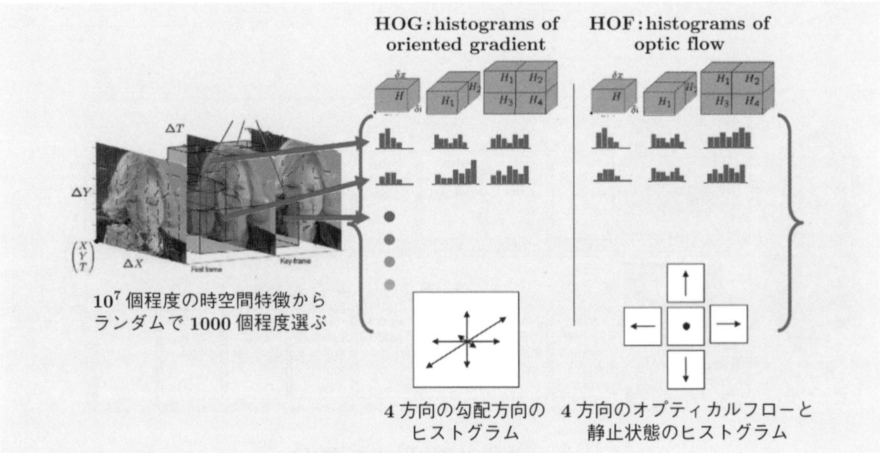

図7.13 時空間特徴量

（出典：Ivan Laptev, Greg Mori, Statistical and Structural Structural Recognition of Humnan Actions, 11th European Conference on Computer Vision, September 5, 2010.）

れた．この場合は，HOG，HOF に加えて，オプティカルフロー画像から勾配ヒストグラム，つまり HOG を作成した MBH（Motion Boundary Histograms）と，dense trajectories の軌跡の情報も合わせて特徴量として利用した．サンプリングされた時空間特徴量は，BOF 表現することで，画像クラス認識と同様に SVM などの機械学習手法と組み合わせて，動作クラス認識が実現できる．

7.2.2　深層学習による動作認識

深層学習で最初に動作認識モデルとして提案されたのが，**Two-stream Network**[40] である．図 7.14 に示すように，フレーム画像 1 枚だけを入力とする空間ストリーム (spatial stream) と，縦方向と横方向のオプティカルフロー画像を L 枚重ねて $2L$ チャネルの画像を入力とする時間ストリーム（temporal stream）の 2 つの畳込みネットワークから構成される．各ネットワークは AlexNet とほぼ同一の構成になっている．それぞれのストリームで softmax 出力を計算し，その平均出力，もしくはその出力値でさらに SVM を学習してマルチクラス分類することで，最終的なクラスを決定した．空間ストリームは ImageNet で pre-training したが，時間ストリームは ImageNet に相当する two-stream 提案当時 (2014 年) に大規模データセットがなかったため，2 つの 1 万本規模の動画データセットを合わせて事前学習を行っている．

なお，現在においては，65 万本の Kinetics dataset や 100 万本の 3 秒動画からなる Moments-in-Time dataset など大規模動画データセットが公開されており，動作認識モデルはそれらで事前学習されることが一般的となっている．

Two-stream のあとには，3 次元畳込みネットワークが提案された．これは，縦・

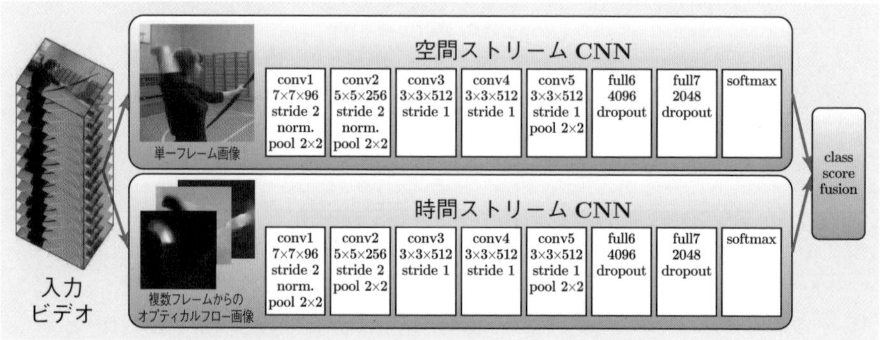

図 7.14　**Two-stream network**[40]

（出典：K. Simonyan and A. Zisserman, Two-stream convolutional networks for action recognition in videos, In Advances in Neural Information Processing Systems, pp. 568-576, 2014. より改変）

横・チャネルの特徴マップに時間を加えて，縦・横・時間・チャネルの時空間特徴マップに対して，縦・横・時間方向に移動させて畳込みを行う3D畳込み層からなるCNNである．提案当初はあまり性能が出ないと考えられていたが，Kineticsなどの大規模データで事前学習することによって高い性能が得られることが近年わかってきている．Two-streamの2つのstreamを3D CNNに置き換えたI3D (Inflated 3D) CNN[5]が提案された，最初に2D CNNをImageNetで事前学習し，その畳込みを時間方向に膨らまして(inflated)，3D CNNにし，さらにKineticsで事前学習することによって，従来手法を大きく上回る性能を実現した．なお，I3D CNNでは，依然としてオプティカルフローを用いているが，オプティカルフローを用いない，SlowFast network[9]というモデルが2018年に提案されている．SlowFast networkでは，空間解像度は高いが時間解像度が低いslow pathwayと，時間解像度が高いが空間解像度は低いfast pathwayの，フレーム画像列を入力とする2つのstreamから構成されている．これは人間の網膜神経細胞のP-cellとM-cellから着想を得ている．SlowFast networkは，オプティカルフローを使わずにI3Dよりもさらに高い性能を実現している．

7.2.3　映 像 検 索

映像検索も画像検索と同様で，キーワードなどのメタデータベースの方法と，映像から抽出した特徴量を用いるコンテンツベースの方法があるが，映像の場合はメタデータに基づく検索が一般的である．もちろん，映像検索においても，手持ちの画像に似たシーンを検索したり，言語で表現できないようなシーンの構図や色合い，模様などで検索したい場合に特徴量を用いた検索を行うことがあるが，そうした場合に動きを考慮する必要がある場合はほとんどなく，映像から切り出したフレーム画像に対してコンテンツベースの画像検索を行うことが一般的である．

メタデータを用いた画像検索では，人手で事前にキーワードを付与することもできるが，画像と違って，映像はデータの量が膨大になるので，自動付与が望ましい．そこで，画像認識技術や動作認識技術を用いて，映像中のショットやフレームに対して事前にキーワードを付与しておくことで，映像中の部分に対するキーワードによる検索が可能となる．

映像の種類によっては特定のイベント，例えば，サッカーのゴールシーンや野球のヒットのシーンなどを検索したい場合がある．そうした場合は，個々のイベント検出器を作成し，事前にメタデータを自動付与する必要がある．

また，映像の場合は，音声が含まれる場合は音声も手がかりとして利用することが可能である．特に，近年，音声認識（Audio Speech Recognition; ASR）の精度が深層学習によって飛躍的に向上しているので，音声認識によって音声をテキスト化して，それをメタデータとして利用して検索することも容易である．映像中の文字キャプションや，シーン文字を文字認識（Optical Character Recognition; OCR）して，メタデータ化することも可能である．また，特にテレビ映像の場合は，番組情報（タイトルや概要テキストなど）や字幕テキスト情報が放送ストリームの中に含まれているため，それらも検索のためのメタデータとして利用することが可能である．

7.2.4 映像要約

映像要約とは，映像を元の時間よりも短い時間に，自動的に再構成することである．例えば，1 時間の映像を 5 分でその重要な内容がわかるようにまとめたりすることである．映像の種類によって要約の仕方は異なり，ドラマや映画などのストーリー性のある映像をその内容がおおよそわかるように要約するのが「ダイジェスト生成」，スポーツなどの盛り上がったシーンを抽出するのが「ハイライト抽出」である．

前者のダイジェスト生成は，本来は内容を理解しないと要約を作成したことにならないので，文章の要約と同種類のタスクであり，極めて困難なタスクであるといえる．通常は，映像をショットもしくは同一シーンのいくつかのショットをまとめてシーンに分割し，ショット（もしくはシーン）に対して，何らかの方法で評価値を付け，評価の高いショットを指定した時間分選択し，つなぎ合わせて，要約映像を作成する．このときに，画像特徴量のみで行う方法が研究されているが，実用的には，テキストデータがメタデータとして付与されている場合はそれも合わせて利用することが望ましい．

後者のハイライト抽出は，スポーツ映像の得点シーンなど特に重要で盛り上がったシーンを検出し，つなぎ合わせる要約である．得点シーンなどのメタデータが付与されている場合は，容易に実現できるが，そうでない場合は映像解析が必要になる．観客の歓声が音声として含まれる場合は，映像の音量のみである程度，検出することも可能で，古くはそうした方法がとられていたが，現在においては，深層学習を用いて，スポーツの種類ごとにハイライト検出器を構築することが一般的である．ダイジェスト生成と同様にショットのハイライト度のスコア付けをして，上位のものから指定時間分だけ選んで，要約を作成することになる．

以上のように，自動要約においてはショットの評価値付けが重要になってくるが，通常はショットの評価値が付けられた学習データ，もしくは，どのショットが選ばれたかアノテーションされる元映像度と要約映像のペアの学習データを用いて，評価値付けモデルを学習することが行われる．

7.3 マルチモーダル・クロスモーダル

マルチモーダルとは，一般に複数の入出力の手段を組み合わせて行う処理のことであるが，本書の文脈で用いられる場合は，言語テキスト，画像・映像，音・音声などの複数のメディアを組み合わせて扱う処理のことで，マルチメディア処理と同じ意味で利用されることが多い．クロスモーダルも似た意味であるが，特に，画像，音声，言語を相互に検索する場合に特に使われることが多い．例えば，言語と画像がペアになったデータを大量に含んだデータベースを，言語からでも画像からでも検索できるようにしたのが，クロスモーダル検索である．

本節では，画像を含む主なマルチモーダル処理として画像と言語，画像と音声の組合せ，さらには言語と画像のクロスモーダル検索について簡単に説明を行う．

7.3.1 画像と言語

マルチモーダル処理，マルチメディア処理の中で，最も一般的な組合せは画像と自然言語である．近年は，自然言語処理，画像認識ともに深層学習を用いることが一般的になっており，画像とテキストの両方を入出力のどちらかもしくは両方にもつ深層学習ネットワークを end-to-end で学習させる研究が多く行われている．

ここでは，代表的な画像・言語タスクである画像の説明文生成（image captioning），VQA（画像質問応答），自然言語による部分検出（visual grounding）について説明する．

3 つのタスクの中でも最も長く研究が行われているのが，画像クラス分類をさらに高度化した画像説明文生成であり，深層学習以前の 2010 年代から研究されている．基本的には，自然言語の自動翻訳と同じ構造で，画像の言語への変換が行われる．言語から言語の代わりに，画像から特徴抽出し，画像特徴を言語に変換する．

図 7.15 は，2014 年に提案された最も初期の**画像キャプショニング**の深層学習モデルを表している．ImageNet で学習済のネットワークで画像から特徴抽出を行い，それを入力として言語翻訳で用いられる再帰型ネットワークである LSTM（Long Short Term Memory）を用いたネットワークで文章を生成し出力する．文書生成ネットワークでは不定長の文章を出力することが可能で，最初に開始（START）記号と画像特徴を入力とすると，文書の 1 単語めが出力され，さらにその単語を LSTM に入力すると 2 単語め，それを繰り返して終了（END）記号が出力されたら，出力を停止し，それまでの出力単語列を画像の説明文とする．これが，深層学習による最も基本的な文書生成ネットワークである．通常の画像認識では，ネットワーク出力は画像クラス確率であるが，LSTM を用いたネットワークでは，ステップごとの出

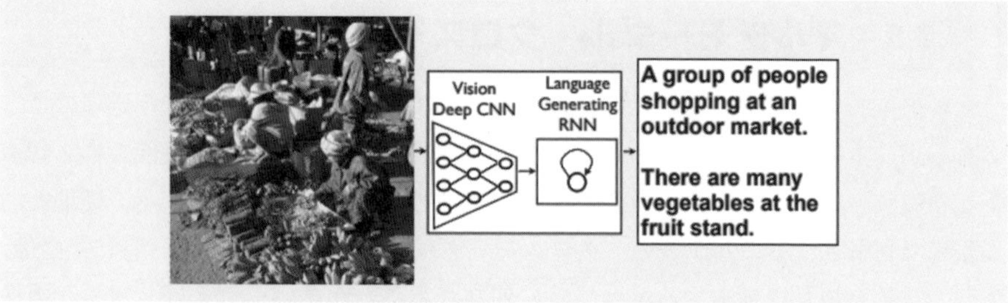

図7.15　**画像キャプショニング** [46]
（出典：Oriol Vinyals, Alexander Toshev, Samy Bengio, and Dumitru Erhan. Show and tell: A neural image caption generator. In Proc. of IEEEE Computer Vision and Pattern Recognition, 2015.）

力は単語の確率ベクトルで，最も高い確率の単語が出力単語となる．学習は，キャプションが付与された画像データセットを用いて行う．約30万枚の画像それぞれに5つの説明文が付与されたMSCOCO datasetが代表的な画像キャプショニングのデータセットである．

VQA（Visual Question Answering）は，画像と，その画像に関わる自然言語で記述された質問文を入力として，解答をYes/No，数値，単語などで出力するタスクである．図7.16は，VQAタスクのためのネットワーク構造で，CNNで画像特徴量を抽出し，質問文をLSTMを用いた再帰型ネットワークでベクトル化して，それらを統合し，解答を出力する．学習には，通常は20万枚の画像に対して110万の質問文とその解答が用意されたVQAの標準データセットを用いる．

自然言語による画像の部分検出は，**visual grounding**と呼ばれるタスクである．図7.17に示すように「右の白い車（white cat on the right)」という言語で表現されるクエリに対して，青枠で囲まれた車が検出されている．まずは，クエリ中の名詞に対応する物体を検出し，次にwhite，rightなどの修飾語にどれだけ適合しているかを評価し，スコア付けして，最もスコアが高い候補を最終出力とする．

8章で画像生成について説明するが，自然言語の文章を入力として画像を生成する研究も行われている．キャプショニングが画像から言語への変換とすれば，こちらは言語から画像への変換であるといえる．また，これらの映像への拡張版である，映像のキャプショニング（video captioning）や，自然言語からの映像生成の研究（text-to-video synthesis）も行われている．

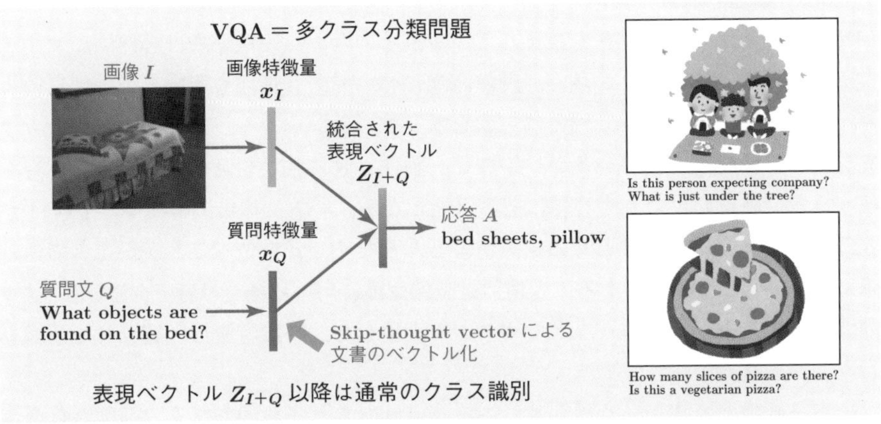

図 7.16 **Visual question answering**[1]

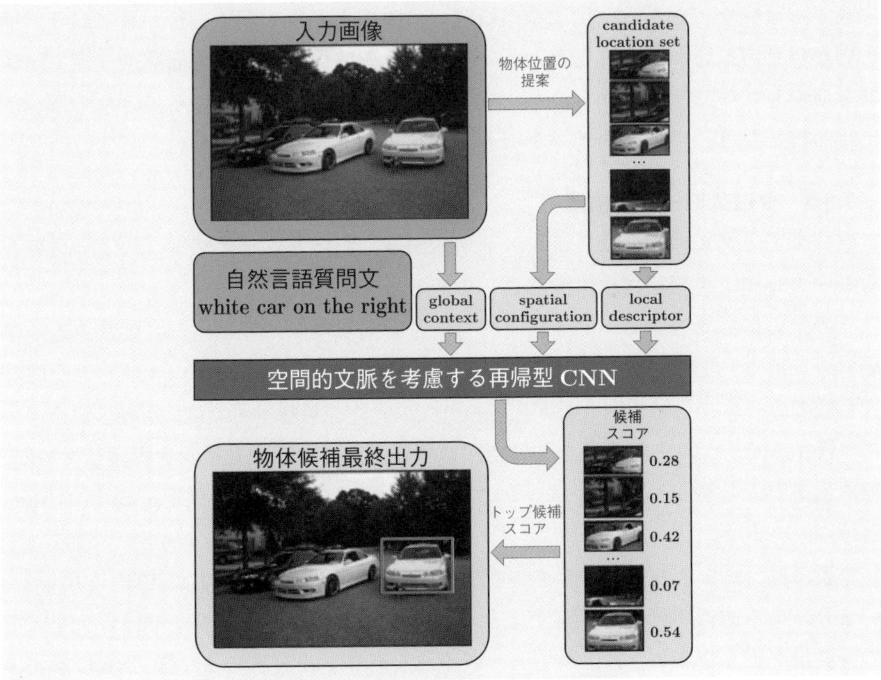

図 7.17 **Visual grounding**[16]

（出典：Ronghang Hu, Huazhe Xu, Marcus Rohrbach, Jiashi Feng, Kate Saenko, and Trevor Darrell. Natural language object retrieval. In Proc. of IEEE Computer Vision and Pattern Recognition, 2016.）

7.3.2 画像・映像と音声

映像には多くの場合，音も含まれている．そのため，映像認識は必然的にマルチモーダル処理となることが多い．動作認識において，音情報も用いることは以前より一般的に行われており，例えば，歌を歌っているシーンや，調理中の食材のカットシーン，サッカーのゴールシーンなど，動作と音に強い相関がある場合は，音を使うことで映像だけよりも容易に認識可能となる．一方，編集済の映像で BGM が入っている場合は，映像と音の相関がほとんどなく，音を使うことがかえって逆効果になってしまう場合もある．音情報を映像認識に用いる場合は音を MFCC（メル周波数ケプストラム係数）などでベクトル表現して，映像特徴量と統合して認識を行うことになる．

一方，画像と音声という組合せによる認識はあまり一般的でなく，画像から音声の生成，音声からの画像の生成などの研究は例外的に行われている程度である．例えば，風景画像からその風景に適した環境音を生成する研究や，音声から顔画像を生成する研究などがある．生成系の研究は，映像と音声の間でも行われており，静止画から音声に合わせて口を動かして喋っている映像を生成する研究や，逆に，楽器を演奏しているビデオから音を生成する研究なども行われている．どれも単発的に行われており，標準的なデータセットのようなものは存在しない．

7.3.3 クロスモーダル検索

クロスモーダル検索とは，テキストから画像，画像からテキスト，のように異なるモーダル間で，相互に検索することである．

そのために，異なるモーダル同士の特徴量を同じ空間に埋め込む必要がある．深層学習以前は，正準相関分析（Canonical Correlation Analysis; CCA）とその非線形版のカーネル正準相関分析が用いられていたが，深層学習では，距離学習を用いて，異なるモーダルの特徴量を共通空間に埋め込むことで相互検索を実現している．埋め込まれた特徴量ベクトルはエンベッティング（埋め込み特徴量，embedding）と呼ぶ．

学習には，異なるモーダルの特徴量間で，contrastive loss（対照損失）を用いる．つまり，ある画像の画像特徴量と，それに類似している画像についているテキストの特徴量が近くなるように，学習し，埋め込みベクトルを求める．図 7.18 に示すように，画像のエンコーダ，テキストのエンコーダを用意して，それぞれ出力された画像特徴，テキスト特徴を共通の埋込み空間に埋め込む．埋込み空間の学習には，7.1.4 項で述べた距離学習を用いる．図に示された triplet loss を用いることが現在

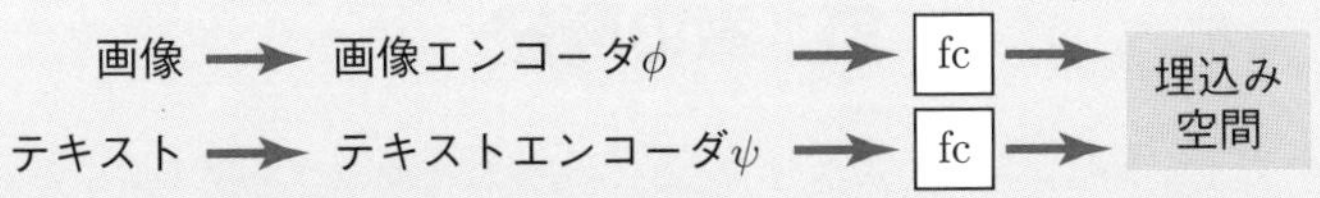

$$f(i;W_f,\,\theta_\phi)=W_f^{T}\phi(i;\theta_\phi)$$

$$g(t;W_g,\,\theta_\psi)=W_g^{T}\psi(t;\theta_\psi)$$

$$s(i,\,t)=f(i;W_f,\,\theta_\phi)\cdot g(t;W_g,\,\theta_\psi)$$

$$L(i,\,t)=\sum_{\hat{t}}[\alpha-s(i,\,t)+s(i,\,\hat{t})]_+ +\sum_{\hat{i}}[\alpha-s(i,\,t)+s(\hat{i},\,t)]_+,$$

$$[x]_+\equiv\max(x,\,0)\quad \text{training data } S=\{(i_n,\,t_n)\}_{n=1}^{N}$$

i: 画像，t: テキスト
($\hat{i}$, $\hat{t}$:negative sample)

図 7.18　クロスモーダルエンベッティング

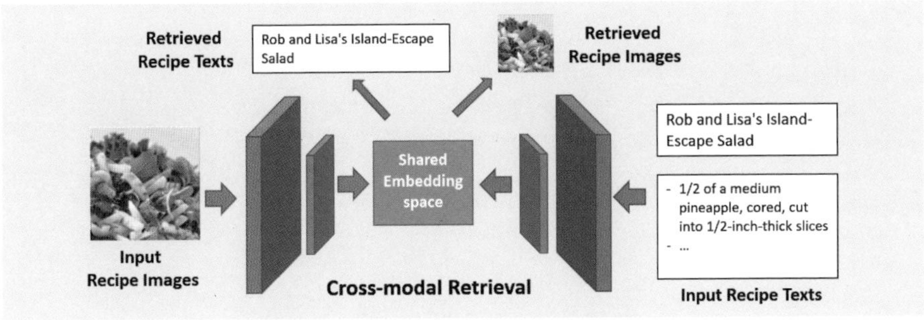

図 7.19　クロスモーダルレシピ検索

は一般的である．画像と対応するテキストのペアを positive pair，非対応のペアを negative pair として，positive pair 間の類似度が negative pair 間よりも大きくなるように triplet loss で学習を行う．図 7.18 の式では，$s(i,t)$ が画像特徴 f とテキスト特徴 g の内積で，互いの類似度を表している．$L(i,t)$ は positive pair (i,t) に関する損失関数で (i,t) 以外の画像 $\hat{i}$，テキスト $\hat{t}$ それぞれとの triplet loss となっている．

図 7.19 は，レシピテキストのテキスト特徴と，レシピ画像の画像特徴を共通空間に埋め込んで，テキストから画像，画像からテキストの双方向なクロスモーダルレシピ検索を実現した研究である．近年は，画像特徴量とテキスト特徴量の見分けができないように敵対学習することで，さらに双方向検索の精度を向上させている．

第7章の問題

□ **7.1** セマンティックセグメンテーションにおいて，特徴マップを拡大するための方法について説明せよ．

□ **7.2** 画像検索を高速化する手法を列挙せよ．

□ **7.3** 映像認識と画像認識の違いについて述べよ．

□ **7.4** クロスモーダル検索とはどのような検索か説明せよ．

第8章

画像の3次元計測処理

8.1　画像の幾何問題の概要

カメラの撮像によって3次元に関する問題を解決する方法にはさまざまな問題設定がある．例えば，撮影された観測対象の形状を計測する，カメラに対する観測対象の位置姿勢を計測する，撮影している**カメラモデル**をキャリブレーションする，などが挙げられる．これらの問題はすべて前節で説明した，観測対象とカメラのパラメータを推定する問題であり，その違いは，何が既知で，何が未知かという問題設定の違いである．マルチメディアにおける応用では，観測対象に対してどのような情報を得たいかによってさまざまな問題設定が現れる．

表8.1は，パラメータが既知かどうかに従って，よくある問題設定を分類したものである．視点数：同じ観測対象を撮影した視点位置の数，内部：カメラの内部パラメータが既知かどうか，外部：カメラの外部パラメータが既知かどうか．3次元座標：観測点の3次元座標が既知かどうか，対応情報：3次元点と観測した画像点の組が与えられているか，○，×，△はそれぞれパラメータが既知，未知，部分的に既知，であることを表す．まず，位置姿勢推定問題あるいはPnP（Perspective-n-Point）問題とは，カメラと観測対象の相対的な位置姿勢を推定する問題である．観測対象

表8.1　問題設定の分類.

問題設定	視点数	内部	外部	3次元座標	対応情報
位置姿勢推定	1	○	×	○	○
カメラ校正	1	×	×	○	○
三角測量	2以上	○	○	×	×
自動校正	多数	△	×	×	○
SfM/SLAM	多数	○/△	×	×	×

の形状（あるいは世界座標系における位置）は既知であるが，相対関係，すなわち外部パラメータは未知である．内部パラメータは既知と仮定されるか，あるいは内部，外部パラメータを明示的に分離しない場合もある．次にカメラ校正（キャリブレーション）は，幾何的な解析を行うに当たり必要となるカメラパラメータを事前に推定する問題である．推定を容易にするために，観測対象の3次元情報が与えられる．これらの問題では，使用されるカメラの数は1つであり，単一視点から撮影した画像に対する幾何の問題となる．

三角測量あるいはステレオ視と呼ばれる問題では，2つ以上の視点から撮影された画像間で同じ3次元点を観測し，3次元位置あるいは3次元形状を計測する問題である．カメラパラメータは既知であるのに対し，観測対象の情報は未知である．3次元位置を計算するためには，同じ3次元点を表す画像間での対応の情報が必要である．何らかの画像処理によって対応を得ることになるが，本節以下の説明では，すでに対応情報は得られていると仮定して話を進めることとする．

カメラ校正では，既知の物体を観測してカメラパラメータを推定するが，既知物体がない場合もある．複数の視点から同じ物体を観測すれば，未知の物体であってもカメラの内部，外部パラメータを推定することが可能であり，これを自動校正あるいは自己校正（auto calibration）と呼ぶ．キャリブレーションを主眼に置く場合，対応情報は既知と仮定される．一方，対応情報も未知と仮定した場合，問題設定はSfM（Structure from Motion）あるいはSLAM（Simultaneous Localization and Mapping）と呼ばれる．画像処理によって自動的に得られた対応情報を用いて，カメラパラメータおよび観測点の3次元位置を同時に推定する問題となる．対応情報に多くの誤りを含む場合でも推定を実現することが課題となる問題設定である．また，すべてのパラメータが未知の場合，一意にパラメータを決定できないことが知られており，内部パラメータについて一部（例えば射影中心）を既知とすることも多い．

以下では，まずカメラの射影が幾何的にどう表されるか記述するカメラモデルについて説明し，1視点から画像を撮影した場合について考える単一視点幾何と，複数の視点から同一の観測対象を撮影した場合について考える多視点幾何について分けて説明する．

8.2　カメラモデル

カメラとは，3次元空間における幾何学的および測光学的な情報を，2次元の平面上に現すための装置である．カメラモデルとは，カメラの性質を近似し，数学的に定義したものであり，応用目的に応じてさまざまなモデルが提案されている．

カメラの重要な性質は，3次元空間中の点を，2次元画像上の点として観測することである．3次元空間中の点から，2次元画像上の点への変換を，投影と呼ぶ．3次元点を2次元画像上に投影する方法には，図8.1に示すように多くの方法があり，それぞれに異なるカメラモデルが定義される．

図(a)は物体からの光線が平行となる場合であり，正射影と呼ばれる．パースがつかず像面が物体と同じ大きさとなる画像が撮影されるため，観測対象の大きさや，位置が重要となる工業検査などにおいては，テレセントリックレンズと呼ばれる光学系を用いて実現する．また，望遠鏡では観測対象が非常に遠くにあるため，光線が平行と仮定し正射影でモデル化される．図(b)は透視投影あるいは中心射影と呼ばれ，一般的なレンズを用いた撮影において用いられるモデルである．このモデルについては以下で詳しく説明する．図(c)は工業用途などで用いられるモデルであり，プッシュブルーム投影（ラインスキャン）と呼ばれる．この場合では1次元に並んだ撮像素子を用い，カメラまたは観測対象を素子の並びと垂直に平行移動してスキャンして2次元画像を撮影する．したがって，1画像の撮影において単一視点ではなく，視点位置が連続的に並んでいるモデルである．撮像素子が1次元であることで，1列を撮影する解像度を上げる，フレームレートを上げる，広い観測対象を撮影する，などの利点が得られる．

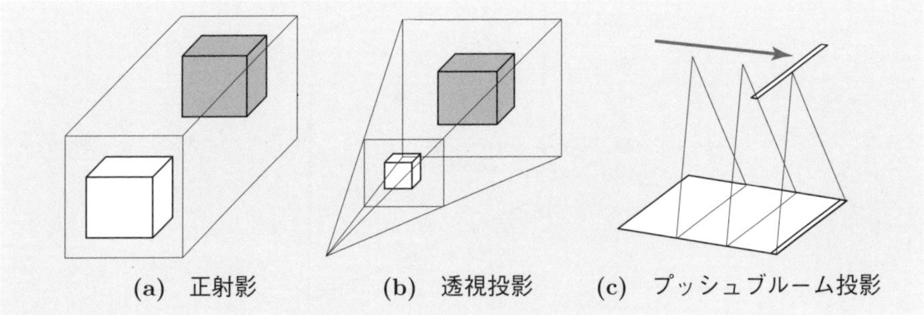

図8.1　いろいろな射影モデル

8.2.1 透視投影

投影を記述するカメラモデルの中で，最も重要なものが，ピンホールカメラモデル，あるいは，透視投影である．これは，光学中心と呼ばれる 1 つの点と，画像面と呼ばれる平面を決め，3 次元空間中の点が，光学中心とその点とを通る直線と画像面との交点に投影されるモデルである．図 8.2 において，C が光学中心，I が画像面とすると，3 次元点 A は，直線 AC と I との交点 a に投影される．透視投影では，観測されるすべての光線が 1 点を通る．このため，透視投影を，中心投影とも呼ぶ．

CV においては，通常，カメラで撮影された画像を扱うため，画像上でのそれぞれの画素の座標と，投影された点の画像面での位置との対応が必要となる．その対応関係を数式によって表現するには，3 次元点や，画像面上の点を表現するための座標系を定める必要がある．C から I に下ろした垂線を l とする．l は光軸と呼ばれる．l と I の交点を c とする．c は画像中心と呼ばれる．画像面上に，o を原点として，図のように直交座標が定められており，それぞれ u 軸，v 軸とする．また，C を原点とし，u 軸と同方向に x 軸を，v 軸と同方向に y 軸を定め，l に並行かつ画像面に対し逆向きに z 軸を定めると，3 次元空間の右手直交座標系を定めることができる．この 3 次元座標系は，カメラの光学中心を原点としたものなので，カメラ座標系と呼ばれる．カメラ座標系における長さの単位と，画像面の座標系の長さの単位は，同じとは限らない．通常，画像面上の情報はディジタル画像として表されるので，画像面における長さの単位は画素の大きさ（例えば pixel）とし，カメラ座標系における長さの単位は，例えば m（メートル）などにとる．

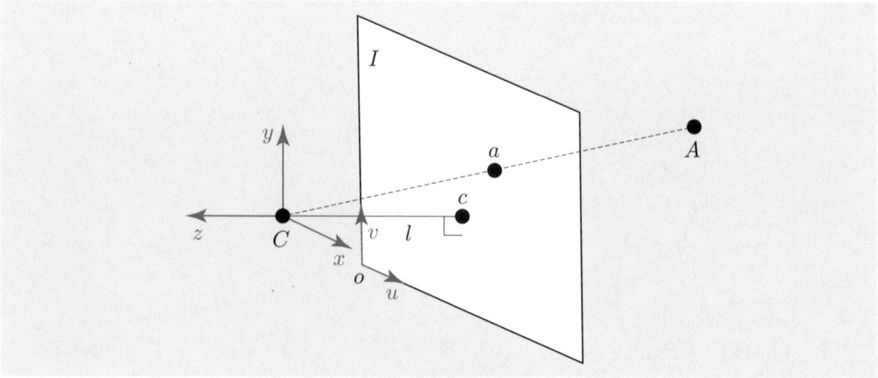

図 8.2　透視投影

上記の座標系を定めると，カメラ座標系で表された 3 次元点 (x, y, z) を，画像面上の点 (u, v) に投影する式は，以下のように表される．

$$
\begin{aligned}
u &= -\frac{fx}{p_x z} + c_u = -\frac{\alpha x}{z} + c_u, \\
v &= -\frac{fy}{p_y z} + c_v = -\frac{\beta y}{z} + c_v
\end{aligned}
\tag{8.1}
$$

ここで，f は C と I の距離であり，焦点距離と呼ばれる．p_x はカメラ座標系の単位での画素の横幅，p_y はカメラ座標系の単位での画素の縦幅，(c_u, c_v) は画像面の座標系での c の位置を表す．また，$\alpha = \frac{f}{p_x}$，$\beta = \frac{f}{p_y}$ である．

f，p_x，p_y，α，β，c_u，c_v は，カメラ固有の性質を表すパラメータであり，そのカメラの内部パラメータ（intrinsic parameters）と呼ばれる．

$f = 1$，$p_x = p_y = 1$，$\alpha = \beta = 1$，$c_u = c_v = 0$ となるようなカメラを考えると，式 (8.1) は，

$$
\begin{aligned}
u &= -\frac{x}{z}, \\
v &= -\frac{y}{z}
\end{aligned}
\tag{8.2}
$$

となり，解析を行いやすい．このようなカメラを，正規化カメラ（normalized camera）と呼ぶ．内部パラメータが定まったカメラの画像面の座標を，正規化カメラの画像面での座標に変換するのは容易である．

実際のカメラを記述する上では，レンズ歪みの影響も，実用上重要となる場合が多い．レンズ歪みとは，カメラで撮影したシーンが，図 8.3 のように画像上で放射状に膨らんだように（逆に凹んだり）歪む現象のことである．レンズ歪みを表すモデルとしては，一般に，レンズ歪みを画像面上での変換として表す方法が用いられる．正規化カメラによる投影点 $(u_n, v_n) = \left(-\frac{x}{z}, -\frac{y}{z}\right)$ を考えると，通常のカメラの投影は，

$$
u_n = -\frac{x}{z}, \qquad v_n = -\frac{y}{z} \tag{8.3}
$$

$$
u = \alpha u_n + c_u, \tag{8.4}
$$

$$
u = \beta v_n + c_u \tag{8.5}
$$

である．ここで，u_n，v_n に幾何学的な変換を加えることで，レンズ歪みを表す．r を画像中心からの距離とすると，歪みによる新しい座標は以下のように表される．

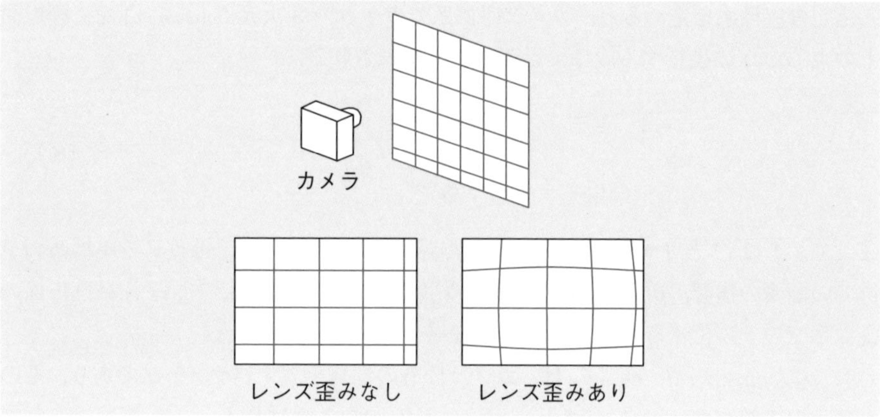

図8.3　レンズ歪み

$$u'_n = (1 + \kappa_1 r^2 + \kappa_2 r^4 \ldots) u_n, \tag{8.6}$$

$$v'_n = (1 + \kappa_1 r^2 + \kappa_2 r^4 \ldots) v_n, \tag{8.7}$$

$$r^2 = (u_n^2 + v_n^2) \tag{8.8}$$

これは多項式による近似であり，さらに回転の歪みも考慮した3つ以上のパラメータがよく用いられる．一方で，逆変換を与える式をすぐには得られないという難点もあるが，実際上は変換マップを作るなどで対処可能であり，OpenCVなど幅広く用いられている[†]．また，以下に示すDivisionモデルと呼ばれる近似式も，1つのパラメータで大きな歪みに対して良い近似を与えることからよく用いられている．この場合，逆変換を表す式を，すぐに得ることができ，これもメリットの1つである．

$$u'_n = u_n \left(1 + \frac{\kappa_1}{r^2}\right) \tag{8.9}$$

$$v'_n = v_n \left(1 + \frac{\kappa_1}{r^2}\right) \tag{8.10}$$

このように，歪みを画像面上の幾何学的変換と考える定義は，歪みによる変換が既知である場合，出力結果に逆変換をかけることで，歪みの効果のない出力を得ることができる，という利点がある．

このような考え方には非常に一般性があり，魚眼レンズを備えたカメラや，ある1点から周囲の全方向を撮影する全方位カメラなどであっても，すべての観測される光線が1点を通るという仮定の下で，透視投影での出力に変換して考えることが

[†] OpenCV `https://opencv.org/`

できる．

あとに述べるように，透視投影は，行列の形で記述することが可能である．さまざまなカメラモデルを，透視投影に持ち込むことで，さまざまな解析を容易に行え，過去の研究結果を利用することができる．その意味でも，透視投影は重要である．

8.2.2 行列によるカメラモデルの表現

CV では，透視投影を，射影幾何学の枠組みで表現することが多い．これにより，投影を行列として簡潔に表現できる．

射影幾何学の詳しい導入は 8.3 節以降で行うため，ここではしないが，基本的な約束事をいくつか説明する．

射影幾何学における 2 次元空間（2 次元射影空間）での点は，3 個の数字の組で表される（3 個というのは間違いではない．1 つ数字を余計に使うのである）．3 個の数字の組は，すべては 0 でないとする．3 次元ユークリッド空間の点と区別するために，これらの数字を，コロン（:）で区切って，$8:6:2$ のように表すとする．

2 次元射影空間の点 $x_1 : x_2 : x_3$ は，それぞれの数字を定数 k 倍した，$kx_1 : kx_2 : kx_3$ と同じ点を表す，とする．例えば，$8:6:2$ は，$16:12:4$ とも，$3:4:1$ とも，$-8:-6:-2$ とも同じものである，とする．これは，5 と 3 の比が，10 と 6 の比に等しいのに似ている．

この上で，通常の 2 次元ユークリッド空間での点 (x, y) が，2 次元射影空間の点 $x:y:1$，あるいは任意のゼロでない実数 k について $kx:ky:k$ に相当する，と考える．

3 次元射影空間の点についても同様に，$x_1 : x_2 : x_3 : x_4$ と表し，$x_1 : x_2 : x_3 : x_4 = kx_1 : kx_2 : kx_3 : kx_4$ とする．そして，3 次元ユークリッド空間での点 (x, y, z) は，$x:y:z:1$，あるいは任意のゼロでない実数 k について，$kx:ky:kz:k$ に相当する，と考える．

これらの約束の下で，式 (8.1) の変換は，$x:y:z:1$ から $u:v:1 = ku:kv:k$ への変換として，

$$\begin{pmatrix} ku \\ kv \\ k \end{pmatrix} = \begin{pmatrix} \alpha & 0 & c_u & 0 \\ 0 & \beta & c_v & 0 \\ 0 & 0 & 1 & 0 \end{pmatrix} \begin{pmatrix} x \\ y \\ z \\ 1 \end{pmatrix} \tag{8.11}$$

と記述できる．これは，

$$ku = \alpha x + c_u z, \tag{8.12}$$

$$kv = \beta y + c_v z, \tag{8.13}$$

$$k = z \tag{8.14}$$

と同値であり，第 1 式，および第 2 式の両辺を第 3 式の両辺で割れば，式 (8.1) の変換が得られる．

式 (8.11) の表現は，3 次元射影空間の点から 2 次元射影空間への変換になっている．つまり，射影空間で点を表現することで，透視変換を行列として表すことができるのである．

8.2.3 行列による剛体変換の表現

3 次元空間中に，任意の 1 つの座標系 C_w が設定されており，この座標系で 3 次元点の位置が (x_w, y_w, z_w) と表現されているとする．このとき，この点をカメラで撮影したときの透視射影を表現するには，座標系 C_w で表現された 3 次元点の位置 (x_w, y_w, z_w) を，カメラ座標系 C_c で表された位置 (x_c, y_c, z_c) に変換する必要がある（変換の前後で，3 次元空間における点の位置は変化しないが，それを表現するための座標系が変化するので，それにつれて座標値も変化する）（図 8.4）．このような，2 つの 3 次元座標系の間での，座標値の変換を，「剛体変換」と呼ぶ．

剛体変換は，3 次元の回転と，3 次元の平行移動の組合せで記述することができる．3 次元の回転は 3×3 回転行列で，3 次元の平行移動は 3 次元ベクトルで表現可能である．座標系 C_w から C_c への変換を，回転行列 $\mathbf{R}_{wc}$ で表し，3 次元の平行移動を 3 次元ベクトル $\mathbf{t}_{wc}$ で表す．このとき，座標値の変換は，

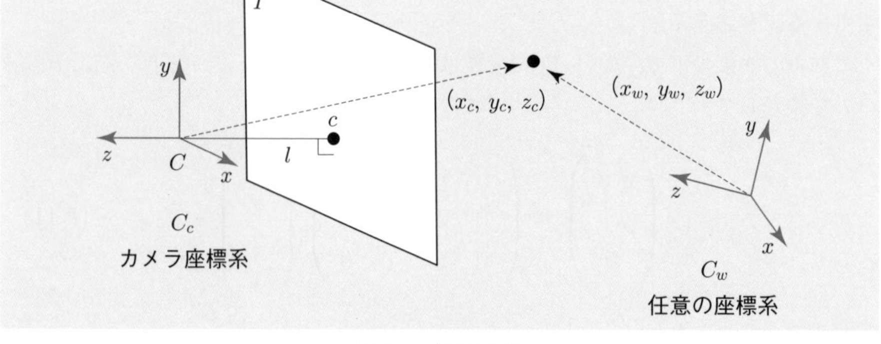

図 8.4 剛体変換

$$\begin{pmatrix} x_c \\ y_c \\ z_c \end{pmatrix} = \mathbf{R}_{wc} \begin{pmatrix} x_c \\ y_c \\ z_c \end{pmatrix} + \mathbf{t}_{wc} \tag{8.15}$$

と表される．

前項で，射影空間を利用した点の表現について述べた．射影空間を使うと，剛体変換の表現は，さらに簡単になる．式 (8.15) の変換は，3 次元射影空間上の点 $x_w : y_w : z_w : 1$ から $x_c : y_c : z_c : 1$ への変換として，

$$\begin{pmatrix} x_c \\ y_c \\ z_c \\ 1 \end{pmatrix} = \begin{pmatrix} \mathbf{R}_{wc} & \mathbf{t}_{wc} \\ 0^\mathsf{T} & 1 \end{pmatrix} \begin{pmatrix} x_w \\ y_w \\ z_w \\ 1 \end{pmatrix} \tag{8.16}$$

と表せる．式 (8.15) と式 (8.16) を比較すれば，これらの式が等価であることがわかる．式 (8.15) が，行列のかけ算とベクトルの足し算を含むのに対し，式 (8.16) は，行列のかけ算だけで表現される．その意味で，式 (8.16) はより簡潔な表現になっている．

射影空間における剛体変換の表現と，透視射影の表現とを組み合わせると，任意の座標系の 3 次元点を透視変換したときの 2 次元座標を得る式ができる．任意の 3 次元座標系を C_w，あるカメラのカメラ座標系を C_c とし，C_w から C_c への剛体変換を，$\mathbf{R}_{wc}$，$\mathbf{t}_{wc}$ で表すとする．C_w についての座標 (x_w, y_w, z_w) で表される 3 次元点を透視射影したときの 2 次元点の位置を (u, v) とし，前節で述べたカメラパラメータを使うと，透視射影は，

$$\begin{pmatrix} ku \\ kv \\ k \end{pmatrix} = \begin{pmatrix} \alpha & 0 & c_u & 0 \\ 0 & \beta & c_v & 0 \\ 0 & 0 & 1 & 0 \end{pmatrix} \begin{pmatrix} \mathbf{R}_{wc} & \mathbf{t}_{wc} \\ 0^\mathsf{T} & 1 \end{pmatrix} \begin{pmatrix} x_w \\ y_w \\ z_w \\ 1 \end{pmatrix} \tag{8.17}$$

で表される．

式 (8.17) においては，座標系 C_w の 3 次元座標が剛体変換で座標系 C_c の座標に変換され，その後カメラへの投影が行われる．このとき，座標系 C_w から C_c への剛体は，座標系 C_w に対する，カメラの位置や方向を表すと考えられる．カメラの内部パラメータが，カメラそのものの射影の性質を表すのに対し，この剛体変換は，空間へのカメラの置き方を表す．そのため，$\mathbf{R}_{wc}$，$\mathbf{t}_{wc}$ で表される剛体変換のパラ

メータを，カメラの外部パラメータ（extrinsic parameters）と呼ぶ．

3×4 行列 $\mathbf{P}$ を

$$\mathbf{P} = \begin{pmatrix} \alpha & 0 & c_u & 0 \\ 0 & \beta & c_v & 0 \\ 0 & 0 & 1 & 0 \end{pmatrix} \begin{pmatrix} \mathbf{R}_{wc} & \mathbf{t}_{wc} \\ 0^{\mathsf{T}} & 1 \end{pmatrix} \tag{8.18}$$

と定義すると，

$$\begin{pmatrix} ku \\ kv \\ k \end{pmatrix} = \mathbf{P} \begin{pmatrix} x_w \\ y_w \\ z_w \\ 1 \end{pmatrix} \tag{8.19}$$

が得られる．

● スマートフォンの 3 次元計測アプリ ●

スマートフォンにカメラが搭載されることが当然となり，その計算能力も PC と遜色がなくなった事により，計算負荷が高くなりがちなカメラを用いた 3 次元計測をリアルタイムに行うアプリが搭載されるようになってきた．例えば，カメラで撮影した画像上の物体にマークを付け 2 点間の距離を測る計測アプリが標準搭載されている．これはメジャーで長さを測りにくい場面で便利な機能である．また，後述する AR と組み合わせてポケモン GO などのゲームで使われる場合もある．キャラクターを背景に合わせて表示する前に，スマートフォンを動かして様々な視点から撮影することにより，水平な面を検出している．これらの実現には本章で説明する技術が使われていると考えられるので，どのように実現しているか考察して欲しい．また，カメラで撮影した画像のみからでは観測対象のスケールを決定できないのだが，距離を測れているのはなぜだろうか？ どのような技術と組み合わせていると思われるか考えてみるとよい．

8.3　単一視点幾何

8.3.1　位置姿勢推定問題

位置姿勢推定問題（Perspective-n-Point 問題）では，既知の 3 次元点と，カメラ画像に射影されたその画像点の組が与えられる．N 個の 3 次元点を考え，i 番めの点の座標を $\mathbf{P}_i = (X_i, Y_i, Z_i)$ とし，射影された画像点を $\mathbf{p}_i = (x_i, y_i)$ とする．カメラの内部パラメータを $\mathbf{K}$，外部パラメータを回転行列 $\mathbf{R}$ と並進移動ベクトル $\mathbf{t}$ で表すと，射影の式は次のように表される．

$$s_i \widetilde{\mathbf{p}}_i = \mathbf{M}\mathbf{P}_i = \mathbf{K}\left[\mathbf{R}|\mathbf{t}\right]\mathbf{P}_i = \begin{pmatrix} m_{11} & m_{12} & m_{13} & m_{14} \\ m_{21} & m_{22} & m_{23} & m_{24} \\ m_{31} & m_{32} & m_{33} & m_{34} \end{pmatrix} \begin{pmatrix} X_i \\ Y_i \\ Z_i \\ 1 \end{pmatrix} \tag{8.20}$$

ここで $\mathbf{p}_i$ を 3 次元の同次座標系 $\widetilde{\mathbf{p}}_i = (x_i, y_i, 1)$ とスケールパラメータ s_i で表している．$\mathbf{M}$ は内部パラメータと外部パラメータを合わせた射影行列であり，その要素 m_{kl}（$k = 1, 2, 3,\ l = 1, 2, 3, 4$）が推定する未知パラメータである．この射影を表す式は，1 つの 3 次元点に対して 3 つの式が得られ，それぞれ m_{kl} に関する 1 次式である．N 個の 3 次元点に関する射影の式を変形して，m_{kl} のベクトルと係数行列の積として表すと次のようになる．

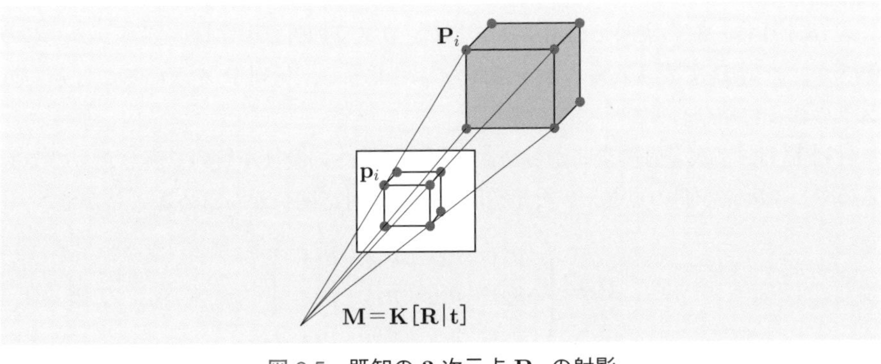

図 8.5　既知の 3 次元点 $\mathbf{P}_i$ の射影

$$
\mathbf{Ax} = \begin{pmatrix}
X_i & Y_i & Z_i & 1 & 0 & 0 & 0 & 0 & 0 & 0 & 0 & 0 & \ldots & -x_i & \ldots \\
0 & 0 & 0 & 0 & X_i & Y_i & Z_i & 1 & 0 & 0 & 0 & 0 & \ldots & -y_i & \ldots \\
0 & 0 & 0 & 0 & 0 & 0 & 0 & 0 & X_i & Y_i & Z_i & 1 & \ldots & -1 & \ldots \\
 & & & & & & \vdots & & & & & & & & \\
 & & & & & & \vdots & & & & & & & &
\end{pmatrix}
\begin{pmatrix} m_{11} \\ \vdots \\ m_{34} \\ \vdots \\ s_i \\ \vdots \end{pmatrix} = \mathbf{0}
\tag{8.21}
$$

ここで，$\mathbf{A}$ は係数行列，$\mathbf{x}$ は m_{kl} を並べた変数ベクトルである．N 個の 3 次元点を観測した場合，$12 + N$ 個の変数を持つ $3N$ 個の式が得られるので，少なくとも 6 点が観測されれば変数を一意に決定できる．この問題は P6P と呼ばれ，その解は $\mathbf{A}^\top\mathbf{A}$ の最小固有値に対応する固有ベクトルとして得られる．内部パラメータ $\mathbf{K}$ が既知である場合，回転と並進で表される外部パラメータは $[\mathbf{R}|\mathbf{t}] = \mathbf{K}^{-1}\mathbf{M}$ で計算される．この計算では，得られた行列 $\mathbf{R}$ が回転行列の条件を満たさない可能性があるので，直交化する補正が必要である．解を得る過程に回転行列 $\mathbf{R}$ から得られる拘束条件を使うと 3 点あるいは 4 点の観測（P3P，P4P）から計算することも可能である．

8.3.2　カメラの校正

与えられたカメラの内部パラメータや，外部パラメータを求めることを，**カメラの校正**と呼ぶ．

式 (8.19) は，射影空間を利用することで，カメラの外部および内部パラメータの働きが，行列 $\mathbf{P}$ で表されることを意味する．よって，行列 $\mathbf{P}$ を求めることが，カメラの校正に結び付く．

行列 $\mathbf{P}$ は，3 次元射影空間から 2 次元射影空間への変換を行列で表したものであるので，3 次元空間の点と，2 次元空間の点との対応関係から求めることができ，

$$
\mathbf{P} = \begin{pmatrix}
p_{11} & p_{12} & p_{13} & p_{14} \\
p_{21} & p_{22} & p_{23} & p_{34} \\
p_{31} & p_{32} & p_{33} & p_{43}
\end{pmatrix}
\tag{8.22}
$$

と表すことができる．このとき，ある座標系で表された 3 次元座標 (x, y, z) の点が，画像平面上の (u, v) に投影されたとすると，式 (8.19) より，

$$\begin{pmatrix} ku \\ kv \\ k \end{pmatrix} = \begin{pmatrix} p_{11} & p_{12} & p_{13} & p_{14} \\ p_{21} & p_{22} & p_{23} & p_{24} \\ p_{31} & p_{32} & p_{33} & p_{34} \end{pmatrix} \begin{pmatrix} x \\ y \\ z \\ 1 \end{pmatrix} \tag{8.23}$$

である．この式の表す等式から k を消去すると，

$$p_{11}x + p_{12}y + p_{13}z + p_{14} - (p_{31}x + p_{32}y + p_{33}z + p_{34})u = 0, \tag{8.24}$$

$$p_{21}x + p_{22}y + p_{23}z + p_{24} - (p_{31}x + p_{32}y + p_{33}z + p_{34})v = 0 \tag{8.25}$$

である．

3 次元の点とその投影された点が，n 個あり，点 (x_i, y_i, z_i) が，(u_i, v_i) に投影されたとすると，式 (8.25) より，

$$\begin{pmatrix} x_1 & y_1 & z_1 & 1 & 0 & 0 & 0 & 0 & -u_1x_1 & -u_1y_1 & -u_1z_1 & -u_1 \\ 0 & 0 & 0 & 0 & x_1 & y_1 & z_1 & 1 & -v_1x_1 & -v_1y_1 & -v_1z_1 & -v_1 \\ x_2 & y_2 & z_2 & 2 & 0 & 0 & 0 & 0 & -u_2x_2 & -u_2y_2 & -u_2z_2 & -u_2 \\ 0 & 0 & 0 & 0 & x_2 & y_2 & z_2 & 1 & -v_2x_2 & -v_2y_2 & -v_2z_2 & -v_2 \\ \cdots & \cdots & \cdots & \cdots & \cdots & \cdots & \cdots & \cdots & \cdots & \cdots & \cdots & \cdots \\ x_n & y_n & z_n & n & 0 & 0 & 0 & 0 & -u_nx_n & -u_ny_n & -u_nz_n & -u_n \\ 0 & 0 & 0 & 0 & x_n & y_n & z_n & 1 & -v_nx_n & -v_ny_n & -v_nz_n & -v_n \end{pmatrix} \begin{pmatrix} p_{11} \\ p_{12} \\ p_{13} \\ p_{14} \\ p_{21} \\ p_{22} \\ p_{23} \\ p_{24} \\ p_{31} \\ p_{32} \\ p_{33} \\ p_{34} \end{pmatrix} = \mathbf{0} \tag{8.26}$$

を得る．左辺の行列を $\mathbf{B}$，$\mathbf{P}$ の要素のベクトルを $\mathbf{p}$ とおくと，

$$\mathbf{Bp} = \mathbf{0} \tag{8.27}$$

と書ける．一般の位置にある（つまり，同一平面上にあるなどの，特殊な場合を除いて）6 点以上の対応点がある場合，$\mathbf{B}^\top\mathbf{B}$ の最小固有値に対応する固有ベクトルが，方程式 (8.27) の解となる．

このようにして $\mathbf{P}$ が求まったとき，

$$\mathbf{p}_1 = (p_{11}\ p_{12}\ p_{13})^\top, \tag{8.28}$$

$$\mathbf{p}_2 = (p_{21}\ p_{22}\ p_{23})^\top, \tag{8.29}$$

$$\mathbf{p}_3 = (p_{31}\ p_{32}\ p_{33})^\top \tag{8.30}$$

とし，

$$\mathbf{R} = \begin{pmatrix} r_{11} & r_{12} & r_{13} \\ r_{21} & r_{22} & r_{23} \\ r_{31} & r_{32} & r_{33} \end{pmatrix} = \begin{pmatrix} \mathbf{r}_1^\top \\ \mathbf{r}_2^\top \\ \mathbf{r}_3^\top \end{pmatrix} \tag{8.31}$$

とする．$|\mathbf{p}_3| = 1$ となるように $\mathbf{P}$ をスケーリングすると，式 (8.18) より，

$$\mathbf{p}_1 = \alpha\mathbf{r}_1 + c_u\mathbf{r}_3, \tag{8.32}$$

$$\mathbf{p}_2 = \beta\mathbf{r}_2 + c_v\mathbf{r}_3, \tag{8.33}$$

$$\mathbf{p}_3 = \mathbf{r}_3 \tag{8.34}$$

となる．回転行列の性質から，

$$\mathbf{r}_1 \times \mathbf{r}_2 = \mathbf{r}_3, \tag{8.35}$$

$$\mathbf{r}_2 \times \mathbf{r}_3 = \mathbf{r}_1, \tag{8.36}$$

$$\mathbf{r}_3 \times \mathbf{r}_1 = \mathbf{r}_2, \tag{8.37}$$

$$|\mathbf{r}_1| = |\mathbf{r}_2| = |\mathbf{r}_3| = 1 \tag{8.38}$$

なので，

$$\mathbf{p}_1 \times \mathbf{p}_3 = \alpha(\mathbf{r}_1 \times \mathbf{r}_3) = -\alpha\mathbf{r}_2, \tag{8.39}$$

$$\mathbf{p}_2 \times \mathbf{p}_3 = \beta(\mathbf{r}_2 \times \mathbf{r}_3) = \beta\mathbf{r}_1 \tag{8.40}$$

である．$\mathbf{p}_1$ の絶対値と正規化したベクトルから α，$\mathbf{r}_2$，$\mathbf{p}_2$ の絶対値と正規化したベクトルから β，$\mathbf{r}_1$ が求められる．さらに，

$$\mathbf{p}_1 \cdot \mathbf{p}_3 = c_u, \tag{8.41}$$

$$\mathbf{p}_2 \cdot \mathbf{p}_3 = c_v \tag{8.42}$$

として，すべてのパラメータが計算可能である．

8.4　多視点幾何

8.4.1　三角測量

基本的な幾何に関する知識より，2 点間の距離が既知で，その 2 点から目標物に対する角度がわかれば，その対象物までの距離が計算できる（図 8.6 (a)）．これを一般に**三角測量**と呼び昔から測量など多くの分野で利用されてきた．これはカメラに置き換えると次のようにいうことができる．2 枚の画像があり，それぞれを撮影した位置およびカメラの方向が既知であれば，その 2 枚の画像上の対応点を得ることで，その点の 3 次元座標がわかる（図 8.6 (b)）（ただし，カメラの内部パラメータは既知であるとする）．このような目的で撮影された画像のセットをステレオ写真と呼び，これによる 3 次元復元を**ステレオ復元**という．

今，求めたい点の 3 次元座標を射影空間上で $(X, Y, Z, 1)$ とする．また，これがカメラ座標上で (ku, kv, k) であったとすると，

$$\begin{pmatrix} ku \\ kv \\ k \end{pmatrix} = \begin{pmatrix} p_{11} & p_{12} & p_{13} & p_{14} \\ p_{21} & p_{22} & p_{23} & p_{24} \\ p_{31} & p_{32} & p_{33} & p_{34} \end{pmatrix} \begin{pmatrix} X \\ Y \\ Z \\ 1 \end{pmatrix} \tag{8.43}$$

と書ける．ここで拡張ベクトルを元の座標に戻し（k を消去し），X，Y，Z に関してまとめると以下のように書ける．

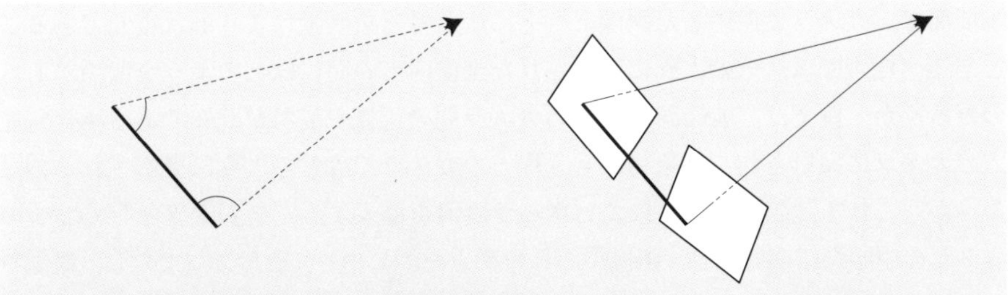

(a)　2 点間の距離と方角が既知の場合　　(b)　カメラを用いた場合

図 8.6　三角測量の原理

$$\begin{pmatrix} p_{31}u - p_{11} & p_{32}u - p_{12} & p_{33}u - p_{13} \\ p_{31}v - p_{21} & p_{32}v - p_{22} & p_{33}v - p_{23} \end{pmatrix} \begin{pmatrix} X \\ Y \\ Z \end{pmatrix} = \begin{pmatrix} p_{14} - p_{34}u \\ p_{24} - p_{34}v \end{pmatrix} \tag{8.44}$$

したがって，1 つの画像から 2 つの連立 1 次方程式が得られるため，ステレオペアからは，以下のように 4 つの拘束式が得られる．

$$\begin{pmatrix} p_{31}u - p_{11} & p_{32}u - p_{12} & p_{33}u - p_{13} \\ p_{31}v - p_{21} & p_{32}v - p_{22} & p_{33}v - p_{23} \\ p'_{31}u' - p'_{11} & p'_{32}u' - p'_{12} & p'_{33}u' - p'_{13} \\ p'_{31}v' - p'_{21} & p'_{32}v' - p'_{22} & p'_{33}v' - p'_{23} \end{pmatrix} \begin{pmatrix} X \\ Y \\ Z \end{pmatrix} = \begin{pmatrix} p_{14} - p_{34}u \\ p_{24} - p_{34}v \\ p'_{14} - p'_{34}u' \\ p'_{24} - p'_{34}v \end{pmatrix} \tag{8.45}$$

これを，

$$BX = b \tag{8.46}$$

と行列で表現し，B の逆行列を両辺にかけることで，$X = B^{+}b$ として X，Y，Z が求まる．実際には拘束式の方が未知数を上回っているため，行列が正方行列とはならず，解は擬似逆行列により求まる．また，これは画像の対応点の 4 成分が独立ではないことを意味している．

8.4.2　エピポーラ幾何

前節で，カメラで撮影した画像セットについて三角測量により形状復元できることを述べた．では，そのように撮影された画像同士の間にはどのような関係があるのだろうか．例えば，前節同様 2 つのカメラ間の位置や姿勢が既知である場合，片方のカメラに撮影された対象物はもう片方のカメラではどのように撮影されるのだろうか．これを議論するために**エピポーラ幾何**を導入する．まず定義として 2 つのカメラの中心を結ぶ直線と，画像平面との交点をエピポールと呼ぶ（ただし，撮影された画角内にエピポールが収まっているとは限らない．実際はカメラを並行にしてステレオ画像を撮影することが多いことを考えると，むしろまれといえる）．また，この直線を軸として回転する平面を無限に定義することができ，これをエピポーラ平面と呼ぶ．このエピポーラ平面と画像との交線がエピポーラ線である．この定義に従い先ほどの問いを考えてみると，片方のカメラ上で 1 点を定めると，これを通るエピポーラ平面が 1 つに定まり，この平面が他方のカメラ上にエピポーラ直線を描くことがわかる．つまり，片方のカメラで撮影された特徴点は，他方カメラのエピポーラ線上にある．したがって，このような場合には特徴点などの対応点の探索範囲を 2 次元平面から 1 次元直線へと狭めることが可能となる（先ほどの三角測量において，自由度が 4 より 1 つ少ないことに相当する）．

エピポーラ方程式

画像上の対応点を用いて，透視投影（中心射影）におけるエピポーラ方程式を導出することができる．2 つのカメラ間の外部パラメータを回転と並進それぞれを R，t とし，対応点の正規化カメラ画像上での座標を x_1 および x_2 とする．ここで，x_1 と t と $Rx_2 + t$ は図 8.7 より明らかな通り同じエピポーラ平面上にある．したがって，

$$x_1^\top (t \times (Rx_2 + t)) = 0 \tag{8.47}$$

これを行列演算の形式で表すと，

$$x_1^\top [t]_\times Rx_2 = 0 \tag{8.48}$$

となる（ここで，$[t]_\times t = 0$ を使った）．ただし，$[t]_\times$ は，任意ベクトルと t との外積を行列演算で表した以下に示される 3×3 の歪対称行列である．

$$\begin{pmatrix} 0 & -t_3 & t_2 \\ t_3 & 0 & -t_1 \\ -t_2 & t_1 & 0 \end{pmatrix} \tag{8.49}$$

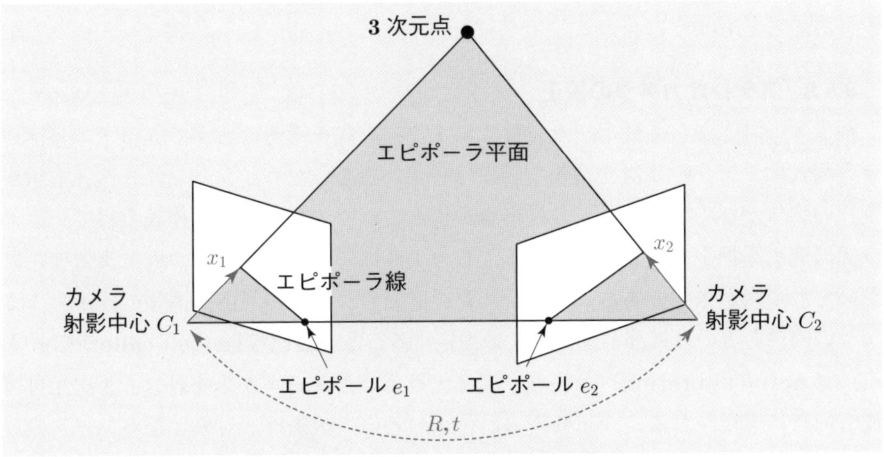

図 8.7　エピポーラ幾何の定義

ここで，$E = [t]_\times R$ とおくと，上式は

$$x_1^\top E x_2 = 0 \tag{8.50}$$

となり，シーンの 3 次元座標とは関係のない，2 次元画像上の座標とカメラの外部パラメータのみによる関係式となる．これを**エピポーラ方程式**と呼ぶ．また，この E を**基本行列**（essential matrix）または単に E 行列と呼ぶ．ここで，x_1 と x_2 が正規カメラ上での座標であることに注意し，カメラの内部パラメータを A とすると，元のカメラ座標は，

$$m_1 = A_1 x_1 \tag{8.51}$$

であることから，$F = A_1^{-\top} E (A_2)^{-1}$ を用いて，

$$m_1^\top F m_2 = 0 \tag{8.52}$$

と表すことができる．この F を**基礎行列**（fundamental matrix）または単に F 行列と呼ぶここで“$-\top$”は逆行列の転置を表す．

エピポーラ方程式から導かれる重要なポイントとして，ステレオ撮影した 2 枚の画像があり，そのカメラの内部パラメータや外部パラメータが未知であっても対応点を得られれば，その対応点の 3 次元情報とは無関係に，カメラ間の運動に関する拘束式を得られることが挙げられる．さらにその結果，射影空間における対応点の 3 次元復元が可能である（内部パラメータが既知であればユークリッド復元）．

また，画像上のある点 m_2 は，もう一方の画像上で，直線 $x^\top l = 0$（$l = F m_2$）上にあることもすぐにわかる．

8.4.3　ステレオカメラの校正

画像上の対応からエピポーラ方程式による拘束式を得ることができる．エピポーラ方程式はシーンの 3 次元情報を陽には必要としないため，シーンに 3 次元形状が既知の物体がなくても，多くの対応点を得ることでエピポーラ方程式を得て，カメラ間の運動を推定することができる．このようにステレオカメラのみによる校正において，形状が未知であるようなシーンを計測したときの対応点情報のみから，カメラの内部あるいは外部パラメータを推定することを**自己校正**（self-calibration あるいは auto-calibration）という．内部・外部パラメータが求まれば，3 次元再構成も同時に実現される．つまり，自己校正の名前の由来は，対象となるシーンの計測と，カメラ校正とが一体になっていることによる．

基本的な自己校正手法として，まずステレオカメラの F 行列を求め，これから，

クルッパ方程式（後述）などの拘束条件を使ってカメラの内部パラメータおよび相対的な位置関係（外部パラメータ）を求める方法がある．ステレオカメラのF行列を求める方法として，「8点アルゴリズム」を紹介する．

8点アルゴリズムによるF行列の推定

前節で述べた通り，透視投影におけるF行列のrankは2であり，スケーリングの不定性から，自由度は高々7である（この数は投影モデルによるが，透視投影の場合の自由度は実際に7である）．また，ステレオ画像における1つの対応からエピポーラ方程式が1つ得られる．したがって，7つの対応点があれば7つの拘束式が得られF行列を求めることができる．さらに，8つの対応点が得られれば線形解法により解が求められることが知られている（**8点アルゴリズム**）．このアルゴリズムは，線形方程式のみを用いるので，線形計算のライブラリなどを用いることで，比較的容易に実装でき，初期値の解法などに用いることができる．以下に定式化と実際の解法について述べる．

3次元形状が未知のシーン上において8個の3次元点について，それぞれのカメラにおける画像面上での位置（座標）がわかっているとする．カメラ1とカメラ2があり，カメラkにおけるl番めの点の画像面での位置を$(u_{k,l}, v_{k,l})$と表す．F行列を$\mathbf{F}$とし，$\mathbf{F}$のi行j列の要素を$f_{i,j}$とする．エピポーラ方程式により，

$$(u_{2,l}\ v_{2,l} 1)\mathbf{F}\begin{pmatrix} u_{1,l} \\ v_{1,l} \\ 1 \end{pmatrix} = 0 \tag{8.53}$$

である．この式を$f_{i,j}$について調べると1次式なので，この1次式を行列の形にすると，

$$\mathbf{Mf} = \mathbf{0} \tag{8.54}$$

である．ただし，

$$\mathbf{M} = \begin{pmatrix} u_{1,1}u_{2,1} & v_{1,1}u_{2,1} & u_{2,1} & u_{1,1}v_{2,1} & v_{1,1}v_{2,1} & v_{2,1} & u_{1,1} & v_{1,1} & 1 \\ u_{1,2}u_{2,2} & v_{1,2}u_{2,2} & u_{2,2} & u_{1,2}v_{2,2} & v_{1,2}v_{2,2} & v_{2,2} & u_{1,2} & v_{1,2} & 1 \\ \cdots & \cdots & \cdots & \cdots & \cdots & \cdots & \cdots & \cdots & \cdots \\ u_{1,8}u_{2,8} & v_{1,8}u_{2,8} & u_{2,8} & u_{1,8}v_{2,8} & v_{1,8}v_{2,8} & v_{2,8} & u_{1,8} & v_{1,8} & 1 \end{pmatrix},$$

$$\mathbf{f} = (f_{1,1}, f_{1,2}, f_{1,3}, f_{2,1}, f_{2,2}, f_{2,3}, f_{3,1}, f_{3,2}, f_{3,3})^{\mathsf{T}} \tag{8.55}$$

である．F行列，したがって$\mathbf{f}$には定数倍の自由度がある．上記の1次式の最小自

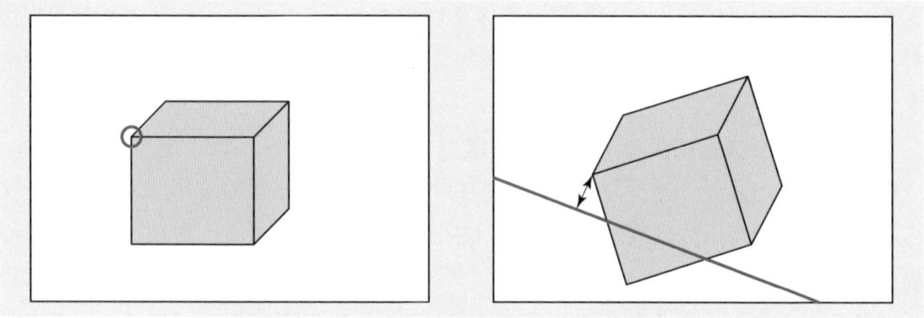

図 8.8　特徴点とそのエピポーラ線の誤差

乗解は，$\mathbf{M}^\top\mathbf{M}$ の最小固有値に対応する固有ベクトルとして求められる．

E 行列からの運動の復元

E 行列は，$[t]_\times R$ と定義されるため，E 行列が与えられれば，回転と並進を計算することができる．

まず，$[t]_\times$ は rank 2 であり，$E^\top\mathbf{t} = 0$ となることから，$\mathbf{t}$ と平行な単位ベクトル $\bar{\mathbf{t}}$ を，$EE^\top$ の最小固有ベクトルとして求めることができる．また，$EE^\top = |t|^2\left(I - \frac{tt^\top}{|t|^2}\right) = |t|^2(I - \overline{tt}^\top)$ より，t のノルム $|t|$ が求まる．

R の推定は，

$$f(R) = |E - [t]_\times R|^2$$

を最小化するような，R を求めることで行う．

バンドル調整

上記の線形解法に基づく 8 点アルゴリズムやクルッパ方程式 (Kruppa's equation) の解は，初期値などを考慮する必要がないため，実際の数値解法上の利用価値が大きいが，ノイズや量子化誤差などの影響を受けやすく最適な解が求まるわけではない．そのため，通常は推定パラメータを基に推定した 3 次元点の画像上での座標を計算し，図 8.8 に示すようにそれと実際の対応点やエピポーラ線との二乗誤差をエネルギー関数として非線形最適化などを行い最終的な解が求められる．これを**バンドル調整**と呼び，多くの手法の中でも最適な解が得られやすいといわれている．非線形最適化には，レーベンバーグ–マルカート法 (Levenberg–Marquardt method) などを用いることができる．また，この行列は一般に非常に疎な行列のため，これを計算に利用すると大幅な高速化が実現でき，そのような研究が多数行われている．

第8章の問題

□ **8.1** カメラの幾何問題の応用として 10 章に紹介する AR マーカがある．AR マーカを用いるとどのような情報が得られるか？ また，情報を取得するためには，カメラ，マーカにどのような事前準備が必要か？

□ **8.2** 視覚を用いて表面形状を高密度に計測したい場合にとり得る手法を列挙し，その利点，欠点について考察せよ．

第9章

3次元データ処理

9.1 メッシュデータ処理

さまざまな3次元計測手法によって得られた3次元点データは，多くの場合部分的なデータである．そのため，観測対象全体の形状をモデリングするためにさまざまな方向から計測し，計測後に単一のデータに統合するというデータ処理が必要とされる．図9.1にモデリングステップの一般的な流れを示す．

カメラなどを用いて光学式に基づいた3次元形状計測法では各画素に対して視点位置から物体までの距離を計測する．その計測されたデータは，各画素に距離を保持した画像として得られることから，形状データと呼ばれる．形状データを取得する方法には，

- レーザ光を発射し，反射してセンサまで返ってくる時間を計る方法（Time-of-Flight 方式）
- レーザ光やパターン光を照射し，物体に当たった光をカメラで撮影することにより三角測量を行う方法
- ステレオ視によって三角測量する方法

などさまざま存在する．単一の視点からの距離を計測するものが多いため，計測したデータを画像のように2次元に整列させることができる．これが形状データと呼ばれる理由である．各画素のデータは視点位置から奥行方向に距離の分だけ離れた3次元点を投影したものであるので，形状データは3次元点集合（point cloud）としても表される．各画素に密に距離データが得られている場合，隣接する点を接続することにより，面を張った物体の表面形状データを得ることができる．

次に観測対象全体の形状をモデリングするために，さまざまな方向から形状を計測したデータを単一のデータに統合する．それにはまず，それぞれの形状データの相対的な位置を合わせて統一された座標系を表すステップを行う．このステップを

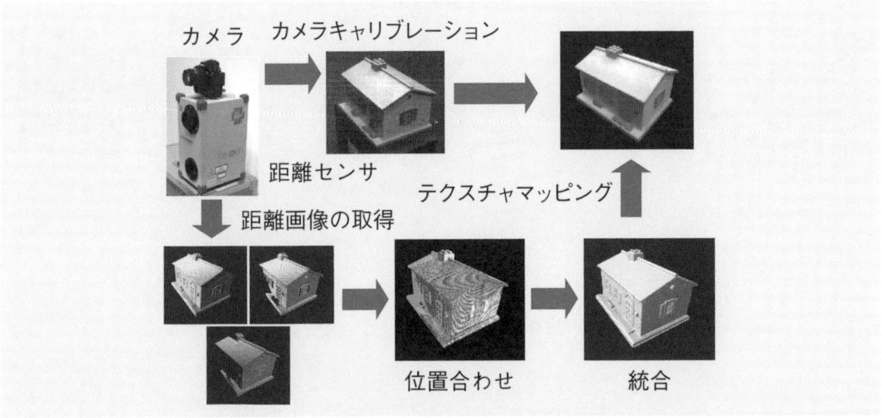

図 9.1 物体形状のモデリングのステップ

距離データの位置合わせ（registration, alignment）という．さらに，観測対象全体のモデルを生成するために，複数の形状データを 1 つのモデルに統合するステップを行う．これを距離データの統合（merging, integration）と呼ぶ．最後に，より現実感のあるモデルを生成するため，統合された形状モデルに，カメラから得たカラー画像をテクスチャマッピングしてテクスチャ付きのモデルを生成する．そのためには形状モデルとカラー画像の相対位置を知ることが必要である．

9.1.1 メッシュ生成

3 次元形状計測法によって取得したデータは多くの場合，物体表面を離散的にサンプリングし，3 次元点集合として物体の形状を表現する．取得したデータを利用してテクスチャマッピングを行ったり，観測対象の 3 次元領域を表す水密な（watertight）モデルを生成したりするためには，3 次元点を補間し，面の集合として表されるモデルを作ることが必要である．取得したデータの密度が十分高ければ，線形補間で十分であり，点同士を接続して平面（メッシュ）で表面形状を表すことができる．逆に，データが必要以上に密である場合，データ量が増大することが問題となる．そこで点と面の数を減らす処理（デシメーション）が必要である．

3 次元点の集合である形状データデータは，図 9.2 (a) に示すようにカメラの撮像面に投影することによって，2 次元に配置することができるため，計測点の隣接関係を投影面上で計算することができる．データ点がカメラの各画素で得られている場合，データ点は画素に対応して格子状に並ぶ．縦横の画素のデータを接続することにより，単純にメッシュ構造を生成できる（図 9.2 (b)）．ただし，オクルー

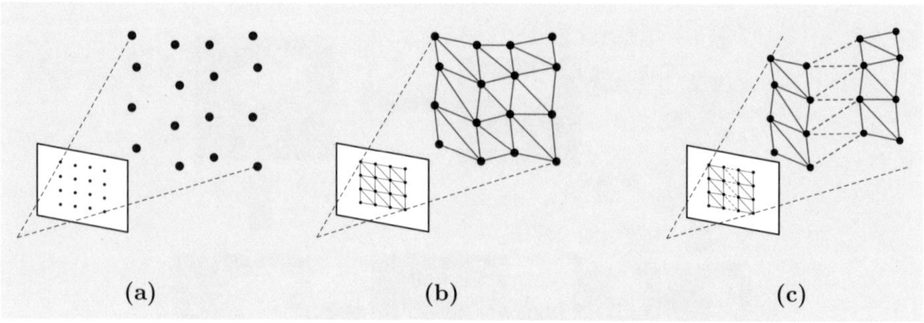

図 9.2 単純なメッシュ化

ディングエッジなどでは，形状のジャンプエッジが生じるため，点間の距離に閾値《しきいち》を設ける方法などによって，これらが接続するかどうか判断する処理が必要である(図 9.2 (c)) [14, 44].

縦横に 3 次元点を接続して生成されるポリゴンの形状は四角形となるが，必ずしも平面とならないため，対角にある点も接続し，最も基本的な形状である三角パッチを用いる．図 9.2 では三角パッチを生成するため，単純に右上と左下の頂点を斜めにつないでいるが，三角形の形状は正三角形に近い方が以降の処理に適している場合が多い．そのため，隣接する 4 つの頂点で構成する四角形の対角線のうち，短い方の対角線を接続して三角パッチを作る方法も可能である．

9.1.2 形状データの位置合わせ

さまざまな視点から観測された複数の形状データを用いて観測対象全体のモデルを生成するための 1 つめのステップは形状データ間の相対的な位置合わせである．観測する視点の相対位置がキャリブレーションでき，既知と仮定できる場合，その情報を使ってそれぞれの視点から得られた形状データを同一の座標系に変換することによって位置合わせが実現できる．例えば，観測対象が小さな物体である場合，ロボットアームやターンテーブルに乗せ，位置姿勢を変えて観測でき，形状データの相対位置はターンテーブルの角度などから取得できる．しかし観測対象が大きい場合や，事前にキャリブレーションできない場合では，計測された形状データから相対的な位置合わせをする方法（アラインメント）が必要である．また，キャリブレーションされている場合でも，位置合わせによって誤差を補正することにより，データ間のずれを小さくすることができる．

形状データの位置合わせは，(1) 形状データ間の対応点の決定，(2) 対応点の位置

誤差の最小化，という 2 つの要素から構成される．対応点を決定する方法は，

(1) 手動で対応付けする方法
(2) 形状データの各点における局所的な特徴量に基づいて対応付けする方法
(3) ICP 法に基づいた方法

に分類される．第 1 のアプローチは，ユーザが対応点を指定するインタフェースを作成し，手動で対応点を与える手法である．第 2 のアプローチは，形状データの各頂点においてその周囲の局所的な特徴量を定義し，形状データ間で類似した特徴点を探索する手法である．特徴量として，画像を用いて対応付ける場合は，ハリス特徴量，SIFT 特徴量などを用いて似ている点を対応付けることができる．画像を用いない場合は，頂点周りの局所的な形状を用いて対応付ける方法 [6, 17, 42] が提案されている．第 3 のアプローチは，各頂点について形状データ間で最近傍点を探索し，それを対応点とする．そして，対応点の探索とその位置誤差の最小化を繰り返すことで，反復的に位置合わせを行う手法である．ICP 法は最近傍点の探索法の違いと，誤差の最小化の方法の違いによって多くの派生的な手法が提案されている．

対応点が与えられているとすると，位置誤差を最小化する方法には，解析的に解く方法と，反復計算による方法がある．ここで，2 つの形状データの位置合わせにおいて，形状データ 1 の頂点 $\mathbf{x}_i$ と形状データ 2 の頂点 $\mathbf{y}_i$（$i = 1, \ldots, N$）を対応点とする．また，3 次元における 3×3 回転行列を R，平行移動ベクトルを $\mathbf{t}$ とすると，位置誤差の最小化問題は次のように定義される．

$$R, \mathbf{t} = \arg\min_{R,\mathbf{t}} \sum_{i=1}^{N} (\mathbf{y}_i - (R\mathbf{x}_i + \mathbf{t}))^2 \tag{9.1}$$

パラメータ R，$\mathbf{t}$ は解析的に計算する方法 [8]，あるいはニュートン法，レーベンバーグ–マルカート法などの反復計算によって最小化を行う方法がある．対応点に誤対応が含まれる場合には，LMedS 法 [53] や M-estimation[49] などのロバスト推定を用いて安定化を図る必要がある．

ICP 法に基づいた手法

ここでは，前節に挙げた対応点を決定する方法の中でよく用いられる方法として第 3 の方法である ICP 法について説明する．手動で位置合わせした場合や，特徴点に基づいた位置合わせ手法の場合，対応付けが正確ではないことがあり，位置合わせ結果に誤差が残る．そのような場合では，形状データ中の多くの点を用いて誤差を最小化する ICP 法を適用することによって結果を改善できる．**ICP 法**（Iterative

Closest Point algorithm）はベッスル（P.J. Besl）とマッケイ（N.D. McKay）によって最初に提案された手法であるが [3]，多くの派生的な手法が存在する．2 つのデータの位置合わせをする場合の基本的なアルゴリズムは次のようになる．

(1)　一方のデータの各点について，他方のデータにおける最近傍点を探索する．
(2)　最近傍点を対応点として，その位置誤差を最小化するパラメータ R，$\mathbf{t}$ を計算する．
(3)　パラメータ R，$\mathbf{t}$ を更新する．誤差が十分小さければ終了する．そうでなければ (1)，(2) を繰り返す．

ICP 法では位置合わせのための対応点として選ばれた最近傍点は繰返し計算の中で毎回探索される．そのため対応する点の組は，繰返しのたびに更新されることが特徴である．ICP の派生的な手法では，精度や安定性の向上のために以下のような点について，さまざまな方法が提案されている．

- 最近傍点の探索方法
- 誤対応の除去
- 複数形状データの同時位置合わせ

以下ではこれらの問題のうち，最近傍点の探索方法について説明する．

9.1.3　形状データの統合

位置合わせ手法によって形状データの相対位置がそろった段階では，まだ複数の形状データから表されているだけに過ぎず，観測対象のモデルが生成できたとはいえない．このため次に，複数の形状データを単一のメッシュモデルに統合する処理が必要となる．しかし，形状データには計測誤差が含まれるため，統合のために複数の形状データの頂点間を単純に接続すると接続部分に誤差が生じ，不自然な形状となる．また，重複して計測された部分に対して，単一の形状に変換する必要があり，計測のうちのどれかを選ぶ方法では計測で生じた誤差が残る．そこで複数の計測によって得られる冗長な情報を利用し，誤差を軽減する方法が考えられる．そこで形状データ統合における問題を整理すると，主に 2 つの要素から構成される．

- 複数の形状データの単一のメッシュモデルへの変換（リメッシング，remeshing）
- 形状データに含まれるノイズの除去と，重複した部分の整合化

これらの問題を解決するために大きく分けて，メッシュモデルベースの手法とボ

リュームベースの手法が提案されている．以下では2つのアプローチに分類して形状データ統合の手法を紹介する．

メッシュモデルベースの手法

メッシュモデルベースの形状データ統合手法とは，データの表現手法としてメッシュモデルのみを用いて統合する手法である．

ターク（G. Turk）とリボイ（M. Levoy）はジッパーのように2つの形状データを接続する手法を提案している[44]．その手法は次のような手順で構成される．

(1) 重なっている部分のメッシュを発見して，冗長な部分の片方のメッシュを取り除く．
(2) 境界部分を三角パッチでつなぎ直すことによって，2つの形状データを連結する．
(3) 小さな三角パッチの頂点を削除し，エッジをつなぎかえることによってそのパッチを取り除く．

手順 (2) の段階では接続部分に小さな三角パッチが生成されている可能性がある．そのようなパッチはメッシュモデルの応用にとって望ましくないため，それを取り除くように最後の手順が必要となる．

また，スーシー（M. Soucy）とローレンドー（D. Laurendeau）も同様にメッシュモデルベースの統合手法を提案している[41]．彼らの手法では，まず冗長に取得された形状データの部分を検出する．形状データの重複の状態によってデータを分割し，それぞれに対して以下の処理を行う．

(1) 新たに格子状に頂点が整列したメッシュモデルを定義する．
(2) それぞれの形状データをメッシュモデルに投影し，メッシュモデルの頂点を形状データと対応付ける．
(3) 対応付けされた形状データの重み付平均をとることによって，メッシュモデルの頂点の位置を決定する．

このようにして複数の形状データが統合されるが，それらはまだ複数の部分的なメッシュモデルでしかないため，それぞれを連結しなければならない．そのため，最後にメッシュモデルの境界を，ドロネー三角形分割によって接続する方法を用いる．

これらのメッシュモデルベースの手法ではメッシュの境界部分の扱いが難しく，形状データに含まれる計測誤差や，位置合わせ誤差に弱い．そこでいったん中間表現に変換するボリュームベースの手法が提案されている．

ボリュームベースの手法

メッシュモデルベースの手法に対してボリュームベースの手法では，観測対象の 3 次元形状の中間表現として**符号付距離場**（Signed Distance Field; SDF）を用いて，統合の手順は次の 2 段階から構成される．

- 形状データから符号付距離場への変換
- 符号付距離場からメッシュモデルへの変換

前者は，形状データのノイズを除去し，データの整合性をとり，後者は，符号付距離場からメッシュモデルを生成することによってリメッシングを行う．以下では，まず符号付距離を用いた形状のモデリングについて説明し，次に形状データから符号付距離場を生成するいくつかの手法について述べる．

符号付距離場を用いた形状モデリング

符号付距離場では，3 次元空間をボクセルに分割して表す．ボクセルは，画像の画素（ピクセル）のように，3 次元空間を細かく分けた立方体である．各ボクセルには，その中心から物体表面までの距離を保持することによって形状を表す．図 9.3 は符号付距離場の 2 次元断面の例を表している．黒い実線が物体表面を表しており，各ボクセルからその最近傍点まで矢印が伸びている．すなわち，矢印の長さが距離である．この距離に，最近傍点に対してボクセル中心が物体の外側なら正，内側なら負の符号を与える．そのため，計算された値は符号付距離と呼ばれる．図中で網点部のボクセルは負の符号を持つことを表している．もし距離の代わりに，内側ならば 1，外側ならば 0 といった離散化された値を保持した場合，これは占有グリッド（occupancy grid）と呼ばれる形状モデリング手法となる．しかし，この方法ではなめらかな曲面を表すことは困難である．

符号付距離場を用いたモデリングでの表面形状は

$$f(\mathbf{x}) = 0 \tag{9.2}$$

で表される．ここで，$\mathbf{x}$ は 3 次元空間中の座標であり，$f(\mathbf{x})$ は $\mathbf{x}$ における符号付距離の値である．式 (9.2) は符号付距離が 0 となる 2 次元曲面を表すため，その曲面は 0 等値面と呼ばれる．また式 (9.2) で表された形状は，式の表現形式から陰関数表面（implicit surface）とも呼ばれる．実際には符号付距離場はボクセルを用いて離散化されているため，$f(\mathbf{x})$ はボクセルの中心点 $\mathbf{x}$ でのみ与えられる．

符号付距離場は中間的な形状表現であるため，形状データの利用には多くの場面で利用されるメッシュによって表すデータ形式に変換することが必要である．格子

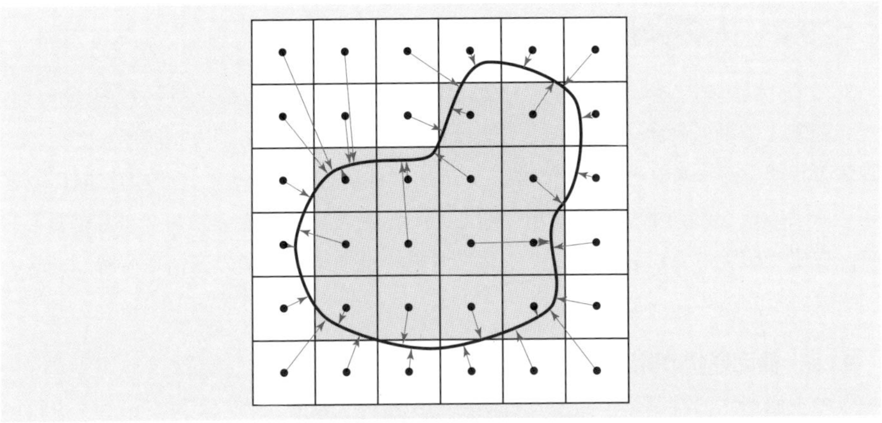

図 9.3　符号付距離場の計算

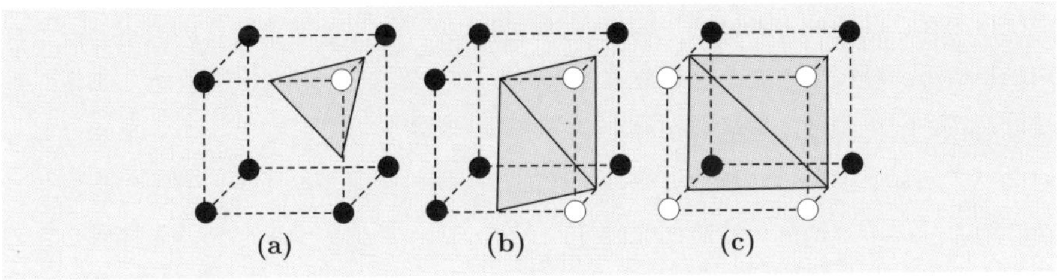

図 9.4　マーチングキューブ法

状に配置されたボクセルに対して符号付距離が与えられている場合に，表面形状をメッシュモデルに変換する方法として，しばしば**マーチングキューブ法**（marching cubes algorithm）[27] が用いられる．図 9.4 はマーチングキューブ法によって符号付距離場からメッシュモデルを生成する様子を表している．白丸，黒丸は隣接する 8 個のボクセルの中心を表しており，白丸は正，黒丸は負の符号を持つボクセルである．マーチングキューブ法は白丸と黒丸の間の立方体の辺上に頂点を生成し，白丸と黒丸を分割するように三角パッチを作る．頂点の位置は 0 等値面上になるように符号付距離を補間して計算する．ゆえに三角パッチは物体表面形状を表すメッシュモデルとなる．マーチングキューブ法は，正負の符号を持つボクセルの間に面を張るため，水密なメッシュモデルを生成することができる．すなわち計測された形状データから符号付距離場を計算することができれば，元の形状データの頂点の配置や境界に関係なく，ボクセルの配置に基づきマーチングキューブ法によってメッシュを生成することができ，形状の統合におけるリメッシングの問題を解決することができる．

9.2 人の身体モデリング

3次元計測処理において，観測対象は大きく分けて静的対象と動的対象に分けられ，観測する動的対象として人の計測は重要な位置を占める．人を観測して，その身体の状態を調べることは，医学的，スポーツ科学的応用やゲーム，AR，MRなどメディア応用などさまざまな応用につながる．人の身体をモデリングする要素として，皮膚や服装などの表面形状，身体の骨格の位置姿勢，顔の表情や姿勢，視線の向きといったものが挙げられる．

9.2.1 表面形状の計測とモデリング

人の表面形状の計測は，精度と計測密度が重視されるため，プロジェクタを用いてパターンを投影するアクティブ形状計測の手法が用いられることが多い．本項ではアクティブ形状計測法の詳細を割愛するが，カメラのみを用いる場合と比べて対応付けの容易さに利点を持つ．形状取得には主に，標準的なポーズの静止した全身形状を取得，動作する人の形状取得，という2種類の目的が考えられる．静止した全身形状の取得では，被験者が静止できるポーズをとり，時間エンコード法に基づいたパターンを投影し，数秒以内の比較的短時間に計測が終了する方法が採用される．例えば，産業技術総合研究所では，人体寸法・形状データベースを作成しており，その一環として被験者97名分の表面形状データを取得している[52]．図9.5は計測した人体表面形状の一例である．

動作する人の形状取得では，30フレーム/秒 程度の形状データを得ることが必要となる．データ取得には多くの場合，空間エンコード法やパターン投影付きステレオ視

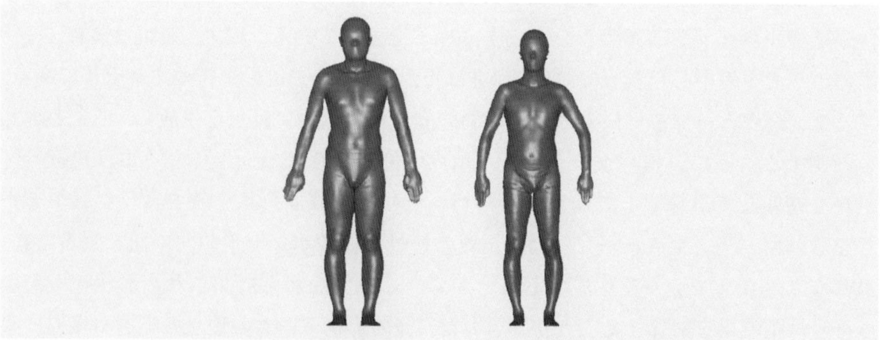

図9.5　人体寸法・形状データベースで取得された表面形状
（産業技術総合研究所，2006）

図 9.6 **パンチ動作の 3 次元計測**

の手法が採用される．ウェーブグリッドパターンを使用する方法 [35] では，図 9.6 に示すように，動いている人物の高密度 3 次元再構成を生成した．この方法では，動作のある瞬間を撮影した 1 枚の画像から，その瞬間の人体の表面形状を計測したものである．

1 つの視点からの画像を使用する 3 次元形状計測では，3 次元形状の一部しか計測できない．しかし多くの応用では，3 次元形状全体を計測することが非常に重要となる．そのため，複数の視点から 3 次元形状を同時に計測する必要がある．アクティブ光源を使用する計測では，全方位計測を実現するために，複数の光源を観測対象に投影する．この場合，複数の光源が干渉するため，それらを分離する必要が生じる．これを行う方法として，時分割に基づく方法または色に基づく方法が考えられるが，使用できる色の数が少ない，使用機器が複雑といった問題が生じる．その解決法として，古川ら [10] は，プロジェクタとカメラを交互に円状に配置することで，動体の全体形状を計測する方法を提案した（図 9.7（口絵 5 参照））．このとき，投影される光源は単純な平行パターンであるため，簡単に分離して検出することができる．3 次元再構成は，各カメラによってキャプチャされた線パターンの交点を使用するグリッド再構成 [20, 34] と同様の方法で実現された．図 9.8（口絵 6 参照）は，この手法による計測結果を示している．複雑なパターンが重なっているにも関わらず，全体の形状が再構築されていることがわかる．マッチングのロバスト性を向上させるために，複数のプロジェクタの場合の追加の制約が提案されている [18, 19, 33]．

9.2.2 人のポーズ推定

人の表面形状の変化の大部分は，骨格のポーズの変化で表される．ポーズを計測する手法として従来モーションキャプチャシステムが用いられてきたが，近年は機械学習に基づいだポーズ推定手法の発展に伴ってマーカなどを身体に装着することなくカメラ画像から非接触にポーズを推定することが可能となってきた．

ショットンらの方法[38]では，カラー情報（RGB）と奥行情報（D）を持つRGBD画像を取得するセンサとしてMicrosoft社Kinectを用いて，RGBDデータを身体のパーツに分類する方法を提案した．

RGB画像から人のポーズを推定する手法として，深層機械学習に基づいたOpenPose[4]が知られている．この手法では関節位置とその接続関係を推定することによって，複数の人のポーズを同時に推定することを実現した．その検出結果の例を図9.9に示す．入力は1枚のRGB画像であり，まず6.2.2項において説明したVGG19に基づいたネットワークにより画像から特徴量を抽出する．次に，CNNから構成されるネットワークによって関節位置を表すPart Confidence Mapsと，関節をつなぐ身体の部位の向きを表すPart Affinity Fields（PAFs）を推定する．複数の人が画像中に存在する場合は，どの関節をつないで骨格を構成するかという問題が発生するため，PAFsの情報を利用してもっともらしい関節の接続を決定する．検出結果では隣接する複数人に対してPAFsの情報を用いた正しい関節の接続の認識により，正しいポーズが得られている．

図9.9 **OpenPose**[4] のポーズ推定例

9.2.3　顔 の 計 測

顔の検出，認識について，7.1.2 項において説明したが，本項では，頭部姿勢と視線の 3 次元計測について説明する．顔の 3 次元計測には，表面形状の他に顔の特徴点検出，頭部姿勢推定，表情推定，視線検出，という要素が含まれる．これらの技術要素にはこれまでさまざまな手法が提案されており，頭部姿勢推定，視線推定，表情推定に関するサーベイも行われている．本項では，その実装としてフリーで公開されている OpenFace[2] に基づいて説明する．

顔の特徴点検出

画像中の顔の位置を検出する方法として広く使われた方法には 7.1.2 項において説明したビオラ–ジョーンズ法 [47] が挙げられる．この方法では，顔のパーツの位置を表現する方法として，ウェーブレット変換で用いられる基底と同じような明るさの変化を特徴量の要素とする Haar-like 特徴が提案された．これにより，画像中の目や鼻の位置を特徴点として検出できる．一方，近年は Haar-like 特徴のような人手で与える特徴量ではなく，学習に基づいて特徴を決定する方法が提案されている [36]．多様な姿勢や照明条件において撮影された多くの人の顔を用いて学習することにより，人手で与える特徴量では困難であった顔の姿勢への安定性が向上した．

頭部姿勢推定

顔のパーツなどの特徴点の画像中での位置がわかると，次のステップでは特徴点を用いて顔の 3 次元位置姿勢推定を行う．ザデ（A. Zadeh）ら [51] の方法では，各特徴点の 3 次元位置が考慮された手法を提案している．特徴点検出から顔座標系で表された特徴点の 3 次元位置と，画像に射影された 2 次元座標の組が与えられているので顔の姿勢によって特徴点の 3 次元位置が並進，回転するものとすると，顔の姿勢は 8.3.1 項において説明した位置姿勢推定問題の解として計算される．すなわ

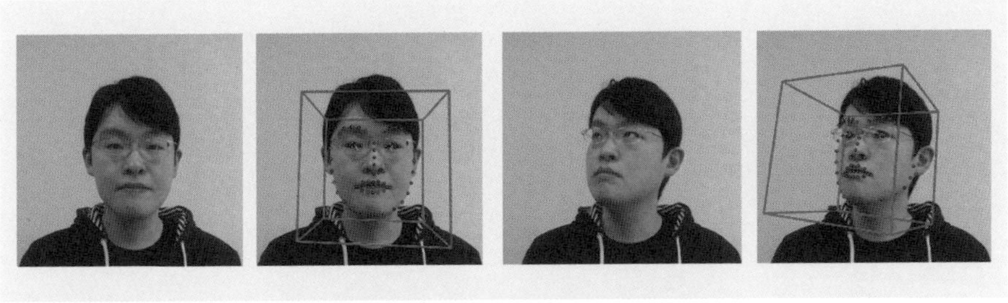

図 9.10　顔の特徴点を用いた姿勢推定
（画像提供：広島市立大学満上研究室）

ち，顔のモデルが持つ3次元座標系と，カメラ座標系の剛体変換を求めることに相当する．顔の特徴点モデルをユーザが決めておくと，特徴点が顔のどの部分に対応しているかは既知であり，被験者によらず顔の形状は概ね共通しており，表情によらず不変であると仮定すると，顔座標系における特徴点の3次元位置を事前に決めておくことが可能である．これにより，顔座標の3次元位置，カメラ画像に射影された2次元位置の対応から剛体変換の並進，回転パラメータが計算できる．

視線検出

顔画像から得られる人の行動に関する重要な情報の1つが，視線の方向である．視線方向を計算する方法には大きく分けて，眼球の3次元モデルに基づいて画像から瞳孔の方向を推定し視線を計算するモデルベースの方法と，目の画像と視線方向を対応付けるアピアランスベースの方法がある．近年は機械学習の発展により，目の画像と視線方向のデータベースを用いて視線を推定する方法が提案されている．ウッド（E. Wood）らの方法[50]ではCLNF（Constrained Local Neural Field）特徴点検出器に基づいて，目と瞳の輪郭を検出する方法を提案した．この検出器は機械学習に基づいており，学習のためのデータを用意するに当たって，CGを用いて写実的な目の画像を生成して大量の学習用画像とする手法を採用した．

第 9 章の問題

□ **9.1** 形状をメッシュデータで表す利点と欠点について考察せよ.

□ **9.2** 人の身体の幾何的な情報にはどのような要素があるか考察せよ.

第10章
画像生成・合成・表現(CG)

10.1　3次元CGの原理

人は，周囲の環境に存在する物体を「見る」ことで，物体の形や，表面の質感などを知ることができる．ものを見るためには，どこかに「光源」が必要である．光源から出た光は，環境中の物体の表面で反射される．

一般に，環境中で反射された光は，環境中の3次元空間に充満しており，3次元空間の各点では，さまざまな方向に光が通過する．これらの光のうち，ヒトの眼の光彩に前方から入った光が，網膜上で2次元像を結び，2次元の映像として感知される．カメラも眼と同様な仕組みで，レンズの絞りに前方から入った光が撮像素子に到達し，2次元画像として出力される．

8.2節で説明されたように，眼やカメラで捉えた2次元像において，異なる画素は，それぞれ3次元空間中で異なる光線に沿って進む光の光の強度情報である．3次元CGは，この仕組みを，実際の物理現象としてではなく，コンピュータによる計算によって近似する．つまり，コンピュータ上に，「光源」，「物体およびその表面の反射特性」，「カメラ」の仮想的なモデルを作成し，その働きを計算することで，カメラで捉えられる像を再現する．

物理的世界では，光が到達可能なあらゆる3次元点について，あらゆる方向に光が通過する．この情報を計算したり記憶するための計算リソースは膨大であり，すべてを計算することは現実的ではない．そこで，実際には，計算対象を，仮想カメラのレンズ位置を通過する光線に限定し，これらのみの計算を行う．図10.1に，すべての光線と，カメラレンズを通過する光線の概念図を示す．レイトレーシング法とZバッファ法は，CG画像を生成する手法であるが，どちらも仮想カメラを基準にして，仮想カメラで観測される光線に限定して光の計算を行う．

このように，計算対象となる光を限定すると，光学現象の一部が再現できなくなる場合がある．例えば，相互反射は，カメラのレンズ位置を通過しない光の作用が

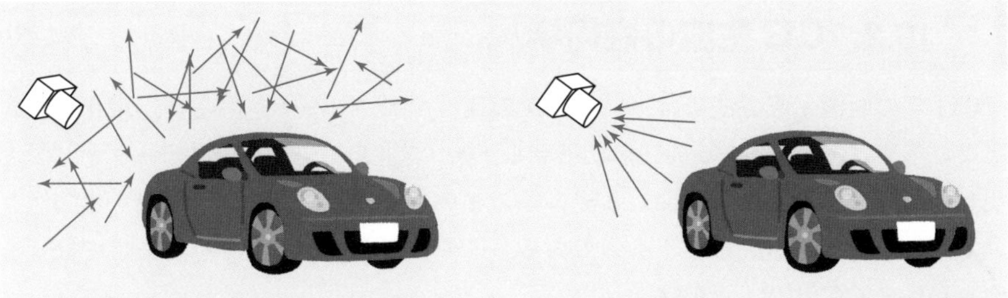

図 10.1　**CG 生成で考慮される光線**

大きく関わっているため，効率よく近似することが難しい．そうした現象を限られた計算リソースで実現するために，ラジオシティ法や，フォトンマッピング法などのグローバルイルミネーション近似が開発された．

近年では，特に物体の表面の反射特性の表現方法や，それを CG 画像生成に利用する手法の応用の研究が進んだことから，写真と見分けがつかない CG が生成可能になっている．さらに，画像生成を行うための専用プロセッサである **GPU** を含めたコンピュータの計算能力の向上により，実時間で写真に近い画質の CG 生成も可能になってきている．

10.2　CG生成の幾何学

CGでの画像生成方法には，いくつかの違ったアプローチがあるが，現在主流のアプローチは，カメラモデル，形状モデル，光（光源）モデルを陽にデータとして表現し，周囲の3次元環境における光のふるまいを計算して，カメラ（眼）で観測される画像を計算する，というものである．このようなアプローチを，ここでは「モデルからのCG生成」と呼ぶ．

モデルからのCG生成において，カメラモデル，形状モデル，光源モデルを作成する過程を，**モデリング**と呼ぶ．また，モデリングされたデータから，計算によってカメラで観測される画像を生成する過程を，**レンダリング**と呼ぶ．

モデルからのCG生成において，入力となる基本情報は，「光源」，「物体」，「カメラ」の3種類である．光源は光を発し，それらの光は，環境中の物体表面や3次元的な媒質で，反射，屈折，拡散され，その一部がカメラや眼などによって2次元画像として観測される．

これらの要素のうち，「カメラ」については8.2節で説明した．本項では，さらに「光源」，「物体」の表現について述べる．

10.2.1　ポリゴンメッシュ

CGデータとしての物体の表現では，物体の「形状」と，その物体の「位置」，および，その物体の「表面反射特性」が表現できれば，光のふるまいが計算可能である．このうち，物体の「位置」の表現や，「表面反射特性」の表現については，後述することとし，まず，物体の「形状」の表現方法について述べる．

物体の形状をCG生成のためのデータとして定義する方法はさまざまであるが，自由な形状を表現する方法として最も多く用いられる表現は，**ポリゴンメッシュ**である．ポリゴンメッシュ以外の表現であっても，ほとんどの場合ポリゴンメッシュに変換することが可能であること，また，現在利用可能なCGモデリングツールは，ほとんどの場合ポリゴンメッシュが利用可能であるため，ここではポリゴンメッシュについてのみ説明する．

すでに9.1節で，形状のメッシュ表現について述べた．ポリゴンメッシュは，物体の形状を，接続された多面体の集合として表現する．ポリゴンメッシュを構成するそれぞれの多角形は，**ポリゴン**と呼ばれる．

ポリゴンメッシュでは，1つの頂点は，複数の面で共有される．そのため，ポリゴンメッシュにおける表現では，点の頂点位置のリストと三角形を構成する頂点の

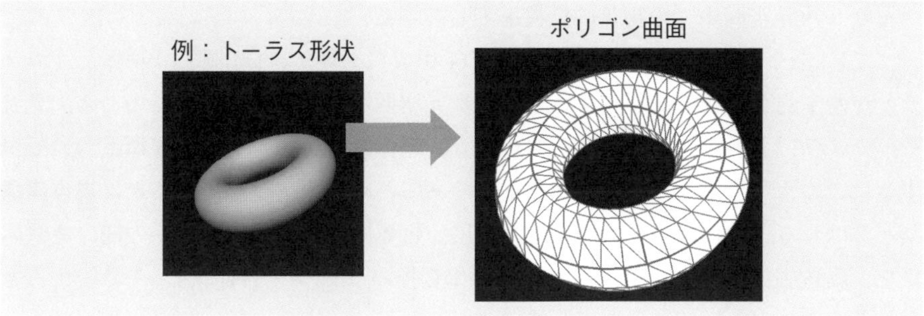

図 10.2　ポリゴンメッシュ

インデックスのリストは，通常は別になっている．

CG における反射の計算では，物体表面の「法線ベクトルの向き」が重要な役割を果たす．法線ベクトルの向きは，陰影計算の基本になるため，通常はあらかじめ計算しておき，ポリゴンメッシュのデータに含めておく．

曲面状の表面をポリゴンメッシュで表現する場合，多面体による表現は，あくまで，近似である．見ための描画の近似精度を上げるために各ポリゴンの大きさを，小さくすると，データ量が増大し，描画性能が低下する．そこで，スムースシェーディングと呼ばれる輝度値補間手法により，各ポリゴンのサイズが目に見える程度であっても，ポリゴン同士の継ぎめが見えにくくなる手法がとられる．

10.2.2　座標系と剛体変換

3 次元物体の「位置」を表すためには，座標系が必要である．このような座標系として，ある環境のすべての物体のベースとなる座標系を設定し，**世界座標系**と呼ぶ．

通常は，物体の形状を表現するそれぞれのポリゴンメッシュについて，世界座標系とは異なる**物体座標系**を考え，ポリゴンメッシュの頂点や法線ベクトルを，その物体座標系で表現する．この場合，物体を世界座標系に対して動かすことは，物体座標系を世界座標系に対して動かし，ポリゴンメッシュの頂点や法線ベクトルのデータはそのままとする．

世界座標系内での物体座標系の位置は，8.2.3 項で説明したような剛体変換によって表される．例えば，世界座標系での座標 $\mathbf{x}_w$ と，物体座標系での座標 $\mathbf{x}_o$ の間の変換式が，以下の式で表される．

$$\mathbf{x}_w = \mathbf{R}_{wo}\mathbf{x}_o + \mathbf{t}_{wo} \tag{10.1}$$

このときの剛体変換パラメータ $(\mathbf{R}_{wo}, \mathbf{t}_{wo})$ が世界座標系と物体座標系の位置関係，つまり3次元空間中での物体の位置を表している．

すでに述べたように，モデルからのCG生成において，「光源」，「物体」，「カメラ」が基本的な情報であり，これらは3次元空間中に配置される．このため，光源や，カメラにも，それぞれ座標系を設定し，剛体変換によって世界座標系内に配置する．このうち，カメラの座標系は重要であるため，**カメラ座標系**または**視点座標系**と呼ばれる．物体座標系の場合と同様に，世界座標系と視点座標系の間の位置関係を，物体座標系と世界座標系の間の剛体変換パラメータ $(\mathbf{R}_{wc}, \mathbf{t}_{wc})$ で表すことができ，これがカメラ位置を表している．

レンダリングの際には，「カメラ」を基準とした環境の記述が重要である．このために，描画対象となる形状の頂点位置情報，法線情報等は，「物体座標系」→「世界座標系」→「カメラ座標系」の順で変換され，カメラ座標系での頂点位置，法線方向がレンダリングに使われる．図10.3に，世界座標系，物体座標系，カメラ座標系の関係を示す．

上記のように，3×3 の3回転行列と，3次元並進ベクトルによって剛体変換を表す方法は，計算過程がわかりやすい．しかし，回転の表現は，数学的には冗長である．2次元回転行列には4個の要素があるにも関わらず，実際には1個の実数回転角で表されるのと同様に，3次元回転も実際には3個のパラメータで表現できる．例えば，任意の回転行列 $\mathbf{R}$ は，

$$\mathbf{R} = \begin{pmatrix} 1 & 0 & 0 \\ 0 & \cos\alpha & -\sin\alpha \\ 0 & \sin\alpha & \cos\alpha \end{pmatrix} \begin{pmatrix} \cos\beta & 0 & \sin\beta \\ 0 & 1 & 0 \\ -\sin\beta & 0 & \cos\beta \end{pmatrix} \begin{pmatrix} \cos\gamma & -\sin\gamma & 0 \\ \sin\gamma & \cos\gamma & 0 \\ 0 & 0 & 1 \end{pmatrix} \tag{10.2}$$

というように，3個のパラメータ α，β，γ で表現することができる．

3パラメータによる回転の表現は他にもある．例えば，回転を，回転軸に沿った方向を持ち，回転角度を大きさとする3次元ベクトルとして表現する場合もある．回転軸を表す単位方向ベクトルを $\mathbf{n}$ とし，回転角を θ とすると，位置ベクトル $\mathbf{x}$ をそのような回転で変換する公式はロドリゲスの公式と呼ばれ，

$$\mathbf{x}' = \mathbf{x}\cos\theta + (1-\cos\theta)(\mathbf{x}\cdot\mathbf{n})\mathbf{x} + (\mathbf{n}\times\mathbf{x})\sin\theta \tag{10.3}$$

となる．このとき，回転を，3次元ベクトル $\theta\mathbf{n}$ で表すことができる．

上記のような，回転軸に沿ったベクトルによる回転表現は，回転軸が明確であり，かつ冗長なパラメータが存在しないという利点を持つが，回転角度 θ は 2π ごとに周期

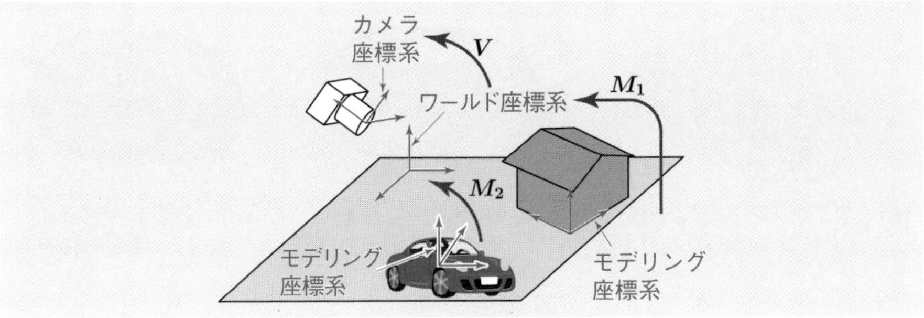

図 10.3　座標系

性があるので，同じ回転が異なるパラメータで表されるという欠点がある．このような欠点を持たない回転の表現として，四元数による表現がある．四元数は，4 個の実数パラメータで表現される「数」の一種であり，多くの理論的背景を持ち，特に単位四元数で回転を表すことが多い．上記のように，回転軸を $\mathbf{n} = (n_x, n_y, n_z)$，回転角を θ とする場合，その回転は，単位 4 次元ベクトル $\left(\cos\frac{\theta}{2}, n_x \sin\theta, n_y \sin\theta, n_z \sin\theta\right)$ で表される四元数に対応する．四元数は，4 パラメータの表現であるが，回転は単位四元数であり，自由度は 3 である．また，回転角の周期性を持たないので，1 つの回転は，1 つの単位四元数に対応する．このような性質のため，回転の補間は，四元数を介して行われることが多い．

10.2.3　隠 面 消 去

3 次元空間において，ある面の手前側に別の面があると，手前側の面によって奥の面が隠され，見えなくなる．CG において，手前側の面での奥側の面の遮蔽を行うことを，**隠面消去**と呼ぶ．図 10.4 に，互いに交差するトーラス状（ドーナツ型）の形状について，隠面消去を行わないで描画した場合と，正しく隠面消去を行った場合の描画結果を示す．隠面消去を行わない結果では，あとからレンダリングした面が前にレンダリングした面を上書きするため，レンダリングの順序によって不規則な描画結果となる．

隠面消去を実現するための手法として，次項で述べるレイトレーシング法と，次々項で述べる Z バッファ法がある．

10.2.4　レイトレーシング

モデルからの CG 生成手法において，現在主に利用されている基本的なアプローチは，2 種類に分けられる．レイトレーシング法と，Z バッファ法である．本項で

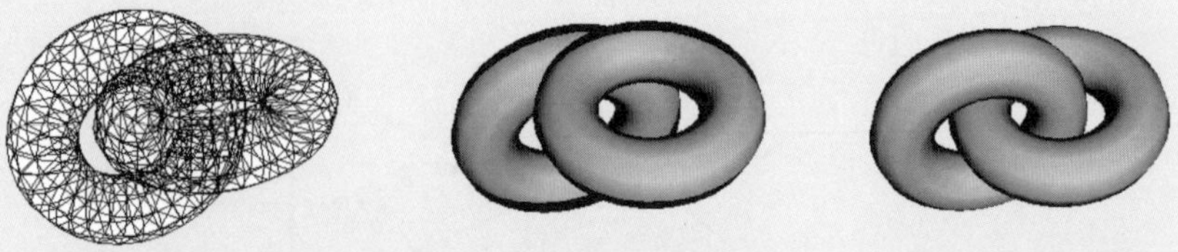

(a)　ワイヤフレームによる描画（ポリゴンの線のみの描画）　(b)　隠面消去処理を行わない場合の描画　(c)　隠面消去処理を行う場合の描画

図 10.4　隠面消去

は，レイトレーシング法について述べる．

レイトレーシング法は，カメラの位置（視点）から描画しようとしている画像の各画素について光の伝播方向とは逆の方向に光線を追跡し，シーン中の物体表面との交点を算出する．図 10.5 にレイトレーシング法の概念図を示す．追跡対象となる光線（3 次元の半直線）のことを，レイと呼ぶ．この算出は，例えば物体がポリゴンメッシュで表現される場合には，ポリゴンメッシュの各三角形について交差判定を行うなどの方法で求められる（図 10.5 左）．もしも，複数の物体と交差する場合（図 10.5 右）には，最もカメラに近い交点を選ぶ．この点が，対象画素で「見えている」点である．

この点について，各光源から光が当たっているか，光が当たっているなら陰影の強さはどうか，等の要素を判定し，適切な画素値を計算し（これらの計算は，シャドーイング，シェーディングと呼ばれる），計算された画素値を画像データに格納する．この操作を，画素の数だけ繰り返すことで画像が生成される．

レイトレーシング法は，光学現象をそのまま逆にたどる，という方法であり，反射，透過，屈折などの光学現象をリアルに表現するのに向いた手法である．また，光学現象のうち，カメラで観測される光線のみを対象として計算するため，多重反射などの計算を行わない限りでは，比較的効率の高い方法であるといえる．ただし，次項で述べる Z バッファ法と比較すると，画素ごとに個別の光学計算を行うコストがあり，必ずしもリアルタイム処理に向いた方法ではない．

10.2.5　Z バッファ法

レイトレーシング法には，リアルタイム処理で利用するには計算コストが高いという問題点がある．**Z バッファ法**は，GPU などによるハードウェア支援を受けやすく，描画を「ポリゴン」単位で行うことができ，計算コストも低いため，リアルタイム処理が必要とされる場面では第一の選択肢となる．実際，ゲームなどの，インタラクティブアプリケーションでは，Z バッファ法が利用されている（近年では，

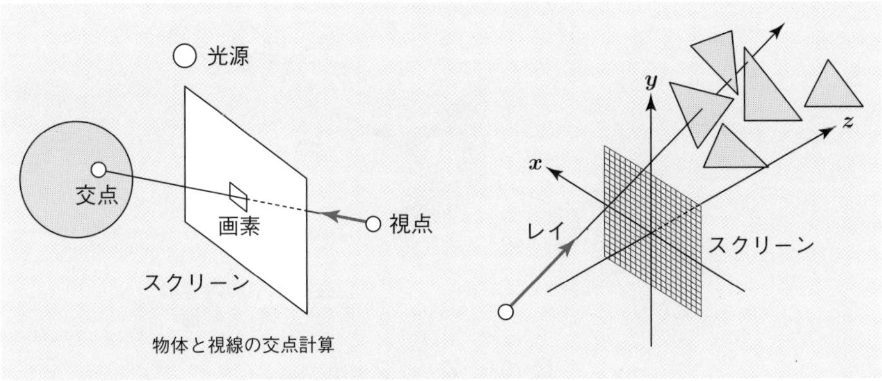

図 10.5　レイトレーシング法

GPU の高速化により，レイトレーシングによるリアルタイムレンダリングも可能になってきている）．

Z バッファ法では，描画対象となるフレームバッファ（画像を格納する 2 次元配列）を用意するが，同時に，Z バッファ，あるいは奥行バッファと呼ばれる，奥行値を表現する同じ大きさの記憶領域を用意する（図 10.6）．

描画はポリゴン単位で行う．あるポリゴンを描画するには，まずポリゴンを構成する頂点について，仮想的なカメラでの投影計算を行い，フレームバッファの座標系の上での頂点位置を確定する（頂点の投影計算）．このポリゴンの内部の画素を判定し（ラスタライズ），その各画素について陰影の計算（シェーディング）を行い，その値をフレームバッファの画素に格納する．ただし，その際，該当する 3 次元点の奥行と，Z バッファの該当画素に格納された奥行との比較を行い，該当する 3 次元点の奥行が現在の Z バッファの値より奥にある場合には，その点はカメラから見えない点なので，シェーディング処理等は行わない．

Z バッファ法は，ハードウェアによる実装と親和性が高く早くから GPU 上で処理がされるようになった．GPU での処理により，Z バッファ法は高い描画性能を実現し，CG のリアルタイムレンダリングを実現した．現在でも，ゲーム用途など，リアルタイムレンダリングされる CG の多くは Z バッファ法によるものである．

Z バッファ法は，レイトレーシング法と比較して，各画素で異なる光学現象を詳細に追跡することには向いていない．そのため，屈折の起こる透明物体や，鏡における反射を正確にシミュレーションするなどの用途では，レイトレーシング法の方が利用される．

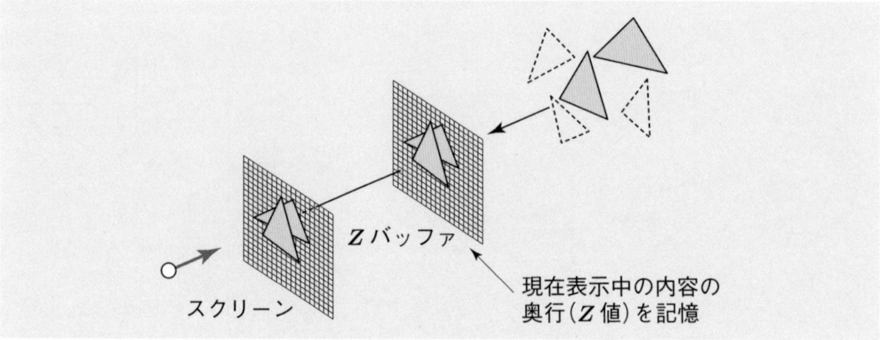

図 10.6 **Z バッファ法**

● Z バッファ法，GPU，レイトレーシング法 ●

3 次元 CG 用 GPU の歴史は，Z バッファ法のハードウェア実装から始まっているといっても過言ではない．頂点変換，ラスタ化，Z バッファの前後テスト等のハードウェア実装によって，PC やゲーム専用マシンなどにおいてリアルタイムに 3 次元 CG を描画することが可能になった．GPU はその後も進化を続け，Z バッファ法以外の描画アルゴリズム，例えばレイトレーシングをリアルタイムで処理することが可能になりつつある．現代では，映画のような高品質の 3 次元 CG を，ゲームにおいて操作することも可能である．

10.3　陰影・影・反射の計算

10.3.1　光源と影

レイトレーシング法でもZバッファ法でも，各画素に輝度値を割り当てる際には，対応する物体表面と，光源の関係から，輝度値を計算する必要がある．

このような計算においては，物体の表面の方向（法線ベクトル）と，光源から到達する光線の方向と光の強さ，表面の反射率等の性質が重要となる．

光源の種類としては，**点光源**，**平行光源**，**面光源**などがある．点光源は，ある1点から光が照射されている，というものであり，点光源位置から放射状に，あらゆる方向に同じ強さの光を放つ．ただし，光源からの距離を r とすると，r が大きくなるほど光の強さは弱まり，r の距離の点では光の強さは $\frac{1}{r^2}$ になる．これは，シーン中に，豆電球など小さな光源が存在する場合に該当する．

平行光源は，シーン中の各点に，同じ方向から光が照射される，というもので，太陽光など，遠くにある光源をモデル化したものであることが多い．平行光源では，方向ベクトルのみが有効なパラメータであり，位置は関係ないことが多い．図10.7に，点光源と，並行光源によるレンダリングの例を示す．

点光源や，平行光源をそのままシミュレートすると，物体の影は非常にくっきりしたものになる．しかし，実際には，我々の周囲の影は，ぼんやりしたものであり，くっきりした輪郭にならないことが普通である．これは，太陽や，照明器具など，実際の光源が，「大きさ」を持つため，完全に光がさえぎられる部分（**本影**）と，光源からの光の一部がさえぎられる部分（**半影**）が生じるためである（図10.8）．

こうした「ぼやけた影」を表現するために，CGモデリングでは，ある程度の大きさを持った面光源が利用されることがある．CGモデリングツールに面光源の機

図10.7　点光源と並行光源

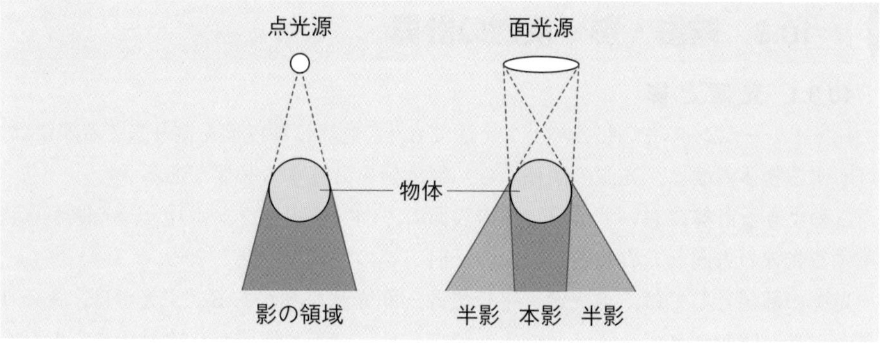

図 10.8　本影と半影

能がない場合には，多数の点光源を近接した領域に配置することで，疑似的に大きさを持った光源を表現する場合もある．

10.3.2　影のレンダリング

シーン中の「影」は，ある物体によって光がさえぎられ，さえぎられた部分に光が届かないことによって起こる．影は，次項で述べる「陰影」とは異なる．陰影は，光源に対する表面の角度や，視点によって，観測される明るさが変化することであり法線ベクトルと光源から局所的な計算で可能であるのに対し，影は，シーン全体の配置によって決まるので，局所的な計算のみからは算出できない．

影の計算の代表的な例として，レイトレーシングによる方法と，シャドーマッピングによる方法がある．

レイトレーシングによる方法は，あるシーンの点から，光源方向への光線（レイ）を考え，そのレイがシーンの形状と交差するかどうかによって，各点が影かどうかを判定する．影の中にあると判定された場合，その点では拡散反射成分，鏡面反射成分を0とする．図 10.9 にレイトレーシングによる影判定の図を示す．

シャドーマッピングによる方法では，レンダリングが2回に分けて行われる．最初のレンダリング（第1パス）では，光源位置を視点として，シーン全体をZバッファ法で描画する．Zバッファは，光源位置から「見える」シーン点全体を表すので，Zバッファに描画されている点は，影領域ではない点である．

2回めのレンダリング（第2パス）は，実際のカメラ視点からのレンダリングである．この際，レンダリングされる各3次元点について，第1パスと同様に投影計算を行い，第1パスのレンダリング結果と比較する．その結果，Zバッファの値が，第一パスのレンダリング結果と一致する場合にはその点は，光源から「可視」の部

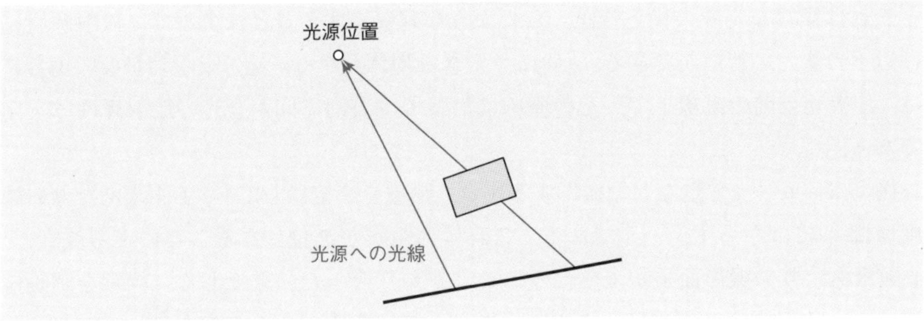

図 10.9 レイトレーシングによる影のレンダリング

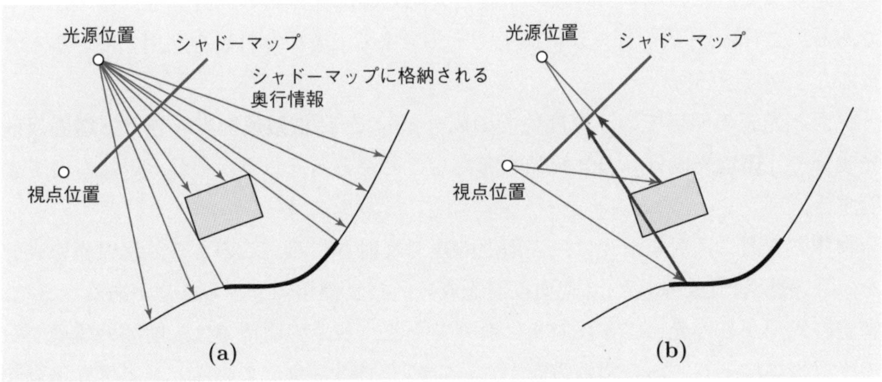

図 10.10 シャドーマッピング法

分であるので，影を付けずにレンダリングする．そうでない場合には，影領域としてレンダリングする．図 10.10 にシャドーマッピングの第 1 パスと，第 2 パスの処理の概要を示す．

10.3.3 シェーディングと反射モデル

CG 画像を作成するときは，カメラで撮られる画像の画素値をシミュレーションする必要がある．カメラの各画素で観測される値は，測光学的には**放射輝度**と呼ばれる値である．

光源から発せられる単位時間あたりの放射エネルギーを「放射束」と定義したとき，放射輝度は，平面から発せられる光を計測する場合などに利用され，**r** 方向に向かう光について，「**r** 方向の単位立体角あたり，**r** 方向から見た見かけの面積あたりの光エネルギー」と定義される．

これは複雑な定義に見えるが，このような定義にすることによって，放射輝度には以下の著しい特徴ができる．「間にさえぎる物体がなく，光の吸収等がない場合には，3 次元空間の直線上で，その直線に沿って一方向に向かう光の放射輝度は一定である．」

例えば，カメラで壁などを撮影する場合，距離を 2 倍にしても，1 画素あたりの輝度値は $\frac{1}{4}$ にはならず，一定である．これは，距離が 2 倍になることによる減衰と，1 画素あたりの撮影面積が 4 倍になることがつり合った結果である．詳細な議論は省くが，放射輝度の定義は，このようなつり合いを表したものである．

レイトレーシング法や，Z バッファ法で利用されるシェーディングは，カメラからの距離は問題にされず，対象の平面と光源との関係からのみ計算されるのが普通である．これは，「放射輝度が直線上で一定である」という性質を利用していると考えることができる．

平面と光源の関係での「輝度値」の成分として，「**拡散反射光**成分」，「**鏡面反射光**成分」，「**環境光**成分」の 3 種類を考えることがある．以下，それぞれについて説明する．

物体の表面に入射した光は，表面上の点で反射される．このとき，反射光の成分を，「拡散反射光成分」と，「鏡面反射光成分」の 2 種類に分ける場合がある．また，特定の光源からの光による反射光ばかりでなく，多くの環境では，周囲の環境からの反射光等により，あらゆる方向から一定の光で照らされているとして扱う場合がある．このような光を環境光と呼び，環境光による反射を「環境光成分」と呼ぶことがある（図 10.11）．

拡散反射は，物体の表面近くで，光が複数回散乱したものである．拡散反射の代表的な反射モデルは，**ランバートのモデル**と呼ばれ，以下の式で与えられる．

$$L = K \cos \theta \tag{10.4}$$

本モデルでは，拡散反射面を観察したときの輝度の値は，観察方向に依存せず，入射光の方向ベクトルと物体表面の向き（法線方向ベクトル）のみによって決まる．また，レーザ光のように，「光線」が入射した場合でも，反射光は，表面からの半球のそれぞれの方向に飛び散る．このような反射は，石膏《せっこう》像の表面など，物体内部への光の浸透が少なく，表面に微小な凹凸が無数に存在する場合に起こる．

物体表面が完全な鏡の場合，「光線」が入射すると，その光は単一の方向にのみ反射する．この方向は，

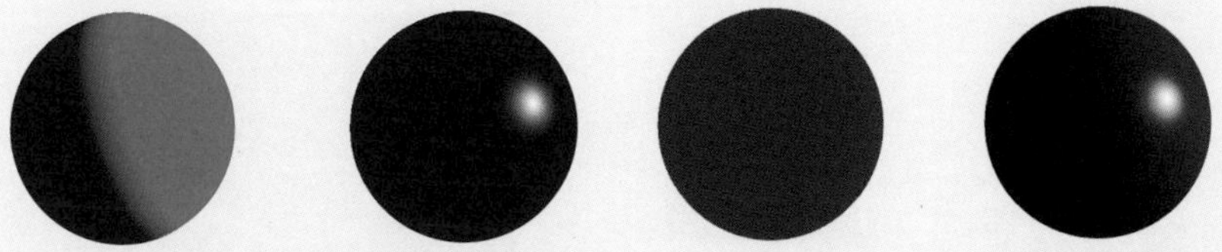

(a)　拡散反射光成分　(b)　鏡面反射光成分　(c)　環境光成分　(d)　全成分の描画結果

図 10.11　反射光の成分

$$\mathbf{R} = \mathbf{L} - 2(\mathbf{L} \cdot \mathbf{N})\mathbf{N} \tag{10.5}$$

で計算できる．完全な鏡面でなくても，「つや」のある面の場合，反射光は，上記の方向の周辺に分布する．このような光の成分を，鏡面反射成分と呼ぶ．このような反射光は，なめらかな金属のような物体や，つやのあるなめらかな表面で観測され，鏡面反射光と呼ばれる．鏡面反射光は，光源に対して「鏡面反射方向」で強く観測され，観測方向によって輝度値が大きく異なる．

「環境光」は，物体の周辺のあらゆる方向から均等に光が来る場合の反射光である．そのため，物体表面の法線方向にも観察方向にも依存せず，周囲からの光の強さと，物体の反射率のみによって輝度値が決まる．これは，物体の周囲に，光を反射する物体が多数存在し，それぞれが光源として働く，と仮定した場合の粗い近似であると考えられる．

10.3.4　テクスチャマッピング

通常，CG 描画される物体の表面は均質ではなく，場所によって反射特性，色，質感などが変化する．このような，場所によって変化する性質を表現するためには，**テクスチャマッピング**が利用される．

図 10.12 にテクスチャマッピングの例を示す．この例では，物体の表面に模様が描かれている．テクスチャマッピングの典型的な使用例は，物体表面の模様を色変化で表現することである．

テクスチャマッピングは，テクスチャを表す，通常 2 次元の画像データと，ポリゴンメッシュで表された形状の，ポリゴンの頂点について，テクスチャの中の 2 次元座標を割り当てる関数で表現する．このような座標は，テクスチャ座標と呼ばれる．

あるポリゴンを描画する場合，通常そのポリゴンは複数の画素からなる．それらの各画素について，ポリゴン頂点のテクスチャ座標を補間することで，各画素のテクスチャ座標が計算される．

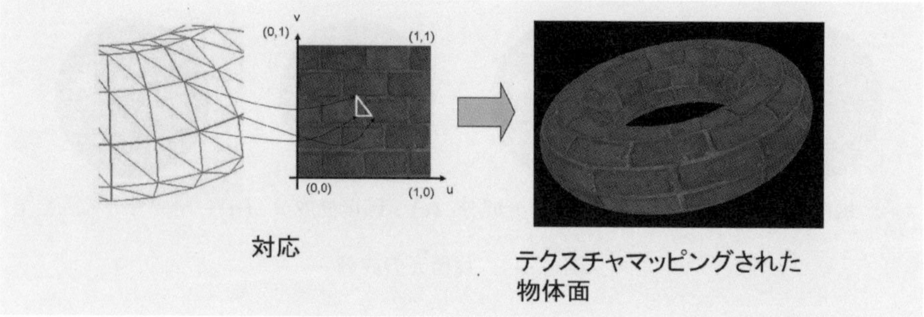

図 10.12 テクスチャマッピング

計算されたテクスチャ座標は，一般には整数ではなく，浮動小数点数となる．このため，テクスチャ座標から色情報をサンプリングする場合，画素情報を補間することが多い．通常，バイリニア補間がよく用いられる．

テクスチャマッピングは，色だけでなく，質感の違い，透明度，表面の凹凸，周囲のシーンの映り込みなどを表現することにも利用される．特に，表面の凹凸を表現する方法は，バンプマッピング，周囲の映り込みを表現する方法は，環境マッピングなどと呼ばれ，テクスチャマッピングの応用的な手法の代表例である．

10.3.5 相互反射とグローバルイルミネーション

実際のシーンにおいて，光源から出てシーンの表面で反射した光は，さらに 2 度，3 度と多重に反射してからカメラに観測される成分もある．このような反射の働きは，**相互反射**と呼ばれる．相互反射の影響は，光源と，その局所的な反射特性のみからは計算できない．そのため，これらの照明を計算することは，**大域照明**あるいは**グローバルイルミネーション**と呼ばれる．

CG において相互反射を正確に計算することは難しい．これは，ある表面で反射した光は，その点から（一般的には半球面の）あらゆる方向に反射する．これがさらに 2 次的，3 次的に反射すると，指数関数的に追跡される光が増加するためである．

これを解決して相互反射の計算を行う代表的な方法は，**ラジオシティ法**と**フォトンマッピング法**である．

ラジオシティ法は，シーンの表面を有限個のパッチに分割し，パッチ同士で光を送り合う強さを変数とし，すべてのパッチ間での相互反射の関係の平衡状態を線形方程式として，それを解くことで相互反射の計算を行う．

フォトンマッピング法では，光を有限個の粒子（フォトン）とし，光源から出たフォトンが多重的に反射していく過程を，フォトンの確率的な工程として求める．

反射時には，どこか1つの方向が確率的に選ばれる．格子は最終的にある表面で留められ，シーンの光源としてふるまう．フォトンマッピング法は，ラジオシティ法では難しい集光模様などの表現が可能であるが，確率的な方法であるため，十分な量のフォトンシミュレーションを行わない場合の画質低下などの問題を持つ．

10.3.6 レンダリングパイプラインとプログラマブルシェーダ

一般に，Zバッファ法におけるレンダリングの過程には以下の処理がある．

頂点変換　各頂点の座標に剛体変換などを適用し，さらに投影して画像上の2次元位置を計算する．場合によっては，頂点の法線方向を利用してシェーディングを行ったり，頂点に対応するテクスチャ座標の計算を行う．

ラスタライズ　ポリゴンを構成する各頂点の2次元位置を利用して，それらで囲まれた画素を計算する．同時に，画素ごとに，色，法線方向，テクスチャ座標等については，補間された2次元位置や，色の計算を行う．

シェーディング　ポリゴンを構成するシェーディング：ラスタライズで補間された画素位置，テクスチャ座標，色，法線方向などを利用して，各画素について描画色を計算する．

GPUを備えたシステムでは，これらの処理はGPUのハードウェア上において，並列処理できるようになっている．

ポリゴンメッシュを構成する頂点座標から，座標変換，ラスタライズ，各画素の色を決定する一連の処理は，**レンダリングパイプライン**と呼ばれる（図10.13）．

現代のGPUでは，上記の処理のうち，頂点変換とシェーディングの部分について，ユーザプログラムによって処理を記述することが可能になっている．

頂点変換を行うためのプログラムのことを，**頂点シェーダ**，シェーディング（画素ごとの色を決定する）の部分のプログラムを**画素シェーダ**と呼ぶことがある．頂点シェーダは，ポリゴンメッシュの3次元座標，法線ベクトル，色，テクスチャ座標などのデータから，画像上の座標や，頂点の色などを決定し，ラスタライザに渡す．このプログラムは，各頂点に対して働く．画素シェーダは，ラスタライザから渡された，補間された位置，色，法線ベクトル，テクスチャ座標などを元にして，陰影計算などによって色を計算し，出力する．このプログラムは，描画される各画素に対して働く．

頂点シェーダ，画素シェーダは，データの相互の依存性が少なく，多数の頂点，画素についての並列実行が可能である．このため，GPUには，これらのプログラムを

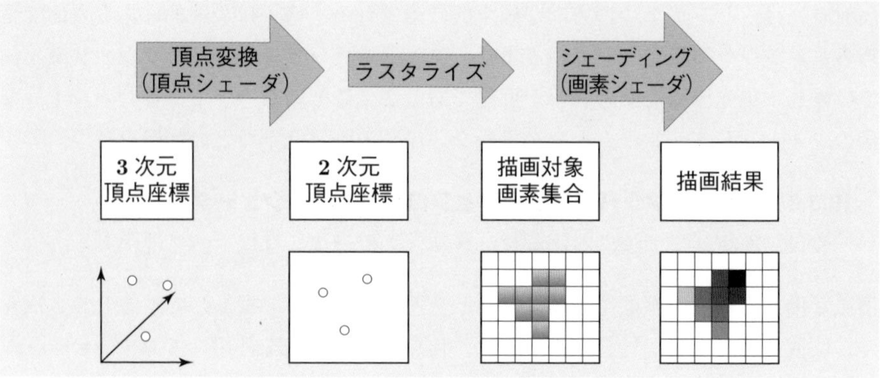

図 10.13　レンダリングパイプライン

動かす計算ユニットが多数存在し，高い並列性で処理が行われるため，プログラムされた描画アルゴリズムは高速に動作する．これらのハードウェアによって，ユーザから指定されたさまざまな効果をリアルタイム CG に付加することが可能になった．

● GPU の利用法 ●

3 次元 CG 用 GPU は，Z バッファ法によるレンダリングパイプラインのハードウェア実装から始まっているが，固定機能をハードウェア実装するだけでは，高速描画できる CG の表現力に制約があった．その制約を緩和するために，頂点シェーダ，画素シェーダなど，プログラムの実行機能が GPU に取り入れられた．このような方向性の試みは急速に発展し，GPU は膨大な計算をこなす並列計算機として利用できるようになった．このため，現在の GPU は，深層学習における学習や，仮想通貨をささえるブロックチェーンの計算など，3 次元 CG 以外の用途で利用されることが多い．

10.4 アニメーション

10.4.1 アニメーションの基本

アニメーションは，少しずつ変化させた多数の静止画を高速に切り替えて表示することによって構成される．一般的には 1 秒間に 30 フレーム程度の画像を切り替えるため，1 分間の短いアニメーションでも 1800 枚の画像の生成が必要である．画像中のオブジェクトの位置や，3 次元モデルの関節角などパラメータを変化させることによって，表示する内容を変化させることになるが，多数のフレームに対して手動でパラメータを決定することは作成コストが非常に高くなる．したがって，アニメーション製作者の意図通りにパラメータを変化させることを実現しつつ，その作成コストを下げることがアニメーション製作技術の課題となる．

10.4.2 キーフレームアニメーション

手動で決定するパラメータ数を削減する方法として，基本的なアプローチに**キーフレームアニメーション**がある．これは，すべてのフレームに対してパラメータを手動で与えるのではなく，少数のフレームをキーフレームとして，そのフレームのパラメータを決め，その間のフレームについては，キーフレームのパラメータの補間によって与える方法である．

なめらかに 2 点をつなぐ最も簡単な補間方法は線形補間である．2 つのキーフレーム t_1，t_2 に対してパラメータ p_{t_1}，p_{t_2} が与えられているとすると，フレーム t（$t_1 < t < t_2$）におけるパラメータ p_t は下記の式で補間される．

$$p_t = \frac{t_2 - t}{t_2 - t_1} p_{t_1} + \frac{t - t_1}{t_2 - t_1} p_{t_2} \tag{10.6}$$

このパラメータ p_t が位置や速度といった意味を表しており，他のパラメータから独立に決定できる場合は，要素ごとの単純な線形補間で計算することができる．

一方，パラメータが 3 次元回転を表している場合，3 つのパラメータでオブジェクトの姿勢を表す．回転を自然に補間したい場合には，球面線形補間（Spherical Linear Interpolation; Slerp）が用いられる．通常の線形補間（Linear Interpolation; Lerp）では，パラメータの値を等間隔に補間しても，そのパラメータから計算された姿勢が等間隔とならないためである．回転の表し方には回転行列，オイラー角，四元数などいくつかの方法があるが，球面線形補間には四元数がよく用いられる．2 つの単位四元数 q_1，q_2 に対して，時間 t（$0 \leq t \leq 1$）における球面線形補間は下記の式で与えられる．

$$\mathrm{Slerp}(q_1, q_2, t) = \frac{\sin(1-t)\phi}{\sin\phi} q_1 + \frac{\sin t\phi}{\sin\phi} q_2 \tag{10.7}$$

ここで ϕ は q_1，q_2 を 4 次元ベクトルとして内積を計算し，$\phi = \arccos(q_1 \cdot q_2)$ で与えられる角度である．補間された四元数を用いて姿勢を計算することにより，容易に等間隔に補間することが可能となる．このようにしてアニメーションに用いる 3 次元点データや骨格モデルを回転することにより，姿勢やポーズの変化を実現できる．

10.4.3　骨格モデルと表面形状モデル

人のように骨格から構成される身体を表示する場合，パラメータとして関節角を用いてポーズを表す方法が適している．骨格モデルには，計測できる関節数や表現したい姿勢の複雑度に基づいてさまざまなモデルが用いられている．人体の解剖学的解析の分野ではオープンな骨格モデルとして OpenSim[†]が開発されている．一方，コンピュータグラフィックスの分野では，表面モデルのレンダリングに主要な影響を与える要素に簡単化された骨格モデルを用いることが多い．例えば，大まかな動きを表す場合，手先の構造や，背骨の関節数はしばしば省略される．

CG の出力はユーザに見せたい映像であるので，人のモデルの場合，表面の形とテクスチャで表現される．人のモデルのポーズが骨格で表される場合，ポーズの変化に応じて表面形状を変形することが必要であり，その技術はスキニングと呼ばれる．関節から遠い部分では，表面上の点は特定の骨に対応づいているため剛体変換で変形を表せるが，関節に近い点では，2 つあるいはそれ以上の骨の姿勢を補間して変形が必要となる．その補間の方法にはさまざまな方法が提案されているが，基本的な方法として広く使われているものの 1 つに Skeletal Subspace Deformation（SSD）法がある．骨格が関節 $i = 1, \ldots, b$ によって構成され，関節 i がポーズの変化によって，位置姿勢が 4 行列 M_i による変換で表されるとする．また，骨格の基準ポーズにおいて表面形状を表す点を $\mathbf{v}$ とする．ここで，$\mathbf{v}$ は同次座標系を用いて表される 4 次元ベクトルである．このとき $\mathbf{v}$ はポーズの変化に基づいて，下記の式によって計算される位置 $\mathbf{v}'$ に移動する．

$$\mathbf{v}' = \sum_{i=1}^{b} w_i M_i \mathbf{v} \tag{10.8}$$

ここで w_i は点 $\mathbf{v}$ の関節 i に影響を受ける重みであり $\sum_i^b w_i = 1$ である．w_i は，表面上の点 $\mathbf{v}$ の位置と関節 i の関係によって骨格モデル，表面形状モデルの設計時

[†]OpenSim `https://opensim.stanford.edu/`

に決まる値である．

SSD 法は，複数の関節からの影響を簡単な計算で実現できる利点がある一方，関節角が大きく変わる場合に関節の形状がつぶれたり，ひねりによって細くなったりするという不自然な結果となることが知られている．それらの問題が生じる場合は，さらなる工夫が必要であり，例えば SMPL[26] と呼ばれる方法が提案されている．

● ヒトの姿勢推定 ●

ヒトの動きをディジタルデータとして計測するモーションキャプチャは，映画製作などに欠かせない．精度の高いモーションキャプチャは，身体に反射マーカなどを装着して複数のカメラで計測する方式が多いが，設置には広い場所の確保や，キャリブレーション作業などが必要であり，専門家でない個人などにはハードルが高い面がある．近年では，マーカなどを装着しなくてもカメラ一つの画像からヒトの体の姿勢や動きを追跡する技術の研究が進んできており，OpenPose など，手軽に利用可能なライブラリなどもでてきている．これにより，個人でもモーションキャプチャが体験できるようになってきており，VTuber がアバターをスマートフォンで操作するための手軽なアプリなども登場してきている．

10.5 インタラクティブ CG とアプリケーション

10.5.1 VR/AR/MR

人工現実感（バーチャルリアリティ，Virtual Reality; VR）は，人の五感に与える効果を人工的に作り出す技術である．CG においては，人の身体の動きに合わせてインタラクティブに映像を提示する技術が VR に必要となる．

VR システムで映像を提示する技術として，複数の面から構成されたスクリーンで視界全体に映像を提示する方法などが開発されてきた．近年では，小さな設備で没入感を得る方法として **HMD**（ヘッドマウントディスプレイ）が多く商品化されている．HMD の利点は，小さなスクリーンで広い視野を得ることが可能であり，ディスプレイ内に慣性センサを組み込むことにより，頭部の位置姿勢を計測してその動きに合わせた映像提示が実現できることである．

人工現実感の種類には，拡張現実感（Augmented Reality; AR），複合現実感（Mixed Reality; MR）と呼ばれる技術がある．これらの技術では，ユーザが直接知覚できる現実のものと，システムによって追加される仮想的なものを混在して提示する．CG で仮想的なオブジェクトを提示する場合に現実の物体のように知覚させるためには，直接あるいはディスプレイを通して見る現実の物体と一致した条件でレンダリングされていることが重要である．その条件には，視点位置の動きなどの幾何的なパラメータや，照明条件などの光学的なパラメータが含まれる．

撮影した環境の幾何的なパラメータを知るには，8 章で説明したカメラのキャリブレーションや環境の 3 次元計測が必要となるが，撮影の手間や計算にかかるコストが高い．そこで，簡便にパラメータを知る方法として，マーカを用いる方法がしばしば採用される．AR に用いられるマーカは AR マーカと呼ばれ，ARToolkit[†] や ArUco[††] が知られている．AR マーカは撮影された画像中でパターンの座標系が容易にわかるように設計されており，第 8 章で説明した PnP 問題を解くことでマーカの位置姿勢を計算することができ，マーカ基準の 3 次元座標が得られる．AR マーカの例を図 10.14 に示す．ArUco のパターン（図 (a)）から計算される 3 次元座標系を重畳表示したものが図 (b) であり，マーカ基準の 3 次元座標系が得られる．図 (c) は ARToolKit のパターンの例であり，計算した 3 次元座標系を用いると，図 (d) のように CG キャラクターをカメラ画像に重畳表示することが可能となる．

ただし，このような AR マーカを正面方向から撮影した場合，位置姿勢の推定精度

[†] ARToolkit `https://sourceforge.net/projects/artoolkit/`
[††] OpenCV に実装されている．

(a) ArUco パターンの例

(b) ArUco を用いて計算した座標軸

(c) ARToolKit パターンの例

(d) ARToolKit によって得られた座標系を用いて重畳表示した CG の例

図 10.14　**AR** マーカの例

(a) ARToolKit パターン(左)と LentiMark(右)のパターンの例

(b) それぞれのマーカーを正面から撮影した場合の重畳表示

図 10.15　**ARToolKit** と **LentiMark** のマーカ重畳表示の比較

が悪いことが知られている．正面方向でも高精度・安定した姿勢推定を実現するために工夫されたARマーカが研究されており，LentiMark[55] では，レンチキュラーレンズと組み合わせたパターンを用いてマーカの姿勢に応じて動的なパターンを撮影することにより，正面方向で推定が不安定になる問題を解決している．図 10.15 は，ARToolKit と LentiMark のマーカによる重畳表示の比較である．図 (a) では斜めから撮影した画像に対して，計算されたマーカの位置姿勢を用いて USA の文字を3次元重畳表示したものであり，双方とも安定して位置姿勢が得られている．しかし，正面から撮影した図 (b) では，ARToolKit マーカでは重畳表示した姿勢が不安定になる（下）のに対し，LentiMark では安定して表示可能である（上）．LentiMark を用いた例として，ロボットと組み合わせて重畳表示する教育イベント [56] も行われている．

10.5.2 モーションキャプチャと人体モデル

人体のポーズを計測する方法として**モーションキャプチャ**が広く用いられている．モーションキャプチャシステムの手法には，大きく分けて光学式と慣性式が挙げられる．前者は，被験者は骨の位置を計測しやすい皮膚上に反射式マーカを装着し，周りに配置されたカメラでマーカを観測する．複数のカメラで同じマーカが観測することにより三角測量によってマーカの 3 次元位置を得る．マーカ位置の軌跡から関節位置を推定し骨格のパラメータと関節角が計算できる．計測方法の利点は慣性式と比べて高精度に計測が可能なことであり，欠点は事前にキャリブレーションが必要であり視野に計測範囲が限られることである．一般には光学式モーションキャプチャでは，精度向上のためにマーカを用いるがマーカを付けられない場合は，精度はモーションキャプチャに比べて劣るが 9.2.2 項において説明した機械学習に基づいた画像からのポーズ推定手法を用いてマーカレスでポーズ推定を行うことも可能である．一方，後者は，加速度，速度，地磁気を計測できる複数のセンサをゴムバンドなどを用いて身体に固定し，その値を積分することによって位置情報を得る方法である．その利点は，被験者が広い範囲を歩き回る場合でも計測可能であることであり，欠点は，積分の過程の誤差により計測値にドリフトが生じることである．

第10章の問題

□ **10.1** POV-Ray などのオープンソースのレンダリングツールを利用すると，CG による画像生成の実験を行うことができる．POV-Ray を利用して，空間に物体を配置し，点光源と平行光源でのレンダリング結果の違いを確認せよ．

□ **10.2** 問 10.1 より，拡散反射成分，鏡面反射成分を変化させ，レンダリング結果の違いを確認せよ．

□ **10.3** POV-Ray では長方形状の面光源を配置できる．問 10.1 より面光源を配置し，半影が生じることを確認せよ．

参考図書

[1] Stanislaw Antol, Aishwarya Agrawal, Jiasen Lu, Margaret Mitchell, Dhruv Batra, C. Lawrence Zitnick, and Devi Parikh. VQA: Visual question answering. In *Proceeding of IEEE International Conference on Computer Vision*, 2015.

[2] Tadas Baltrusaitis, Amir Zadeh, Yao Chong Lim, and Louis-Philippe Morency. Openface 2.0: Facial behavior analysis toolkit. In *2018 13th IEEE International Conference on Automatic Face and Gesture Recognition (FG 2018)*, pp. 59–66. IEEE, 2018.

[3] P.J. Besl and N.D. McKay. A method for registration of 3-d shapes. *IEEE Transactions on Pattern Analysis and Machine Intelligence*, Vol. 14, No. 2, pp. 239–256, Feb 1992.

[4] Zhe Cao, Gines Hidalgo, Tomas Simon, Shih-En Wei, and Yaser Sheikh. Openpose: realtime multi-person 2d pose estimation using part affinity fields. *IEEE Transactions on Pattern Analysis and Machine Intelligence*, Vol. 43, No. 1, pp. 172–186, 2019.

[5] J. Carreira and A. Zisserman. Quo vadis, action recognition? a new model and the kinetics dataset. In *Proceeding of IEEE Computer Vision and Pattern Recognition*, 2017.

[6] C. Chua and R. Jarvis. 3-d free-form surface registration and object recognition. *International Journal of Computer Vision*, Vol. 17, No. 1, pp. 77–99, 1996.

[7] Jiankang Deng, Jia Guo, Evangelos Ververas, Irene Kotsia, and Stefanos Zafeiriou. Retinaface: Single-shot multi-level face localisation in the wild. In *Proceedings of the IEEE/CVF Conference on Computer Vision and Pattern Recognition*, pp. 5203–5212, 2020.

[8] O.D. Faugeras and M. Hebert. The representation, recognition, and locating of 3-d objects. *International Journal of Robotics Research*, Vol. 5, No. 3, pp. 27–52, 1986.

[9] C. Feichtenhofer, H. Fan, J. Malik, and K. He. Slowfast networks for video recognition. In *Proceeding of IEEE International Conference on Computer Vision*, 2019.

[10] Ryo Furukawa, Ryusuke Sagawa, Hiroshi Kawasaki, Kazuhiro Sakashita, Ya-

sushi Yagi, and Naoki Asada. One-shot entire shape acquisition method using multiple projectors and cameras. In *2010 Fourth Pacific-Rim Symposium on Image and Video Technology*, pp. 107–114. IEEE, 2010.

[11] Ross Girshick. Fast R-CNN. *CoRR*, Vol. abs/1504.08083, 2015.

[12] Ross B. Girshick, J. Donahue, Trevor Darrell, and J. Malik. Rich feature hierarchies for accurate object detection and semantic segmentation. *2014 IEEE Conference on Computer Vision and Pattern Recognition*, pp. 580–587, 2014.

[13] K. He, X. Zhang, S. Ren, and J. Sun. Deep residual learning for image recognition. In *Proceeding of IEEE Computer Vision and Pattern Recognition*, 2016.

[14] A. Hilton, A.J. Stoddart, J. Illingworth, and T. Windeatt. Reliable surface reconstruction from multiple range images. In *Proceedings of European Conference on Computer Vision*, pp. 117–126, Springer-Verlag, 1996.

[15] Jie Hu, Li Shen, and Gang Sun. Squeeze-and-excitation networks. In *Proceeding of IEEE Computer Vision and Pattern Recognition*, 2018.

[16] Ronghang Hu, Huazhe Xu, Marcus Rohrbach, Jiashi Feng, Kate Saenko, and Trevor Darrell. Natural language object retrieval. In *Proceeding of IEEE Computer Vision and Pattern Recognition*, 2016.

[17] A.E. Johnson and M. Hebert. Using spin images for efficient object recognition in cluttered 3d scenes. *IEEE Transactions on Pattern Analysis and Machine Intelligence*, Vol. 21, No. 5, pp. 433–449, 1999.

[18] Nozomu Kasuya, Ryusuke Sagawa, Ryo Furukawa, and Hiroshi Kawasaki. One-shot entire shape scanning by utilizing multiple projector-camera constraints of grid patterns. In *Proceedings of the IEEE International Conference on Computer Vision Workshops*, pp. 299–306, 2013.

[19] Nozomu Kasuya, Ryusuke Sagawa, Hiroshi Kawasaki, and Ryo Furukawa. Robust and accurate one-shot 3d reconstruction by 2c1p system with wave grid pattern. In *2013 International Conference on 3D Vision-3DV 2013*, pp. 247–254. IEEE, 2013.

[20] Hiroshi Kawasaki, Ryo Furukawa, Ryusuke Sagawa, and Yasushi Yagi. Dynamic scene shape reconstruction using a single structured light pattern. In *2008 IEEE Conference on Computer Vision and Pattern Recognition*, pp. 1–8. Ieee, 2008.

[21] A. Krizhevsky, I. Sutskever, and G E. Hinton. Imagenet classification with deep convolutional neural networks. In *Advances in Neural Information Processing Systems*, 2012.

[22] Yann LeCun, Léon Bottou, Yoshua Bengio, and Patrick Haffner. Gradient-based learning applied to document recognition. *Proceedings of the IEEE*, Vol. 86, No. 11, pp. 2278–2324, 1998.

[23] Chao Li, Ping Wang, Xiangyu Zhu, and Huali Pi. Three-layer graph framework with the sumd feature for alpha matting. *Computer Vision and Image Understanding*, Vol. 162, pp. 34–45, 2017.

[24] M. Lin, Q. Chen, and S. Yan. Network in network. *Proceeding of International Conference on Learning Represenation Conference Track*, 2013.

[25] Wei Liu, Dragomir Anguelov, Dumitru Erhan, Christian Szegedy, Scott E. Reed, Cheng-Yang Fu, and Alexander C. Berg. Ssd: Single shot multibox detector. In Bastian Leibe, Jiri Matas, Nicu Sebe, and Max Welling, editors, *ECCV (1)*, Vol. 9905 of *Lecture Notes in Computer Science*, pp. 21–37. Springer, 2016.

[26] Matthew Loper, Naureen Mahmood, Javier Romero, Gerard Pons-Moll, and Michael J Black. Smpl: A skinned multi-person linear model. *ACM transactions on graphics (TOG)*, Vol. 34, No. 6, pp. 1–16, 2015.

[27] W. Lorensen and H. Cline. Marching cubes: a high resolution 3d surface construction algorithm. In *Proceeding of SIGGRAPH'87*, pp. 163–170. ACM, 1987.

[28] Bruce D. Lucas and Takeo Kanade. An iterative image registration technique with an application to stereo vision. In Patrick J. Hayes, editor, *Proceedings of the 7th International Joint Conference on Artificial Intelligence, IJCAI '81, Vancouver, BC, Canada, August 24-28, 1981*, pp. 674–679. William Kaufmann, 1981.

[29] D. Marr. *Vision: A Computational Investigation Into the Human Representation and Processing of Visual Information.* The MIT Press. MIT Press, 2010.

[30] Ren Ng, M. Levoy, Mathieu Br, Gene Duval, M. Horowitz, P. Hanrahan, and Duval Design. Light field photography with a hand-held plenoptic camera. 2005.

[31] Joseph Redmon, Santosh Divvala, Ross Girshick, Ali Farhadi, You Only Look Once:Unified, Real-Time Object Detection, *CVPR2016.*

[32] Shaoqing Ren, Kaiming He, Ross Girshick, and Jian Sun. Faster R-CNN: Towards Real-Time Object Detection with Region Proposal Networks, 2015. cite arxiv:1506.01497.

[33] Ryusuke Sagawa, Nozomu Kasuya, Yoshinori Oki, Hiroshi Kawasaki, Yoshio Matsumoto, and Ryo Furukawa. 4d capture using visibility information of

multiple projector camera system. In *2014 2nd International Conference on 3D Vision*, Vol. 2, pp. 14–21. IEEE, 2014.

[34] Ryusuke Sagawa, Yuichi Ota, Yasushi Yagi, Ryo Furukawa, Naoki Asada, and Hiroshi Kawasaki. Dense 3d reconstruction method using a single pattern for fast moving object. In *2009 IEEE 12th International Conference on Computer Vision*, pp. 1779–1786. IEEE, 2009.

[35] Ryusuke Sagawa, Kazuhiro Sakashita, Nozomu Kasuya, Hiroshi Kawasaki, Ryo Furukawa, and Yasushi Yagi. Grid-based active stereo with single-colored wave pattern for dense one-shot 3d scan. In *2012 Second International Conference on 3D Imaging, Modeling, Processing, Visualization & Transmission*, pp. 363–370. IEEE, 2012.

[36] Evangelos Sariyanidi, Hatice Gunes, and Andrea Cavallaro. Automatic analysis of facial affect: A survey of registration, representation, and recognition. *IEEE Transactions on Pattern Analysis and Machine Intelligence*, Vol. 37, No. 6, pp. 1113–1133, 2014.

[37] Florian Schroff, Dmitry Kalenichenko, and James Philbin. Facenet: A unified embedding for face recognition and clustering. In *Proceedings of the IEEE Conference on Computer Vision and Pattern Recognition*, pp. 815–823, 2015.

[38] Jamie Shotton, Andrew Fitzgibbon, Mat Cook, Toby Sharp, Mark Finocchio, Richard Moore, Alex Kipman, and Andrew Blake. Real-time human pose recognition in parts from single depth images. In *CVPR 2011*, pp. 1297–1304. Ieee, 2011.

[39] K. Simonyan, A. Vedaldi, and A. Zisserman. Very deep convolutional networks for large-scale image recognition. In *International Conference on Learning Representations*, 2015.

[40] K. Simonyan and A. Zisserman. Two-stream convolutional networks for action recognition in videos. In *Advances in Neural Information Processing Systems*, pp. 568–576, 2014.

[41] M. Soucy and D. Laurendeau. A general surface approach to the integration of a set of range views. *IEEE Transactions on Pattern Analysis and Machine Intelligence*, Vol. 17, No. 4, pp. 344–358, April 1995.

[42] F. Stein and G. Medioni. Structural indexing: efficient 3-d object recognition. *IEEE Trans. Pattern Analysis and Machine Intelligence*, Vol. 14, No. 2, pp. 125–145, 1992.

[43] Carlo Tomasi and Takeo Kanade. Detection and tracking of point features, 1991.

[44] G. Turk and M. Levoy. Zippered polygon meshes from range images. In *Proceeding of SIGGRAPH'94*, pp. 311–318, Jul 1994.

[45] Matthew A Turk and Alex P Pentland. Face recognition using eigenfaces. In *Proceedings. 1991 IEEE Computer Society Conference on Computer Vision and Pattern Recognition*, pp. 586–587. IEEE Computer Society, 1991.

[46] Oriol Vinyals, Alexander Toshev, Samy Bengio, and Dumitru Erhan. Show and tell: A neural image caption generator. In *Proceeding of IEEE Computer Vision and Pattern Recognition*, 2015.

[47] Paul Viola, Michael Jones, et al. Robust real-time object detection. *International Journal of Computer Vision*, Vol. 4, No. 34-47, p. 4, 2001.

[48] Paul Viola, Michael J. Jones: Robust Real-Time Face Detection, *International Journal of Computer Vision*, Vol.57, Issue 2, pp.137 – 154, 2004

[49] Mark D. Wheeler. *Automatic Modeling and Localization for Object Recognition.* PhD thesis, School of Computer Science, Carnegie Mellon University, 1996.

[50] Erroll Wood, Tadas Baltrusaitis, Xucong Zhang, Yusuke Sugano, Peter Robinson, and Andreas Bulling. Rendering of eyes for eye-shape registration and gaze estimation. In *Proceedings of the IEEE International Conference on Computer Vision*, pp. 3756–3764, 2015.

[51] Amir Zadeh, Yao Chong Lim, Tadas Baltrusaitis, and Louis-Philippe Morency. Convolutional experts constrained local model for 3d facial landmark detection. In *Proceedings of the IEEE International Conference on Computer Vision Workshops*, pp. 2519–2528, 2017.

[52] 河内まき子，持丸正明．Aist/hql 人体寸法・形状データベース 2003．産業技術総合研究所 H18PRO-503，2006.

[53] 増田健，坂上勝彦，横矢直和．モデル生成のための複数の距離画像の位置合わせと統合（registration and integration of multiple range images for 3-d model construction）．画像の認識・理解シンポジウム（MIRU'96）講演論文集，第 2 巻，pp. 247–252，1996.

[54] 板橋秀一，赤羽誠，大河内正明，石川 泰，粕谷英樹，桑原尚夫，田中和世，新田恒雄，矢頭隆，渡辺隆夫．音声工学．森北出版，2005.

[55] 田中秀幸，角保志，松本吉央．Lentimark:レンチキュラーレンズを用いた高精度な姿勢推定のための視覚マーカ．電子情報通信学会論文誌「情報・システム：D」画像の認識・理解論文特集，Vol. J95-D，No. 8，pp. 1522–1529，2012.

[56] 村井昭彦, 森郁惠, 田中秀幸．ロボ育ワークショップ—産総研デザインスクールが贈る柏の葉高校と小学生の交流体験—．日本ロボット学会誌, Vol. 38, No. 8, pp. 703–706,

2020.

[57] 鏡慎吾．やる夫で学ぶディジタル信号処理．http://www.ic.is.tohoku.ac.jp/~swk/lecture/yaruodsp/main.html

[58] 古井貞熙．音響・音声工学．電子・情報工学入門シリーズ/青島伸治，小畑秀文，南谷崇共編，No. 2.，近代科学社，1992.

索　引

さ　行

た　行

な　行

は　行

ま 行

や 行

ら 行

わ　行

英　数

著者略歴

川《かわ》崎《さき》　洋《ひろし》

2003年　東京大学大学院工学系研究科電子情報工学専攻博士課程修了

現　在　九州大学大学院システム情報科学研究院教授　博士（工学）

専　門　コンピュータビジョン，アクティブ3次元計測，ITS，コンピュータグラフィックス

柳《やな》井《い》啓《けい》司《じ》

1997年　東京大学大学院工学系研究科情報工学専攻修士課程修了

現　在　電気通信大学大学院情報理工学研究科教授　博士（工学）

専　門　画像認識，マルチメディア処理，深層学習応用

佐《さ》川《がわ》立《りゅう》昌《すけ》

2003年　東京大学大学院工学系研究科電子情報工学専攻博士課程修了

現　在　産業技術総合研究所人工知能研究センター研究チーム長　博士（工学）

専　門　コンピュータビジョン，3次元計測

森《もり》山《やま》　剛《つよし》

1999年　慶應義塾大学大学院理工学研究科電気工学専攻後期博士課程単位取得退学

現　在　東京工芸大学工学部准教授　博士（工学）

専　門　行動解析，医用工学，音情報処理，画像情報処理，非破壊検査，映像制作

古《ふる》川《かわ》　亮《りょう》

1997年　奈良先端科学技術大学院大学情報科学研究科博士後期課程修了

現　在　近畿大学工学部情報学科教授　博士（工学）

専　門　コンピュータビジョン，コンピュータグラフィックス

情報工学レクチャーテキスト＝**QKC–11**

レクチャーマルチメディア
基礎からわかる音・画像・映像の情報処理

2022年 4月 10日 © 初 版 発 行

著 者 川 崎 洋
柳 井 啓 司
佐 川 立 昌
森 山 剛
古 川 亮

発行者 矢 沢 和 俊
印刷者 山 岡 影 光
製本者 小 西 惠 介

【発行】 株式会社 **数理工学社**

〒151–0051 東京都渋谷区千駄ヶ谷1丁目3番25号
編 集 ☎ (03)5474–8661(代) サイエンスビル

【発売】 株式会社 **サイエンス社**

〒151–0051 東京都渋谷区千駄ヶ谷1丁目3番25号
営 業 ☎ (03)5474–8500(代) 振替 00170–7–2387
FAX ☎ (03)5474–8900

印刷 三美印刷(株) 製本 (株)ブックアート

《検印省略》

ISBN978-4-86481-081-4

PRINTED IN JAPAN

サイエンス社・数理工学社の
ホームページのご案内
https://www.saiensu.co.jp
ご意見・ご要望は
suuri@saiensu.co.jp まで．